Das Buch

Februar 1942: Trotz der spektakulären Erfolge der deutschen U-Boote vor der Ostküste der USA versäumen es die Alliierten, ihre Nachschubwege zu ihren wichtigen Rohstoffhäfen Mittel- und Südamerikas wirkungsvoll zu sichern. Kapitänleutnant Arne Thomsen, der bereits über Erfahrung in der Karibik verfügt, bekommt den Befehl, mit seinem Rudel diese Versorgungslinien zu unterbrechen. Deckname: OPERATION TROMMELWIRBEL. Schon in der Biskaya bekommen die Deutschen zu spüren, daß der Seekrieg täglich härtere Formen annimmt. Der erste Angriff auf einen alliierten Geleitzug im Atlantik gerät zum Fiasko für eines der Boote – kein gutes Omen für den Kampfauftrag des Rudels, zu dem auch das für U-Bootbesatzungen ungewöhnliche Kommandounternehmen gegen den Stützpunkt English Harbour auf der Antilleninsel Antigua gehört.

Der Autor

Erik Maasch, gebürtiger Berliner, absolvierte die Marineschule Flensburg-Mürwik, nahm als Seeoffizier und U-Boot-Fahrer am Zweiten Weltkrieg teil und war als *Kapitän auf großer Fahrt* auf deutschen Kauffahrteischiffen zugelassen. Es folgten 30 Jahre als Lehrer und Schulleiter, bevor er sich ganz der Schriftstellerei widmete und zu einem der erfolgreichsten Autoren maritimer Spannungsliteratur wurde.

Von Erik Maasch sind in unserem Hause ferner bereits erschienen:

Auf Seerohrtiefe vor Rockall Island · Duell mit dem nassen Tod · Letzte Chance: U 112 · Tauchklar im Atlantik · U-Boote vor Tobruk · Die U-Boot-Falle · U 112 auf Feindfahrt mit geheimer Order · U 115: Jagd unter der Polarsonne · U 115: Die Nacht der Entscheidung · U 115: Operation Eisbär

Erik Maasch

Im Fadenkreuz von U 112

Roman

Ullstein

Besuchen Sie uns im Internet:
www.ullstein-taschenbuch.de

Umwelthinweis:
Dieses Buch wurde auf chlor- und säurefreiem Papier gedruckt.

Originalausgabe im Ullstein Taschenbuch
Ungekürzte Neuausgabe
1. Auflage August 2006

Hinweis: Der Titel der Erstauflage lautete
Im Fadenkreuz von U 112: English Harbour
Umschlaggestaltung: Buch und Werbung, Berlin
Titelabbildung: Viktor Gernhard
Satz: Buch-Werkstatt GmbH, Bad Aibling
Gesetzt aus der New Baskerville
Druck und Bindearbeiten: Ebner & Spiegel, Ulm
Printed in Germany
ISBN-13: 978-3-548-26462-2
ISBN-10: 3-548-26462-X

Unser letzter Morgen auf Föhr brach an. Es war wie vertrackt. Während nebenan unsere Kinder um diese Zeit noch tief und fest schliefen, ließ mich meine innere Uhr – jahrelang auf See durch den Vier-Stunden-Wechsel zwischen Wache und Freiwache programmiert – nicht mehr schlafen. Daran konnten auch die achtundzwanzig Tage Fronturlaub nichts ändern. Im Gegenteil, in diesen Tagen des engen Beisammenseins war meine Unruhe auch auf meine Frau übergesprungen. Und so beobachteten Anke und ich, eng aneinandergekuschelt, wie der nahe Sonnenaufgang den Osthimmel über der Insel mit einem tiefen Dunkelrot zu überziehen begann.

Je höher die unter der Kimm noch verborgene Sonne emporstieg, desto schneller verwandelte es sich in ein immer heller werdendes Rot. Über Grün- und Gelbtöne mutierte es endlich zu einem kalten blassen Blau, als die ersten Sonnenstrahlen aus dem Dunst über der eisigen See und golden über den schnee- und eisverkrusteten Oldsumer Deich blitzten. Ein immer wieder beeindruckendes Farbenspiel, wie ich es unzählige Male auf See erlebt hatte, das aber für mich dennoch nichts von seinem Reiz verloren hatte. Heute jedoch löste dieses Naturschauspiel in uns beiden ein tiefes Bedauern aus, denn die Rückkehr an Bord meines Bootes rückte unaufhaltsam näher.

Nach einem Jahr ständigen Fronteinsatzes waren uns diese Wochen, die ich Korvettenkapitän Roloff zu verdanken hatte, anfangs noch als eine herrliche lange Zeit erschienen. Doch die erste Woche war durch Ankes Geburtstag und die Einladungen zu Verwandten und Freunden so schnell zusammengeschmolzen, daß wir uns nach Ruhe zu sehnen begannen.

Ankes Cousine spürte es zuerst. »Ihr habt die Schnauze von diesem Rummel um Arne gründlich voll, was? Los, packt eure Rapeiken und fahrt nach Föhr. In unserem Ferienhaus seid ihr weit vom Schuß und habt endlich Ruhe und Zeit für euch.«

Ich fand dieses Angebot großartig, Anke hatte jedoch Bedenken. »Möchte ich schon ganz gerne, aber was machen wir mit den Kindern? Für die ist das doch gar nichts.«

»Kein Problem, Anke! Die laßt ihr bei meiner Föhrer Nachbarin Wiebke Hansen, wenn ihr sie zum Strandspaziergang oder wohin auch immer nicht mitnehmen wollt oder könnt. Wiebke hat selbst Kinder im gleichen Alter und nimmt sie euch gern ab. Na, was ist? Soll ich sie anrufen?«

Natürlich nahmen wir ihr Angebot dankend an, schließlich ging es darum, in ihrem reetgedeckten Haus auf dieser abgelegenen Insel ohne die lästigen Fliegeralarme und jeden Trubel wieder als Familie zusammenzufinden und den Krieg zu vergessen. Was störte es uns da, daß einige über unseren Entschluß den Kopf schüttelten. Die konnten sich eben nicht vorstellen, wie es nach den zweieinhalb harten Kriegsjahren um das Nervenkostüm eines U-Bootkommandanten bestellt war, der bei den vielen Feindfahrten mit seinem Boot dem Tod immer wieder nur um Haaresbreite entkommen war.

»Du lieber Himmel, Föhr in diesem eiskalten Januar und dann auch noch beim Teufel auf der Rinne?«

fragte selbst Fritzi, die Frau unseres Freundes Ole mit komischen Entsetzen, als sie in unsere Vorbereitungen hineinplatzte. »Seid ihr denn von allen guten Geistern verlassen? Wißt ihr, worauf ihr euch da einlaßt? Das ist doch nur im Suff zu ertragen, sonst fällt euch die Decke auf den Kopf!«

»Du kannst gut reden, Fritzi!« konterte Anke. »Dein Mann sitzt jetzt hoch und trocken als Fähnrichsgruppenoffizier in der Marinekriegsschule. Ich wollte Arne hätte auch so ein Glück.«

Die Decke fiel uns nicht auf den Kopf, im Gegenteil. Und das mit dem Suff sah auch ganz anders aus. Wenn wir nach unseren langen Strandspaziergängen vom eisigen Wind durchgepustet in unser gemütliches, molligwarmes Domizil zu unseren Kindern zurückkehrten, war ein *Pharisäer*[1] oder ein kräftiger Teepunsch am flackernden Kaminfeuer genau das richtige Auftaumittel. Wir fanden endlich wieder als normale Familie zusammen, und ich kam auch innerlich zur Ruhe.

Das Meer rund um Föhr begann zu vereisen, und gerade das machte in unseren Augen den besonderen Reiz aus. Sobald es bei Ebbe trockenfiel, zerbrach das Eis. Riesige Treibeisschollen bedeckten das Watt, deren Kristalle im Sonnenlicht blinkten und blitzten. Ein faszinierender Anblick, wie ich ihn bisher nur im Nordmeer vor Island und Spitzbergen erlebt hatte. Längst blieben die Fischkutter im Hafen, nur die Fähre zwischen Dagebüll und Föhr/Amrum kämpfte sich noch wacker durch die Eismassen. Hielt die Käl-

---

1 Heißes Getränk aus Kaffee, Rum und Sahne (Anm. d. A.)

te noch lange an, dann waren auch deren Tage gezählt.

Das war es, was auch die erfahrenen Einheimischen fürchteten. Darum hatte ich gleich einen unserer ersten Tage dazu benutzt, mit der Fähre nach Amrum überzusetzen. Ich wollte sehen, was aus der britischen U-Boot-Falle *Flying Lady*[1] geworden war, die wir seinerzeit als Kriegsgefangene in unsere Gewalt gebracht hatten.

Es gab sie vor dem Kniepsand tatsächlich noch, wo ich sie nach einem Fliegerangriff zerbombt hatte auf Grund setzen müssen. Allerdings ragten nur noch drei ihrer vier Masten als Stummel aus dem Wasser. Das Wrack selbst war in den vergangenen zwei Jahren vom Treibsand verschlungen worden.

Anke gab in den beiden Tagen bis zu meiner Abreise nach Brest keine Ruhe. Sie kam von dem Gedanken nicht los, ich brauchte bloß meinen Mund aufzumachen und schon würde Korvettenkapitän Roloff kraft seiner militärischen Stellung auch mir das begehrte Kommando als Fähnrichsgruppenoffizier verschaffen. Zu schön war eben der Gedanke, mich endlich an Land in Sicherheit zu wissen und nicht Tag und Nacht um meinen Tod auf See fürchten zu müssen. Auch ich hätte mich dagegen nicht gesperrt, machte mir jedoch nichts vor. Wenn ich in Brest ankam, waren die Würfel längst gefallen.

U 112 lag dort vermutlich schon einsatzbereit an der Pier und wartete auf seinen Kommandanten. Ein

1 vgl. Maasch, Erik: Die U-Boot-Falle, UB 24770

Kapitänleutnant und Ritterkreuzträger, der jetzt den Schwanz einkniff und um ein Landkommando bat – was für eine diskriminierende Vorstellung für einen Berufsoffizier wie mich! Ich versprach ihr trotzdem, wenigstens den Versuch zu wagen, wenn sich eine Gelegenheit dazu ergab.

Die ergab sich allerdings dann doch nicht gleich. Ich mußte mich zunächst einmal um mein Boot kümmern, nachdem ich mich bei der Flottille vom Urlaub zurückgemeldet hatte, und das nahm mich voll und ganz in Anspruch.

Zu meinem Empfang war wie üblich die ebenfalls aus dem Urlaub zurückgekehrte Besatzung in Ausgehuniform auf der Pier angetreten. Ölzeug wäre angesichts der herrschenden Wetterbedingungen eher angebracht gewesen, denn von der Biskaya her trieb ein Kuhsturm dicke Regenwolken auf die Küste zu. Es goß in Strömen. Selbst die beiden IXC-Boote und das kleinere VIIC-Boot, die unweit von uns an der Pier lagen, verschwanden immer wieder in den eisigen Regenflagen wie hinter einer dichten Nebelwand.

Für einen Augenblick ruhte der Werftbetrieb auf dem Kai, alle Aufmerksamkeit richtete sich auf das militärische Zeremoniell. Ich gedachte jedoch nicht, diese naßkalte Prozedur durch Händeschütteln und Frontabschreiten unnötig in die Länge zu ziehen.

Mein I WO, Oberleutnant zur See Kruse, trat vor und salutierte. »Melde gehorsamst, Besatzung von U 112 vollzählig zur Kommandantenmusterung angetreten, Herr Kaleu!«

»Danke, Herr Kruse!« Ich grüßte ebenfalls mit der Hand am Mützenschirm. Mein Blick flog über die triefende Formation und entdeckte eine Reihe neuer Gesichter. Aber das hatte Zeit. »Morgen, Männer!«

»Guten Morgen, Herr Kaleu!« scholl es lautstark zurück.

»Lassen Sie bitte wegtreten, I WO. Dienst nach Plan, Dienstanzug entsprechend. Die Herren Offiziere und Deckoffiziere bitte ich in zwanzig Minuten zu einer Dienstbesprechung in die Messe des Stützpunktes. Noch Fragen?«

Kruse schüttelte den Kopf, daß die Tropfen flogen, und griente. »Bei diesem Sauwetter doch nicht, Herr Kaleu. Wir sind alle froh, wieder trockenes Zeug auf den Leib zu kriegen. Sie nicht?«

Ich lächelte und kniff ein Auge zu. »Und ob! Ich glaube, dann können wohl alle auch 'nen wärmenden Schluck vertragen, was? Veranlassen Sie das bitte, Herr Kruse.«

Als ich meinem II WO, Leutnant zur See Werda, in der Messe zur Begrüßung die Hand schüttelte, spürte ich an seinem Ringfinger einen Ehering, den ich vor dem Urlaub nicht bemerkt hatte. »Holla! Darf man gratulieren, Herr Werda? Wer ist denn die Glückliche? Kenne ich sie?«

Das feixende Gesicht Kruses verriet mir eher als der rot anlaufende und irgendwie verlegene II WO, daß er nur Roberta Franchon in seinem Urlaub geheiratet haben konnte: eine Agentin der deutschen Gegenspionage, die wir auf unserer letzten Feindfahrt, als Mann verkleidet, an Bord genommen und vor der amerikanischen Küste abgesetzt hatten. Als bildhübsche junge Frau hatte sie sich erst später entpuppt, als ihr das FBI das wertvolle Geheimmaterial wieder abjagen wollte und wir sie vor ihren Verfolgern in einer gewagten Nacht- und Nebelaktion in letzter Sekunde retteten, indem wir sie vor Florida mit ihrem angeschossenen Begleiter auffischten.[1]

Von diesem Augenblick an hatte es zwischen Werda und ihr gefunkt. Kruse, Ole und ich hatten es für eine kurzlebige Episode gehalten und unsere Witze darüber gerissen. Aber jetzt hatte er sie offenbar sogar dazu gebracht, ihn zu heiraten!

Deshalb pfiff ich anerkennend durch die Zähne, bevor er antworten konnte. »Roberta Franchon, II WO? Donnerwetter, meine Anerkennung! Wie haben Sie denn das so schnell hingekriegt?«

»Mit…äh…Sondergenehmigung, Herr Kaleu« mißverstand er meine Frage gründlich. »Der Oberst Clausen…äh…hat seine Verbindungen spielen lassen, da ging das mit der Heiratserlaubnis ganz schnell.«

»Na, dann man meinen herzlichsten Glückwunsch, Herr Werda!« Ich wandte mich dem unbekannten Offizier neben ihm zu.

»Unser neuer LI, Oberleutnant Ing. Trautmann, Herr Kaleu!« beeilte sich Kruse, ihn mir vorzustellen. »Ersatz für Oberleutnant Lietz, der wohl noch immer im Südatlantik auf Bäderreise ist.«

Unwillkürlich mußte ich lächeln. Bäderreise, das war gut. Wir hatten ihn kurz vor dem Ende unserer letzten Feindfahrt in die Hände des Bordarztes eines deutschen Hilfskreuzers geben müssen, weil sein Blinddarm Sperenzien machte. Und dort mußte er

---

1 vgl.: Maasch, Erik: U 112 auf Feindfahrt mit geheimer Order, UB 25087

bleiben, bis der Hilfskreuzer wieder auf Heimatkurs ging.

»Herzlich willkommen an Bord, Herr Trautmann! Ich hoffe, Sie werden sich hier an Bord wohlfühlen.«

Ich schüttelte ihm die Hand und versuchte, ihn einzuschätzen. Trautmann war ein großer, schlanker, blondhaariger Offizier mit einem schmalen, sympathischen Gesicht, aus dem mich ein Paar stahlblaue Augen forschend musterten. Als einziger von uns trug er eine speckige Uniformjacke, auf der sich neben dem U-Boot-Kampfabzeichen, dem EK I und dem EK II auch das *Goldene HJ-Mitglieds-* und das *Goldene HJ-Leistungsabzeichen* von dem blauen Tuch abhoben.

Du lieber Himmel, fuhr es mir durch den Kopf, der einzige unter uns, der haargenau dem Idealtyp des rassereinen germanischen Menschen entspricht, wie ihn die offizielle Propaganda in Wort und Bild herausstellt! Offensichtlich auch noch ein ehemaliger HJ-Führer, der meint, diesen HJ-Klimbim unbedingt neben seinen Kriegsauszeichnungen zur Schau stellen zu müssen. Ich war gespannt, wie seine Stoker darauf reagierten.

»Danke, Herr Kaleu! Auf mich können Sie zählen«, schnarrte er mit befehlsgewohnter Stimme. »Ich bin nicht sehr anspruchsvoll.«

»Na, da sind wir ja beruhigt«, konnte sich Kruse nicht verkneifen. »Uns wäre das *Hotel Adlon* allerdings viel lieber.«

Ich horchte auf. War das wieder einmal Kruses allseits bekannte Abneigung ehemaligen HJ-Führern gegenüber, die ihn so reden ließ, oder hatte es schon irgend etwas gegeben? Vermutlich letzteres, denn Werda und die Deckoffiziere grinsten hämisch.

»Dann fangen wir am besten gleich mit dem Bericht über Ihren Dienstbereich an, Herr Trautmann«, sagte ich sarkastisch. »Doch halt, da sind ja noch zwei neue Gesichter.«

Die beiden Männer im grauen U-Bootpäckchen sprangen auf und nahmen militärische Haltung an.

»Die Fähnriche zur See Brückner und Teichmann, von der ULD *Gotenhafen* als Wachoffizierschüler zu uns an Bord kommandiert, Herr Kaleu«, stellte sie der I WO vor. »Sie sind schon seit zwei Wochen an Bord und in der Zeit gründlich durch die Mangel gedreht worden.«

Er konnte offensichtlich meine Gedanken lesen, denn ich dachte tatsächlich in diesem Augenblick an die negativen Erfahrungen mit einem anderen Fähnrich. Er schüttelte kaum merklich den Kopf und kniff ein Auge zu. Keine solchen Pflaumen wie seinerzeit dieser Graf Hardegg, hieß das, und das war ungemein beruhigend.

»Gut so, Herr Kruse.« Ich ließ mich in den Sessel fallen und strich meine Kontrollformulare glatt. »Dann man los, LI!«

Trautmann hatte sich gut vorbereitet. »Die Werftüberholung aller technischen Einrichtungen ist abgeschlossen und von uns mehrfach überprüft worden. Keine Beanstandungen, Herr Kaleu. Die Standproben für die Maschinen sind erfolgt, sie ergaben ebenfalls keine Mängel. Tauchtanks und Regeltanks dito. Kein Wasser in der Bilge. Treiböl und Süßwasser sind bis zur Halskrause gebunkert. Boot ist in einem technisch einwandfreien Zustand, könnte sofort seeklar machen.«

Ich stellte noch ein paar ergänzende Fragen, um zu sehen, wes Geistes Kind er war. Aber auch da saß er fest im Sattel.

»Danke, Herr Trautmann. – Und nun Sie, Herr Kruse.«

»Das gilt auch für den seemännischen und navigatorischen Bereich. Seekarten und deren Berichtigungen sind auf dem aktuellen Stand, die neuen Horcher und die Männer für das FuMB sind von Obermaat Huber eingewiesen und überprüft worden. Keine Beanstandungen. Irgend etwas liegt in der Luft, denn wir sollen morgen an den Arsenalkai im Bunker verholen und – wie die anderen drei Boote – Torpedos und Munition übernehmen.«

Es war also noch kein Gerücht über unseren bevorstehenden Einsatz im Umlauf. Deshalb hakte ich nicht nach. »Na, prima! Und Sie, Herr Werda?«

»Auch keine Beanstandungen. Vorratslasten sind bis an Oberkante Oberlippe mit Proviant für rund sieben Wochen bei Normalverpflegung gefüllt, kann bei Bedarf gestreckt werden. Medikamente sind ergänzt worden. Fähnrich Brückner gehört zur Steuerbordwache, der Teichmann geht mit mir Wache. Ansonsten riechen die in jedes Ressort nach Plan hinein.«

»Danke, II WO.« Ich blickte den Smadding an. »Steht irgendwer zur Bestrafung an?«

»Nicht unbedingt, Herr Kaleu. Es hat die üblichen Rangeleien an Land gegeben, aber sonst keine schlimmen Fälle.« Er grinste. »Ich hab' das inzwischen schon auf meine Art geregelt. Wir haben jetzt die sauberste Bilge der gesamten U-Bootflotte.«

Was das hieß, konnte ich mir gut vorstellen. Wörle war ein harter, einfallsreicher Kommißstiefel. Wer über die Stränge schlug, dem verging ganz schnell der Übermut, wenn er ihn in die Mangel nahm. Trotzdem ließen sich die Besatzungsmitglieder lieber von ihm mit unangenehmen Arbeiten eindecken als zum Rapport gestellt zu werden. Die fanden nämlich in ihrem Führungsbuch keinen Niederschlag.

Es gab noch eine ganze Reihe von Fragen, die zu klären waren. Am Ende unserer Dienstbesprechung konnte ich zufrieden meine Kontrollblätter zur Seite legen. Es lief alles so, wie man es sich als Kommandant nicht besser wünschen konnte.

»Das wär's dann wohl, meine Herren.« Ich stand auf. »Wir sehen uns gleich an Bord wieder, wenn ich mit dem I WO und dem Oberbootsmann meine Runde durch das Boot mache.«

Ich saß mit Kruse in meinem Kabuff und besprach mit ihm eine Reihe von Fragen, die sich bei unserer Runde durch das Boot ergeben hatten, als mir ein Läufer den Befehl überbrachte, mich am nächsten Nachmittag zu einer Besprechung bei der Flottille zusammen mit meinem I WO einzufinden.

»Da haben wir es, I WO« sagte ich und reichte ihm den Wisch. »Torpedo- und Munitionsübernahme am Vormittag. Um siebzehn Uhr Besprechung bei Korvettenkapitän Bernhardi. Möchte bloß mal wissen, warum der mir das nicht gleich bei meiner Zurückmeldung gesagt hat.«

»Sie kennen ihn doch, Herr Kaleu« gab Kruse gelassen zurück. »Irgendwie muß er doch seine Wichtigkeit herauskehren, am besten auf solche Tour. Dann sollten wir aber heute abend noch einen draufmachen. Wer weiß, was morgen sein wird? Der II WO will für uns Offiziere ohnehin noch einen Hochzeitsschluck ausgeben.«

»Keine schlechte Idee. Und wo?«

»Im Offizierskasino. Da erfahren wir mit Sicherheit unter der Hand, was morgen anliegt.«

Er sollte sich gründlich irren. Wen immer wir auch ansprachen, keiner wußte etwas oder hatte auch nur andeutungsweise etwas gehört. Selbst Kapitänleutnant Kreklow, der Adjutant, der einsam abseits an einem Tisch stand und schon gewaltig einen in der Krone hatte, schüttelte abwehrend den Kopf.

»Keine...keine bla...blasse Ahnung, Thomsen«, hickste er und goß erneut Calvados aus der Flasche, die vor ihm auf den Tisch stand, in sein Glas. »Hab'...hab' meinen...meinen Kopf mit anderen Din...Dingen voll.«

»Das sieht man!« versetzte ich trocken. »Was feiern Sie denn? Sind Sie Vater geworden?«

Er warf mir einen glasigen Blick zu und goß alles auf einen Satz hinunter. »Scheiße! Scheiße im Qua...Quadrat, Thomsen!«

»Was für eine tiefschürfende Antwort!« Ich wandte mich ab. »Kommen Sie, meine Herren, suchen wir uns 'ne gesprächigere Runde.«

Wir liefen meinem Crewkameraden, Kapitänleutnant Wildenow, Kommandant von U 114, in die Arme. »Mensch, Thomsen, sieht man dich auch mal wieder? Was hast du denn von dem Kreklow gewollt?«

Ich schüttelte ihm die Hand und stellte ihm meine Offiziere vor. »Ich wollte wissen, was morgen in der Besprechung anliegt, zu der Bernhardi meinen I WO und mich eingeladen hat.«

Wildenow pfiff durch die Zähne. »Was denn, euch beide auch? Das ist ja 'n Ding! Hagen, der Kommandant von U 500, und ich haben bisher vergeblich herauszufinden versucht, was dahintersteckt.«

»Drei Boote also«, sagte ich nachdenklich. »Das ist doch immerhin schon etwas.«

»Vier, Arne« berichtigte er mich. »Der Bernau von U 491 ist mit von der Partie, hat mir Kreklow verraten, bevor er zur Flasche gegriffen hat.«

»Der Bernau, mein ehemaliger I WO, ist jetzt Kommandant? Mann, das freut mich aber!« Ich wandte mich an den II WO. »Suchen Sie doch schon für uns 'nen Tisch, Herr Werda. Ich komme gleich nach.«

Die drei schoben ab.

Wildenow nahm mich beim Arm und zog mich zur Seite. »Der Trautmann ist jetzt bei dir als LI gelandet?«

Ich horchte auf, denn er sagte es in einem ganz merkwürdigen Ton. »Warum fragst du? Hat der was ausgefressen?«

»Pah, der doch nicht! Der hat sich Hoffnungen gemacht, als Fähnrichsausbilder an die MKS versetzt zu werden. Hatte wohl auch die nötigen Verbindungen nach oben, aber irgendwer hat quergeschossen. Sie haben Ole Peters genommen.«

»Ich weiß, wir sind befreundet. Und sonst? Gab's einen besonderen Grund, daß der Trautmann abgeblitzt ist?«

Er schüttelte den Kopf. »Was weiß ich? Vielleicht hat sein Gönner zu dick aufgetragen?«

»Möglich. Mal 'ne andere Frage: Weißt du, warum der Kreklow Leistungssaufen macht?«

»Das weißt du nicht? Er hat keine Familie mehr. Nein, nicht, was du jetzt denkst. Die Frau ist ihm nicht weggelaufen. Ein über Berlin abgeschossener britischer Bomber ist auf sein Zweifamilienhaus in Teltow gestürzt. Seine Eltern und seine Frau mit den Kindern sind dabei umgekommen. Ab morgen hat er Sonderurlaub.«

Mir lief eine Gänsehaut über den Rücken, denn ich mußte an Anke und die Kinder denken. Teltow, das war ein winziges Nest bei Berlin, etwa so wie Blankenese bei Hamburg. Mir wurde auf einmal ganz schwummerig.

»Verdammt, jetzt kann ich auch einen vertragen!«

»Dann komm, laß uns einen zur Brust nehmen, Arne.«

»Nee, ein anderes Mal. Morgen ist ja auch noch ein Tag. Mein II WO hat geheiratet und uns zu einem Umtrunk eingeladen. Da kann ich jetzt schlecht...«

Er klopfte mir auf die Schulter. »Verstehe. Dann feiert man schön. Bis morgen!«

Die Torpedo- und Munitionsübernahme zog sich länger hin, als wir es eingeplant hatten. Kruse und ich waren darum die letzten, die zu den anderen Offizieren stießen. Oberleutnant Valentin, der jetzt den Kreklow als Adjutant vertrat, warf einen mißbilligenden Blick auf die Wanduhr, sagte jedoch nichts.

Ich lachte. »Ziehen Sie nicht solchen Flunsch, Herr Valentin! Fünf Minuten vor der Zeit ist des Soldaten Pünktlichkeit. Wir sind immerhin sieben Minuten früher dran – oder? Also los, melden Sie uns als vollzählig versammelt!«

Wortlos erhob er sich und stelzte nach nebenan. Wir begrüßten indes einander. Ich drückte meinem ehemaligen I WO, Oberleutnant zur See Bernau, der am Vorabend nicht im Casino aufgekreuzt war, besonders herzlich die Hand.

»Gratuliere, Herr Bernau! Sie sind jetzt der Kommandant von U 491, das freut mich!«

»Danke, Herr Kaleu! Und mich freut, daß man offensichtlich mit uns gemeinsam etwas vor hat. Ich frage mich allerdings, ob mein VIIC-Boot mit Ihren größeren Eimern mithalten kann.«

»Da machen Sie sich man keine Sorgen« kam mir Wildenow zuvor. »Wenn's nicht geht, nehmen wir Ihren Zwerg eben in Schlepp!«

Lautes Gelächter übertönte Bernaus Protest.

»Na, na, Zwerg ist ja wohl übertrieben!« sprang ich ihm bei. »Wie war das denn damals mit deinem VIIC-Boot, als du Kommandant wurdest, Frank? War das auch 'n Zwerg?«

»Vermutlich erst, nachdem Kaleu Wildenow damit abgesoffen war«, stichelte Oberleutnant Hagen, »und er auf sein nagelneues IXC-Boot umsteigen durfte. Vor Tische liest man's bekanntlich meistens anders.«

In das fröhliche Gelächter über diese Stichelei platzten Roloff und Bernhardi, gefolgt von Valentin und einem Schreiberobermaat mit Akten unter dem Arm und ein paar Seekarten. Ich blickte überrascht auf die Kolbenringe um Roloffs Ärmel. Sieh an, Fregattenkapitän ist er geworden, konstatierte ich, so eine Stellung beim Führer der U-Boote West zahlt sich also auch für Reservisten aus.

»Ich sehe, die Herren sind denkbar bester Laune«, stellte Roloff lächelnd fest und drückte uns die Hände. Bernhardi bedachte uns lediglich mit einem Nicken. »Nehmen Sie bitte Platz, meine Herren.«

Ich blieb jedoch stehen. »Darf ich Ihnen als dienstältester Kommandant unsere herzlichsten Glückwünsche zu Ihrer Beförderung aussprechen, Herr Kapitän? Wir gratulieren!«

»Danke, meine Herren!« Roloff war sichtlich erfreut. »Wenn ich richtig informiert bin, steht das ja wohl auch bei Ihnen in absehbarer Zeit an, Herr Thomsen.«

»Im Juli, so Gott will, Herr Kapitän.« Ich setzte mich.

»Er wird schon wollen, denke ich.« Er drehte sich zum Flottillenchef herum. »Bitte, Herr Bernhardi, fangen wir an.«

Der wühlte in seinen Papieren, ehe er seinen Konzeptzettel fand. »Sie alle kennen aus dem Wehrmachtsbericht die stolze Erfolgsbilanz unserer U-Boote im Vormonat, meine Herren. Ich will sie trotzdem noch einmal wiederholen: Einhundertsechs Schiffe mit insgesamt 419907 Bruttoregistertonnen! Das ist die höchste Versenkungsziffer in einem Januar seit Kriegsbeginn überhaupt! Davon gehen nach meiner Information allein für die Zeit vom 11. bis 31. Januar 1942 dreiundzwanzig Schiffe auf das Erfolgskonto der OPERATION PAUKENSCHLAG vor der amerikanischen Ostküste.« Er machte eine theatralische Pause, um seine Worte wirken zu lassen.

Roloff räusperte sich. »Vergessen wir nicht zu erwähnen, daß darunter auch zwei Schiffe sind, die auf das Konto des hier anwesenden Kapitänleutnants Thomsen und seiner Besatzung gehen. Bis heute ahnen die Alliierten gar nicht, daß sie ein deutsches U-Boot mit ihrer wertvollen Fracht zu den Fischen geschickt haben könnten.«

Roloff deutete lächelnd eine Verbeugung in meine Richtung an. Das paßte Bernhardi gar nicht. Mit säuerlicher Miene biß er sich auf die Lippen.

»Wobei man hinzufügen muß: sehr zu seinem Glück! Denn er handelte damit gegen den eindeutigen Befehl der Seekriegsleitung und gefährdete somit den Erfolg der geplanten OPERATION PAUKENSCHLAG. Ein Ritterkreuzträger, Herr Kapitän! Wenn das jeder machte!«

Du lieber Himmel, durchfuhr es mich, was für Animositäten handeln denn die beiden da miteinander ab? Daß der Bernhardi mir das Ritterkreuz neidete, ließ er nicht zum ersten Mal durchblicken, sonst hätte er sich unter anderem nicht so gegen meinen verlängerten Urlaub gesperrt. Oder wurmte es ihn, daß Roloff kein aktiver Offizier, sondern bloß Reservist, in seinen Augen ein Halbsoldat, war? Solche Aversionen gab es ja auch nach zweieinhalb Kriegsjahren noch. Aber Bernhardi war ein ausgemachter Idiot, wenn er sich jetzt vor uns die Blöße gab, sich deshalb sogar mit dem ranghöheren Vertreter des FdU. West anzulegen.

Roloff lachte ihm laut in das verkniffene Gesicht. »Hätte, Herr Berhardi, hätte gefährden können! Hat er aber nicht! Ausnutzen der Gegebenheiten und Eigeninitiative sind doch gerade das, was wir von unseren Kommandanten erwarten. Vergessen wir außerdem nicht, daß er uns von dieser Feindfahrt nicht nur wertvollstes amerikanisches Geheimmaterial und die Informationen mitgebracht hat, auf die sich der bevorstehende Einsatz jetzt stützen kann. Alles andere ist doch Schnee von gestern.«

Das war ein deutlicher Rüffel. Prompt legte Bernhardi die Ohren an, zumal er von den Gesichtern seiner Offiziere ablesen konnte, was sie dachten.

»Darauf wollte ich gerade kommen, Herr Kapitän. Unsere Operation, nennen wir sie *TROMMELWIRBEL*, richtet sich gegen die Nachschubwege in der Karibik.« Er kramte wieder in seinen Notizen, während der Obermaat auf seinen Wink eine Seekarte auf dem Tisch ausbreitete. »Ich glaube, es ist am besten, wenn Herr Thomsen uns über seine Erfahrungen informiert. Bitte, Herr Thomsen.«

Er grinste bei diesen Worten hämisch. Ohne sich vorher mit mir abzusprechen, das war wieder einmal eine seiner Gemeinheiten mir gegenüber. Roloff empfand das ebenso, denn er runzelte mißbilligend die Stirn, sagte jedoch nichts.

Ich stand auf und trat an die Karte. Es war eine Großraumkarte, ein sogenannter Übersegler, in der die Karibik von der Südspitze Floridas bis zur Orinokomündung dargestellt war. Ich griff zu dem Lineal, mit dem der Obermaat gelangweilt herumgespielt hatte.

»Ich gehe davon aus, daß sich die militärische Situation in den vergangenen sechs Wochen, seit wir dort operierten haben, nicht grundlegend geändert hat. Wir haben nur Einzelfahrer, keine geschützten Konvois angetroffen, die aus Häfen Venezuelas kamen. Wir haben zwei Generalrouten festgestellt. Eine verlief von der Orinokomündung östlich Barbados und der Inseln, ehe sie auf die nordamerikanische Ostküste einschwenkte. Die zweite aus dem Bereich Maracaibo/Caracas querte das Karibische Meer und verließ es durch die Windward-Passage zwischen Kuba und Haïti oder die Mona-Passage zwischen Haïti und Puerto Rico, ehe sie ebenfalls auf die amerikanische Ostküste einschwenkte. Beide Routen passieren die Bahamas östlich.«

Ich unterstrich meine Worte mit dem Lineal auf der Karte und wartete auf Fragen. Doch die kamen nicht.

»Die militärische Präsenz war seinerzeit ganz gering. Wir konnten Trinidad und Puertorico unangefochten passieren, obwohl es dort amerikanische Stützpunkte gibt. Selbst die Sichtmeldung eines Tankers löste keinen Alarm aus. Ein deutsches U-Boot in der Karibik – undenkbar! Die Leuchtfeuer waren nicht gelöscht, die Bojen nicht eingezogen, es gab keine Verdunklung. Das kann sich jetzt geändert haben, nachdem der PAUKENSCHLAG die Yankees aufgescheucht hat.«

»Was heißt geringe militärische Präsenz?« wollte Wildenow wissen.

»Wir haben lediglich einen alten britischen M-Bock, vier amerikanische Korvetten und zwei Zerstörer unbekannter Nationalität, möglicherweise Franzosen, ausgemacht, als wir die Inseln von Antigua bis Trinidad abgeklappert haben. Wie gesagt, das war vor sechs, sieben Wochen. Wir müssen damit rechnen, daß jetzt Flugzeuge Aufklärung und U-Bootjagd fliegen werden.«

»Richtig, Herr Thomsen!« sagte Roloff. »Unsere Informationen sind dahingehend. Briten und Amerikaner sind dabei, ihre Stützpunkte auf den Inseln zu verstärken und ein Netz von RADAR-Stationen aufzubauen, um den Nachschub sichern zu können. Es wird Ihre Aufgabe sein, meine Herren, sie daran zu hindern und den Nachschub kriegswichtigen Materials empfindlich zu stören. Kapitänleutnant Thomsen als dienstältester Kommandant wird die Führung der OPERATION TROMMELWIRBEL übernehmen. Alles weitere wird Ihnen jetzt Kapitän Bernhardi erläutern.«

Wumm, für mich fiel der Vorhang. Ich dachte an

mein Versprechen, das ich Anke gegeben hatte. Unter solchen Umständen war es gänzlich undenkbar, Roloff um ein Landkommando als Fähnrichsgruppenoffizier anzugehen. Ich hätte mich damit für alle Zeiten bis auf die Knochen blamiert.

Roloff stand auf und wandte sich zum Gehen. »Meine Herren, ich wünsche Ihnen gute Jagd und fette Beute! Kommen Sie heil wieder rein!« Eine nonchalante Handbewegung zu unserem Flottillenchef hin. »Bitte, Herr Bernhardi, Sie wissen, was von diesem Einsatz abhängt.«

Doch wie üblich machte sich Bernhardi die Sache leicht. Er klärte zwar die Kompetenzen, erläuterte noch einmal das Grundkonzept und drückte dann jedem von uns die Einsatzbefehle in die Hand, aber die eigentliche Feinplanung landete als Schwarzer Peter bei mir.

»Eigeninitiative ist gefragt, wie Sie gehört haben.« Er schob seine Notizen zusammen und stand auf. »Herr Thomsen ist der Führer der Operation. Er wird mit Ihnen Ihren Einsatz durchsprechen und alles aufeinander abstimmen. Ich erwarte, Ihren Bericht darüber morgen früh auf meinem Schreibtisch zu finden, Herr Thomsen.« Er gab dem Obermaat ein Zeichen. »In diesem Ordner finden Sie alle Informationen, die unser B-Dienst über britische Flottenbewegungen vor der französischen Küste und im Atlantik zusammengetragen hat. Die entsprechenden Auszüge und Kopien hat Herr Thomsen in seinen Unterlagen. Den Ordner geben Sie nach Ihrer Besprechung an die Schreibstube zurück. Wie gesagt, Eigeninitiative, meine Herren! Bis dann!«

Ein Kopfnicken, raus war er. Der Obermaat legte

den Ordner vor mir auf den Tisch und knallte wenigstens die Hacken militärisch zusammen, bevor er eiligst seinem Herrn und Meister folgte.

Wildenow holte ein Päckchen Zigaretten aus der Tasche, steckte es jedoch gleich wieder ungeöffnet zurück. »Lieber nicht, fällt das Abgewöhnen nicht so schwer. – Er mag dich nicht sonderlich, was? Schiebt dir die ganze Verantwortung zu, Arne. Geht was schief, bist du der Dumme.«

»Dann helft mir, damit nichts schiefgehen kann.«

Sie halfen mir tatsächlich, das verlangte schon der Korpsgeist unter uns Offizieren. Bernhardi hatte den Fehler gemacht, seine höhere Dienststellung, aus welchen Motiven auch immer, gegen mich auszuspielen, da war das einfach Ehrensache.

Im übrigen waren die Befehle so gehalten, daß nur noch das Zusammenspiel der drei IX C-Boote in der Karibik zu regeln war. Bernau sollte zwar mit seinem kleineren VII C-Boot gemeinsam mit uns auslaufen, damit wir der britischen Jagdgruppe, die jede Nacht in der Bucht von Brest außerhalb der Reichweite der deutschen Küstenbatterien auf Beute lauerte, etwas entgegenzusetzen hatten. Aber seine Reise endete bei den Azoren, um dort gegen Briten und Yankees zu operieren. Wie Geheimdienstmeldungen ergaben, beabsichtigten die jetzt, den Archipel zu einem Flotten- und Luftwaffenstützpunkt auszubauen.

»Wir sind nicht mehr blind«, sagte ich. »Unser FuMB wird uns diesmal signalisieren, wenn und aus welcher Richtung uns ihr RADAR erfaßt, so daß wir rechtzeitig abtauchen können. Sie werden wieder Leuchtgranaten schießen, was uns nur recht sein kann. Wir haben dann das schönste Büchsenlicht. Es wird mir ein besonderes Vergnügen sein, mich für den Beschuß bei unserer Heimkehr aus der Karibik zu revanchieren und ihnen ein paar Torpedos mit herzlichen Grüßen aus old Germany vor den Latz zu knallen.«

»Sie haben auch bei mir noch 'ne Rechnung offen.« Hagen rieb sich die Hände. »Drei sind es Nacht für Nacht, hat der B-Dienst herausgefunden. Wenn's stimmt, sollten wir doch mit denen fertig werden.«

»Und wenn nicht, dann spritzen wir eben nach allen Seiten auseinander. Jeder von uns schießt 'nen Bold ab, das dürfte sie 'ne Weile beschäftigen«, meinte Wildenow zuversichtlich. »Bisher sind wir doch noch immer aus Brest raus und auch wieder nach Brest rein gekommen.«

»Stimmt, aber jedes Mal ein bißchen mehr lädiert«, knurrte Hagen, »und das nehme ich den Brüdern schwer übel.«

Ich nickte. »Ein Grund mehr, nicht kopflos zu türmen. Nehmen wir an, einer von uns wird trotzdem von ihrem ASDIC erfaßt und mit Wasserbomben beharkt. Dann werden die anderen dafür sorgen, daß sie das bitter bereuen, klar?«

Am nächsten Morgen hatte Bernhardi das schriftliche Ergebnis der Besprechung auf seinem Tisch. Auf den vier Booten liefen die letzten Vorbereitungen für das Seeklar an. Unter Deck spielten die Besatzungen noch einmal alle Situationen durch, die auf See eintreten konnten. Ich wartete indes auf Bernhardis Reaktion, und die kam.

Gegen Mittag ließ er mich und den I WO durch einen Läufer holen. Das war ungewöhnlich, aber er wolle damit sichergehen, daß »der Kenntnisstand in der oberen Befehlsebene« keinerlei Lücken aufwies, falls einer von uns ausfallen sollte, hatte er es uns gegenüber am Vortag begründet.

Er bot uns Platz an und lehnte sich, in seinem Sessel kippelnd, zurück. »Ich bin Ihren Bericht durchgegangen, Herr Thomsen. Dabei ist mir aufgefallen, daß Sie sich zuerst den Landzielen zuwenden wollen. Warum?«

Mir verschlug es die Sprache. Was für eine Frage! Hatte der denn die Berichte des Geheimdienstes über die Stimmung auf den Inseln nicht gelesen?

Kruse nahm mir die Antwort ab. »Es gibt in der Inselbevölkerung starke Bestrebungen, die Kolonialherrschaft endlich abzuschütteln. Gehen wir gegen Landziele vor, wird niemand dahinter die deutsche Kriegsmarine vermuten, Herr Kapitän.«

»Hmmm«, brummte Bernhardi und tippte auf den Zeitplan. »Noch etwas. Zwei Wochen für den Anmarsch, das erscheint mir reichlich lange, Herr Thomsen.«

»Uns auch, Herr Kapitän. Es ist alles eine Frage der Treibstoffkapazität. Natürlich könnten wir schneller in der Karibik sein, aber dann gehen dabei zwei Drittel unseres Treibstoffs drauf. Das bringt uns vor Ort in Schwierigkeiten. Das Auftanken ist ja im Einsatzbefehl erst für den Rückmarsch im Mittelatlantik vorgesehen. Wir müssen also haushalten.«

»Ah ja, sehr richtig! Dann ist wohl alles klar!« Er klappte den Aktendeckel zu und warf einen Blick zum Fenster, gegen das der Regen klatschte und die Scheiben völlig blind machte. »Günstig, Herr Thomsen. Ich gehe davon aus, daß Ihre Gruppe seeklar ist – oder?« Er wartete meine Antwort nicht ab, sondern stand auf, so daß auch wir aufstehen mußten. »Gut, dann laufen Sie mit der Abendflut aus. Wir werden die Küstenbatterien entsprechend informieren. Noch Fragen?«

»Keine Fragen, Herr Kapitän, nur eine Bitte. Keine offizielle Verabschiedung beim Ablegen, um unnötiges Aufsehen bei den französischen Arbeitern zu vermeiden. Wir möchten kein britisches Empfangskomitee auf uns aufmerksam machen.«

»Das wollte ich Ihnen auch vorschlagen, Herr Thomsen«, klappte er wieder hinterher und reichte uns die Hand. »Also dann – gute Jagd und fette Beute, meine Herren!«

Damit waren wir verabschiedet.

Draußen brach Kruse das Schweigen. »Der läßt nach. Blamabel, finden Sie nicht?«

Bei Hochflut warfen wir los und liefen mit leise schnurrenden E-Maschinen aus dem Halbdunkel des Bunkers hinaus in die weite stockdunkle Bucht vor dem Kriegshafen. Ebenso leise folgten mir die drei Boote eins nach dem anderen. Eine reine Vorsichtsmaßnahme. Wir waren sicher, daß es auch bei diesem Sauwetter am Ufer genügend Franzosen gab, die jede Bewegung im Kriegshafen registrierten und den Tommies sofort per Funk meldeten.

Die blinkende Ansteuerungstonne glitt vorbei, sie war nur schwer im dichten Regen auszumachen. Die Boote hinter uns konnte ich nur erahnen.

»Nehmen Sie Kurs auf die Durchfahrt zum Atlantik, Herr Werda.«

Ein schwieriges Manöver, weil man die Hand nicht

vor Augen sah. Von beiden Seiten rückte die nachtschwarze Küste immer enger aneinander, bis sie einen klippengesäumten Schlauch bildete, der hinaus in die offene See führte. Wir mußten uns an den Fahrwassertonnen regelrecht entlangtasten, um diese Durchfahrt durch die Landenge zu finden.

Beim Kentern der Flut nahm hier der Druck des aus der Bucht ablaufenden Wassers so stark zu, daß wir ihn ausnutzen konnten, um schneller hinauszugelangen und die Boote unter dem Schutz der Küstenbatterien im tieferen Wasser zu trimmen. Erst danach konnten wir uns auf einen Tanz mit den Engländern einlassen. Vorausgesetzt, es gab sie auch in dieser Nacht wieder dort draußen außerhalb der Reichweite der schweren Geschütze.

Auf dem Turm herrschte angespannte Ruhe. Nur der wachhabende II WO wanderte unruhig von einer Seite zur anderen, bis ich ihn aufhielt.

»Machen Sie sich nicht nervös, II WO! Die Männer sind hellwach. Alles läuft nach Plan.«

»Trotzdem is' das 'ne Porzellanfuhre bei diesem Scheißwetter, Herr Kaleu. Sicht gleich null, und dann steckt allen noch der Urlaub in den Knochen«, flüsterte er zurück. »Da weiß man nie.«

»Blinklicht Steuerbord voraus!« meldete der Ausguck.

»Na bitte, wir liegen genau richtig auf Kurs, II WO. Erst bei der dritten Leuchtboje wird's kritisch. Aber das wissen Sie ja selbst aus Erfahrung. Ich habe übrigens nichts gegen dieses Mistwetter. Es trifft die Tommies genauso wie uns.«

Eine voreilige Aussage. Ich hatte mit einmal sehr wohl etwas gegen dieses Sauwetter, denn genau in diesem Augenblick klappte der steife Wind die Krempe meines Südwesters hoch. Wie aus einer Regenrinne floß das eiskalte Wasser in meinen hochgestellten Kragen, rann mir den Rücken hinunter und sammelte sich als Fußbad in meinen Seestiefeln.

»Verdammte Sauerei!« fluchte ich. »Was...«

»Anruf aus zwei-neun-acht, Herr Kaleu!« unterbrach mich der Signalmaat.

Ich hörte, wie er zur Klappbuchs griff.

»Kommt von der Küste aus ziemlicher Höhe. Soll ich bestätigen?«

Ich fuhr herum. Tatsächlich, oberhalb der Küste blinkte eine Klappbuchs das Anrufsignal durch den Regen. Woher... Plötzlich fiel bei mir der Groschen.

»Einen Teufel werden Sie tun, Signalmaat!« fuhr ich ihn an. »Das sind Franzosen, die uns auf den Leim...«

Zu spät! Hinter uns – war es das dritte oder letzte Boot? – blitzte Empfangsbereitschaft auf. Im gleichen Augenblick hämmerte in der Höhe ein Maschinengewehr los, strich suchend mit seinem Geschoßhagel über die dunkle See und schoß sich auf den antwortenden Lichtkegel der Klappbuchs ein. Zugleich verriet das Mündungsfeuer den Standort des heimtückischen Schützen.

»Flak...Feuer frei auf das Maschinengewehr!« schrie ich.

Unsere 2cm-Flak bellte los. Die Leuchtspur ihrer Geschosse biß sich an der Feuerstellung des MGs fest. Die versteckten Franzosen hatten keine Chance, dem Splitterregen der explodierenden Granaten zu entkommen, denn auch von den anderen Booten griff Flakfeuer nach dem MG.

Mehr noch. Als das MG schwieg, nahm die Flak die

ganze Umgebung unter Feuer und überschüttete sie mit krepierenden Geschossen, um keinen der Schützen entkommen zu lassen. Deutlich zeichneten sich im Mündungsfeuer die Türme unserer Boote ab. Ein Anblick, der mich zusammenzucken ließ.

In diesem Augenblick hätte ich mich am liebsten selbst geohrfeigt. Wir Idioten! Auf so einen simplen Trick hereinzufallen! Mochten wir die Männer der französischen Widerstandsbewegung dort oben durch den Beschuß auch in Stücke hacken, sie hatten dennoch erreicht, was sie wollten. Alle Welt wußte jetzt, daß vier deutsche U-Boote die Ausfahrt in den Atlantik ansteuerten. Und unter denen, die es sahen, waren bestimmt ein paar Spitzel, die London sofort per Funk informierten und damit die Tommies dort draußen alarmierten.

Ich überschrie das Geballer der Flak: »Feuer einstellen! Feuer einstellen! Aufklaren und Bereitschaftsmunition ergänzen!«

Auch auf den anderen Booten verstummte die Flak. Aber was nutzte das jetzt noch?

»Diese Idioten!« fluchte Werda. »Warum haben die bloß geantwortet?«

»Viel schlimmer, wir sind die Idioten! Wir alle haben zurückgeschossen und damit verraten, wie viele wir sind!«

In meinem Kopf überschlugen sich die Gedanken, suchten nach einem Ausweg. Jetzt half nur noch eins: Wir mußten draußen sein, ehe die Tommies von uns erfuhren und sich darauf einstellen konnten. Eine Erkenntnis, die mich umgehend reagieren ließ.

»Signalmaat, an alle: Auf Diesel umsteigen und voll voraus! Ausführung sofort!«

Der II WO handelte auf der Stelle. »E-Maschinen stopp! Auf Diesel umkuppeln! Beide Maschinen voll voraus!«

Durch das Boot lief ein Ruck, als die Diesel bullernd ansprangen und schnell auf Touren kamen. Auspuffgase umhüllten uns sekundenlang, verwehten mit dem Wind. Unter unseren Füßen vibrierte die Gräting und neigte sich nach achtern. Spritzwasser fegte über den Turm. Ich schmeckte plötzlich Salz auf meinen Lippen.

»Haben Sie mitgekriegt, welches Boot da Empfangsbereitschaft signalisiert und den ganzen Feuerzauber ausgelöst hat, Herr Werda?« Es nutzte jetzt zwar nichts mehr, aber es interessierte mich doch.

»Ich bin sicher, es war U 491, Herr Kaleu. Ein ganz fieser Trick, uns so auf den Leim zu führen.« Dennoch klang in der Stimme des II WO so etwas wie Anerkennung mit. »Ganz schön raffiniert, was? Ich wäre vermutlich auch darauf hereingefallen. Wer rechnet denn schon damit, daß Franzosen es wagen könnten, sich ausgerechnet dort oben im Rücken der Marineartillerie mit einem MG festzusetzen?«

Ich hörte nur mit halbem Ohr hin. U 491, das war das Boot meines ehemaligen I WO. Bernaus erstes Kommando als Kommandant. Ich schüttelte den Kopf. Da gab der so einen Einstand! Doch halt, gerade ich hatte am allerwenigsten das Recht, ihm irgendwelche Vorhaltungen zu machen. War ich es doch gewesen, der durch seinen Feuerbefehl zuerst verraten hatte, daß U 491 nicht allein hinaus in den Atlantik strebte.

»Sie haben recht, II WO. Man lernt eben immer noch etwas hinzu.« Das war nicht gerade ein Eingeständnis der Mitschuld. Aber was hätte ich auch sonst sagen sollen?

Wir hatten den Schlauch hinter uns. Mit allem, was die Diesel hergaben, liefen wir hinaus in die Bucht von Brest zwischen Pointe de Saint-Mathieu und Camaret-sur-Mer. Die Wachen wechselten. Kruse kam mit einem Thermos heißen Tees auf die Brücke und löste den II WO ab.

»Wie's aussieht, werden Sie ja wohl jetzt kaum die Brücke verlassen, Herr Kaleu.« Ich hörte den Tee gluckernd in den Becher laufen. »Da werden Sie gegen einen heißen Tee sicher nichts einzuwenden haben.«

»Ein grandioser Einfall, I WO!« Ich schnupperte. »Rum? Rieche ich wirklich Rum?«

Kruse lachte und reichte mir den vollen Becher. »Nur ein paar Tropfen, damit das Tein schneller ins Blut übergeht, munter macht und besser durchwärmt. Halten Sie bloß die Hand drüber. Der Scheißregen verwässert sonst das gute Getränk, und das wäre doch schade, oder?«

Ich nahm einen kräftigen Schluck. Herrlich warm rann der Tee hinunter. Erst jetzt merkte ich, wie kalt mir war. In meinem Magen breitete sich ein wohliges Gefühl aus. »Donnerwetter, das schmeckt ja verteufelt gut! Sagten Sie ein paar Tropfen Rum?«

»Nun ja, vielleicht sind ein paar mehr reingeschwappt, als das Boot überholte. Kann ja mal vorkommen.« Er trat neben mir an das Schanzkleid. »Noch immer kein RADAR-Kontakt und keine Schraubengeräusche, das erinnert mich verdammt an das letzte Mal.«

»Und mich erst! Schon die ganze Zeit werde ich die Erinnerung daran nicht los. Da spielten die Tommies auch totes Kaninchen, bis die Falle zuschnappte.« Ich trank den Becher leer und gab ihn zurück. »Vielen Dank, war 'ne gute Idee, I WO. Aber vielleicht ist da heute ausnahmsweise mal keiner, und wir machen uns völlig überflüssigerweise Sorgen?«

»Glaube ich nicht, Herr Kaleu. Ich hab' die ganze Zeit so ein saublödes Gefühl, und auf das kann ich mich eigentlich immer verlassen.«

Das Gefühl hatte ich auch. Noch waren wir hier ja sicher, denn das deutsche FuMO und das FuMB der Küstenbatterien reichten über die Bucht hinaus. Diesen Geräten entging nichts. Trotzdem war ich erst froh, wenn wir genügend Wasser unter dem Kiel hatten, um das Boot zu trimmen. Den anderen Kommandanten, die auf Abstand zu uns gegangen waren, damit wir uns beim Trimmen nicht in die Quere kamen, erging es mit Sicherheit nicht anders. Deshalb fragte ich alle naselang nach der Wassertiefe.

Zäh verrann die Zeit, bis endlich die erlösende Meldung aus der Zentrale kam: »Wassertiefe zwohundert Meter! Boot ist klar zum Tauchen!«

Ich atmete auf. »Na endlich! Auf Tauchstation!«

Blitzschnell leerte sich die Brücke, ließen sich die Männer in das Turmluk fallen und sausten an den Leiterholmen hinunter in die Zentrale. Als letzter knallte ich das Turmluk zu und trieb die Vorreiber vor.

»Turmluk ist dicht! Fluuuten!« Ich glitt ebenfalls hinunter in die Zentrale. »Auf fünfzig Meter einpendeln! So, LI, jetzt sind Sie an der Reihe!«

Ich war gespannt, wie sich Trautmann machte. Sah man einmal von seinem übertriebenen militärischen

Gehabe und seinem Fimmel ab, als einziger an Bord unbedingt mit seinem »Klempnerladen« herumlaufen zu müssen, dann hatte er sich bisher durchaus versiert aufgeführt. Das war allerdings im Hafen gewesen, auf See kam die Stunde der Wahrheit.

Ich war darum nicht der einzige, der jedes seiner Manöver mit Argusaugen verfolgte. Ich hatte eine eingespielte Mannschaft, alles Männer, die – abgesehen von den Fähnrichen – auf mehreren Feindfahrten zusammengewachsen waren und genau wußten, wo es lang ging. Denen konnte man nichts vorspielen.

Doch wir alle sahen uns angenehm enttäuscht. Selbst der I WO nickte anerkennend. Trautmann verstand sein Handwerk und machte keine Fisimatenten, um uns zu imponieren. Mochte er sonst sein, wie er wollte, mit ihm hatten wir einen vollwertigen Ersatz für unseren bisherigen LI bekommen. Mir fiel ein Stein vom Herzen.

»Boot ist getrimmt, Herr Kaleu!« meldete er mir so zackig, daß alle in der Zentrale unverhohlen grinsten.

»Danke, Herr Trautmann! Dann woll'n wir doch mal sehen, wie's mit den Stopfbuchsen aussieht. Auf achtzig Meter gehen.«

Das gehörte zwar nicht zum Trimmprogramm, aber ich wollte kein Risiko eingehen. Oft genug hatte ich schon erlebt, daß Stopfbuchsen lecksprangen und uns in Schwierigkeiten brachten, wenn der Wasserdruck stark zunahm, weil wir vor Verfolgern in die Tiefe flüchten mußten.

Siebzig Meter gingen anstandslos durch. Auf achtzig Meter pendelte das Boot ein, nichts regte sich. So mußte es auch sein, denn dafür war das Boot konstruiert. Kritisch wurde es erst darunter.

Ich nickte zufrieden. »Tiefer, Herr Trautmann! Mal sehen, womit wir diesmal überrascht werden.«

Das Mißtrauen war berechtigt. Zwar hatten wir das Boot während der letzten Feindfahrt wiederholt bis auf hundertachtzig Meter durchsacken lassen, um gegen das ASDIC von Verfolgern gewappnet zu sein. Keine der Stopfbuchsen hatte dem Außendruck nachgegeben. Aber U 112 hatte inzwischen am Werftkai gelegen und war von Grund auf überholt worden. Darunter konnten auch gut Stopfbuchsen gewesen sein.

»Siehste, der Alte verjißt nischt«, flüsterte jemand hinter mir. »An die Stopfbuchsen hat Hitlerjunge Quex nich' jedacht.«

Ich schmunzelte. *Hitlerjunge Quex*, das war die Hauptfigur in dem gleichnamigen Film, an den ich mich noch gut erinnerte. Der LI hatte also seinen Spitznamen schon weg, und der paßte sogar. Das fand wohl auch Kruse. Der grinste und kniff ein Auge zu.

Gespannt verfolgten wir die Tiefenanzeige. Das Boot gewann schnell Tiefe. Die Zeiger der Grob- und Feinanzeige glitten über die 160-Meter-Marke hinweg, als es im Bootskörper zu knirschen und zu knacken begann. Geräusche, die im Wasser beängstigend nachhallten. Für die alten Hasen ein vertrautes Geräusch, nicht aber für die beiden Fähnriche, die jedes Mal zusammenzuckten. Kein Wunder, denn bei der ULD gehörte solche Tiefe nicht zum Programm.

»Was denn, das kennen Sie nicht?« fragte sie Obersteuermann Weiß todernst. »Das ist Neptun, der wissen will, ob wir auch alle unsere Hundemarken um den Hals haben. Das ist üblich, bevor er uns in seinen Atlantik läßt.«

»Ruhe im Puff!« knurrte Kruse. »Das gilt auch für Obersteuerleute.«

»Stopp Tiefe!« befahl ich, als die Zeiger die 180-Meter-Marke erreichten und die Stopfbuchsen hielten. »Für's erste sollte das genügen. Auf Sehrohrtiefe anblasen! Horchgerät, was erzählen die Fische?«

»Nichts, Herr Kaleu!« antwortete Obermaat Huber, der an dem neuen hochempfindlichen Horchgerät saß. »Nur die E-Maschinen der anderen Boote, sonst keine Schraubengeräusche.«

»Donnerwetter!« sagte Kruse überrascht. »Der hört jetzt sogar die E-Maschinen der anderen Boote? Hoffentlich haben die Tommies nicht auch solche Dinger an Bord!«

»Hoffentlich, I WO.« Ich blickte auf die Uhr. »Zeit zum Aufbruch! Huber, fragen Sie an, wie weit die anderen Boote sind.«

Die beiden Fähnriche sahen einander unsicher an, im Zweifel, ob das nicht wieder so eine Verhohnepipelei wie Neptuns angebliche Erkennungsmarkenkontrolle war. Dabei gab es dafür eine ganz simple Erklärung.

Huber brauchte nur das verabredete Klopfzeichen zu geben und auf Antwort zu warten. Das Wasser übertrug die Klopfzeichen und ebenso die Antworten. Für die sensiblen Horchgeräte war das ein Klacks.

»Alles klar, Herr Kaleu!« meldete Huber. »Boote sind klar zum Auftauchen!«

»Dann geben Sie das Signal zum Auftauchen, Huber!«

Die Klopfzeichen gegen das Stahlschott klangen überlaut durch das stille Boot. Selbst ohne Horchgerät hörten wir die Antwort der anderen Boote. Der LI schaltete die Beleuchtung auf Dämmerlicht um.

»Na, dann los, Leute!« Der Zentralemaat half mir in das Ölzeug. »Brückenwache und Flak in den Turm! Klar zum Auftauchen! Boot bleibt auf E-Maschinen und klar zum Alarmtauchen! Anblasen!«

Der I WO verschwand bereits im Turm und enterte auf, gefolgt von den Männern der Wache und der Flak. Sanft schwebte das Boot nach oben.

»Achtung! Turmluk kommt frei! Boot ist aufgetaucht!«

Rabenschwarze Finsternis umfing mich auf dem Turm. Regen peitschte mir ins Gesicht. Fast blind tappte ich an das Schanzkleid. Trotz des Dämmerlichtes in der Zentrale brauchten meine Augen endlos, bis sie wenigstens die diffusen Umrisse der Männer auf der Brücke und an der Flak ahnen ließen. Ich mußte offenbar irgendwann mal zum Augenarzt.

»Duster wie im Sack!« brummte Kruse neben mir. »Keine Spur von den anderen Booten.«

Doch sie waren da, wie ihre Klopfzeichen und das Geräusch ihrer E-Maschinen verrieten. Sie warteten auf meinen Befehl zum Abmarsch, um auf den gemeinsamen Kurs einzuschwenken, meldete Huber.

»Noch immer kein RADAR-Kontakt, Herr Kaleu!« gab der BÜ die Meldung des FuMB weiter. »Keine fremden Schraubengeräusche.«

»Die machen es heute aber spannend«, meinte Kruse leise, als fürchte er, die unsichtbaren Briten könnten ihn hören.

»Vorausgesetzt, es gibt die Tommies tatsächlich dort draußen«, gab ich ebenso leise zurück. »Machen wir uns nicht verrückt, Herr Kruse. BÜ, geben Sie zum Horchgerät runter: Abmarsch!«

Ich wartete, bis die Bestätigung kam. »Also dann – Kurs zwo-zwo-fünf, I WO, beide E-Maschinen Umdrehungen für sieben Knoten! Wir wollen ja schließlich nicht die ganze Umgebung rebellisch machen.« Und im stillen setzte ich hinzu: »Und mit unseren Dieseln auch nicht das Horchgerät blockieren.«

Denn das brauchten wir jetzt. Gab es wirklich draußen auf See Tommies, dann hing alles von Huber ab, ob er ihre Schraubengeräusche rechtzeitig hörte, wenn sie uns entdeckten und Fahrt aufnahmen, um uns auf die Hörner zu nehmen. Unserem FuMB traute ich noch nicht so recht über den Weg. Zu gering waren meine Erfahrungen damit.

»Verdammt, wo bleiben die FuMB-Meldungen, BÜ? Muß man hier jedem erst in den Arsch treten, damit er spurt?« ging mit Kruse die nervliche Anspannung durch.

Ich lächelte in mich hinein. Kruse mauserte sich zum Kommandanten, denn mir erging es nicht anders. Die Antwort kam jedoch von einer ganz anderen Seite.

»Rote Leuchtkugel achteraus!« schrie der achtere Ausguck. »Peilt eins-sieben–fünf!«

Wir fuhren beide herum. Durch den Regendunst schimmerte das rote Licht einer langsam herabsinkenden Leuchtkugel. Eine zweite stieg neben ihr empor und löste plötzlich an der ganzen nachtdunklen Küste ein regelrechtes Silvesterfeuerwerk aus.

Überall stiegen rote Leuchtkugeln empor. Mehr noch, Mündungsfeuer erhellte plötzlich den nächtlichen Küstensaum. Sekundenbruchteile später erzitterte die Luft von dumpfen Abschüssen, war die Dunkelheit über uns mit dem schrillen Jaulen schwerer Geschosse angefüllt.

Querab und weit entfernt von uns tat sich die Hölle auf. Grelle Blitze explodierender Granaten durchzuckten die regnerische Nacht. In ihrem aufzuckenden Licht stieg geisterhaft eine Wand von Wassersäulen zum Himmel empor. Die See kochte.

»Also doch Tommies!« schrie ich Kruse ins Ohr, als uns der Donner erreichte. »Die Küstenartillerie hat sie ausgemacht! Kein unnötiges Risiko, I WO! Alle Mann auf Tauchstation! Klar zum Tauchen!«

Im Nu leerte sich die Brücke. Diesmal war es Kruse, der das Turmluk zuknallte und damit das Signal zum Fluten gab. U 112 schor in die Tiefe und pendelte auf Sehrohrtiefe ein. Dröhnend übertrug das Wasser die Detonationen der Granaten, als explodierten sie genau über uns.

»Ganz schöne Koffer, was?« begeisterte sich Kruse. »Möchte mal wissen, wodurch sich die Tommies verraten haben. Ihr RADAR war es jedenfalls nicht, das hätten wir mitbekommen.«

»Sie vergessen unseren Beschuß des MG-Nestes, I WO. Das hat die Stoppelhopser aufgescheucht. Außerdem reicht deren FuMO auf der Steilküste viel weiter als unser FuMB.« Ich fuhr das Sehrohr aus und sah nichts weiter als die Wassersäulen explodierender Geschosse. »Auf jeden Fall lenkt das die Tommies von uns ab.«

Wir blieben bis zum Morgengrauen unter Wasser, dann glaubten wir uns vor dem RADAR der Tommies sicher. Außerdem mußten wir auftauchen, um die Batterien wieder aufzuladen.

Der Regen hatte aufgehört, die Sicht besserte sich. Dafür stieg mit der Morgendämmerung eine andere

Gefahr über die Kimm. Der steife Wind riß die Wolken auf, so daß sich durch die Wolkenlücken der blaßblaue Winterhimmel abzeichnete.

»Haltet ja die Augen auf, Männer! Morgenstund' hat Gold im Mund, aber ihr habt ganz schnell Blei im Arsch, wenn jetzt ein Charly unentdeckt bleibt«, ermahnte der II WO Brückenwache und die Geschützbedienungen. »Lieber mal 'n Fehlalarm! Denkt dran, auf einem Seemannsgrab da blühen keine Rosen, klar?«

Keiner grinste über seine Worte, die Männer kannten die Gefahr aus bitterer Erfahrung. Dank der Wetterbesserung nahmen die Tommies garantiert die Luftüberwachung der deutschen Stützpunkte an der Atlantikküste wieder auf. Aus einem *Charly*, wie wir die britischen Aufklärer nannten, konnte dann ganz schnell ein ganzer Schwarm beutegieriger Jagdbomber werden, die sich aus den Wolken auf uns stürzten. Deshalb waren die weitaus gefährlicher als ein weithin sichtbarer Jagdverband.

Auch die anderen Kommandanten kannten die Gefahr. Sie schlossen dichter zu uns auf, um einem Angriff gemeinsam besser begegnen zu können, wenn es zum Tauchen zu spät war. Auf allen Booten waren nicht nur die leichteren Flak-Waffen besetzt. Wer uns angriff, bekam es auch mit den 10,5cm-Kanonen der drei IXC-Boote und dem 8,8cm-Geschütz des VIIC-Bootes zu tun. Deren Feuerkraft hatte schon so manchem Tiefflieger ein frühes Ende bereitet.

Unsere Wachsamkeit wurde auf eine harte Probe gestellt. Der Vormittag verstrich, unbehelligt kamen wir Seemeile um Seemeile nach Südsüdwesten voran. Die Wachen wechselten im Zwei-Stunden-Rhythmus, damit die Aufmerksamkeit nicht nachließ. Und doch entging uns offenbar ein Charly.

Genau zur ersten Nachmittagswache stießen zwei Jagdbomber aus den Wolken herab und setzten zum Angriff an. Sie waren zwar noch weitab, aber zum Tauchen war es zu spät. Aus allen Bordwaffen feuernd, jagten sie dicht über der Wasseroberfläche heran. Ausgerechnet uns pickten sie sich als Angriffsziel heraus, wollten uns vom Bug bis zum Heck überfliegen, um so unsere Abwehr einzuschränken. Wir mußten schleunigst freies Schußfeld für alle Waffen bekommen.

»Achtung! Boot dreht nach Steuerbord!« schrie ich. »Beide Maschinen dreimal AK voraus! Ruder hart Steuerbord! Feuer frei für die Zehn-Komma-fünf!«

Noch bevor wir aus dem Angriffskurs schoren, eröffneten sie das Schnellfeuer. Die Rückstöße des Geschützes verhalfen der Drehung nach Steuerbord noch zu einem zusätzlichen Schwung. Schnell kam der Bug herum.

»Feuer frei für alle Waffen! Ruder komm auf! Beide Maschinen Kleine Fahrt voraus!«

Die 3,7cm-Schnellfeuerkanone und die 2cm-Flak hämmerten sofort los und schleuderten den Tommies einen wahren Geschoßregen entgegen. Ihre Leuchtspur griff nach Motoren und Kanzeln. Hilfe kam auch von den anderen Booten. Hohe Wassersäulen stiegen vor den Angreifern auf, gespickt mit gefährlichen Granatsplittern der explodierenden großkalibrigen Geschosse. Unbeeindruckt flogen die beiden Jagdbomber mitten in den Stahlhagel hinein, als seien sie und ihre Maschinen unverwundbar.

Schnurgerade züngelte die Spur ihrer Bordwaffen durch die aufspritzende See auf uns zu. Rasend schnell näherte sich das Verhängnis. Trafen wir jetzt nicht, war unser Ende unabwendbar!

»Holt sie runter, verflucht noch mal!« überschrie der II WO den Gefechtslärm. »Auf die Motore, ihr schlappen Säck...«

Seine Worte gingen in dem ohrenbetäubenden Donnerschlag unter, mit dem die vordere Maschine explodierte. Zerrissen von einem Volltreffer und ihren detonierenden Bomben glich sie einem Feuerball, der seine brennenden Teile nach allen Seiten schleuderte. Ihre brennenden Flügel lösten sich aus dieser Trümmerwolke und torkelten von ihr weg, trotz der schweren Motore daran um eine unsichtbare Achse rotierend.

Der zweiten Maschine blieb keine Zeit mehr zum Ausweichen. Einer der Flügel traf sie mit der Gewalt eines riesigen Bumerangs, zerschlug den vorderen Rumpf mit der gläsernen Kanzel und hackte wie eine gewaltige Axt eine ihrer Tragflächen direkt am Rumpf ab, ehe sie mit ihr in die aufschäumende See stürzte.

Das abschmierende Wrack ließ der Besatzung keine Chance. Hinter U 491 prallte es auf die Wasseroberfläche, überschlug sich mehrfach und versank innerhalb weniger Augenblicke in dessen Kielwasserwirbel.

Unser Jubelgeschrei blieb uns im Halse stecken, als an der Untergangsstelle eine gewaltige Explosion die See aufwölbte. Donnernd stieg ein riesiger Geisir mit einer schwarzen Wolke als »Krone« in den Himmel, stand sekundenlang weiß leuchtend vor der Kimm und fiel alsbald zerfasernd in sich zusammen. Die Druckwellen reichten bis zu uns und schaukelten das Boot durch.

»Wasserbomben«, sagte ich zu den beiden Fähnrichen, die fasziniert auf die Untergangsstelle starrten, über der die schwarze Wolke im steifen Wind verwehte. »Zerrissen von den eigenen Wasserbomben, die für uns bestimmt waren.«

An den Geschützen warf die Bedienung die leeren Kartuschen und Patronenhülsen über Bord und ergänzte die Bereitschaftsmunition. Man konnte schließlich nicht wissen. Hatten die Tommies gefunkt, dann stand uns möglicherweise schon bald ein neuer Tanz bevor.

Der II WO atmete auf. »Teufel, U 491 lebt ja gefährlich! Das hätte verdammt ins Auge gehen können! Die beiden wären uns ja auch fast auf den Kopf gefallen, Herr Kaleu.«

»Da sei Gott auch künftig vor, Herr Werda.« Es hatte keinen Zweck, noch lange darüber zu reden. »Machen wir, daß wir hier verschwinden, bevor sich neuer Besuch einstellt. Signalmaat, an alle: Kurs zwo-zwo-fünf, beide Maschinen Umdrehungen für zehn Knoten! Und nun übernehmen Sie wieder, II WO!«

Wir bekamen keinen Besuch, also hatten die Tommies anscheinend nicht gefunkt. Als die Dunkelheit hereinbrach, ließen wir darum die Geschützbedienungen von ihren Stationen abtreten. Ich rief die Offiziere zu einer kurzen Besprechung zusammen.

»Um Mitternacht dürfte die größte Gefahr vorüber sein. Wir nähern uns dann allerdings der Geleitroute, die von England nach Gibraltar führt. Sie erinnern sich, Herr Kruse und Herr Werda?«

Die beiden nickten. »Damals waren uns die Hände gebunden«, sagte Kruse, »diesmal hoffentlich nicht.«

»So ist es. Wir sind vier Boote. Treffen wir diesmal

wieder auf einen Geleitzug oder eine U-Jagdgruppe, werden wir mit den Tommies *Sechsundsechzig* spielen, aber nach unseren Regeln. Dazu ist notwendig, daß wir sie rechtzeitig ausmachen. Also Horchrunden wie gehabt.«

»Mit dem neuen Gerät ist das gar kein Problem. Huber und Greinert haben es inzwischen fest im Griff«, meinte der II WO zuversichtlich. »Hoffentlich gilt das auch für die Männer am FuMB.«

»Ich denk' schon. Krause und Fenske haben die besten Beurteilungen aus dem Lehrgang mitgebracht«, erwiderte der I WO, verzog aber dennoch skeptisch das Gesicht. »Mit dem Gerät selbst ist das allerdings was anderes. Man kann nur hoffen, daß wir uns mit dem Ding nicht selber verraten. Ich hab' da mal irgendwo was von Eigenstrahlung aufgeschnappt. Was sagen denn Sie dazu, LI? Sie sind doch hier der technische Fachmann.«

Einen Augenblick schwieg Trautmann überrascht, doch dann schüttelte er energisch den Kopf. »Halte ich für ausgeschlossen. Auf kurze Entfernungen vielleicht, das kennt man ja vom Radio. Aber man schickt uns doch nicht mit einem so gefährlichen Ding raus auf See, Herr Kruse!«

»Ihr Vertrauen in allen Ehren, Herr Trautmann, aber wie war das doch mit dem Unterwassersuchgerät, was man ganz schnell wieder ausgebaut hat?« schlug der II WO sofort zu. »Hätten wir darauf vertraut, hätten die Tommies gar kein ASDIC gebraucht, um uns zu finden. Die Impulse des USG hätten sie sofort auf unsere Spur gebracht.«

Das brachte den LI aus seinem optimistischen Konzept. »Wie... was...Davon weiß ich ja gar nichts!«

»Sehen Sie, Herr Trautmann, da geht es Ihnen so wie mir mit der Eigenstrahlung des Radios«, hakte ich ein. »Wie darf man denn das verstehen?«

»Nun ja, als Empfänger hat das Radio natürlich eine gewisse Eigenstrahlung, die man messen kann. Mit bestimmten Geräten kann man sogar herausfinden, welcher Sender damit gehört wird, Herr Kaleu.«

Seine Worte lösten bei mir einen regelrechten Schock aus. Sie riefen Erinnerungen an meinen letzten Urlaub wach, an den Abend bei meinen Schwiegereltern in Blankenese. Wir waren zu früh gekommen. Um ihrer Mutter in der Küche zu helfen, schickte mich Anke in das Arbeitszimmer ihres Vaters. Mein Schwiegervater, Professor Weber, saß an seinem Schreibtisch, und von dort ertönte aus dem Radio das *»Dum! Dum! Dum! Duuuum!«*, das Erkennungszeichen der BBC in deutscher Sprache.

»Da hörst du als pflichtbewußter Offizier wohl lieber weg, mein Junge.« Er schüttelte mir lächelnd die Hand. »Jedes Ding hat mindestens zwei Seiten. Ich möchte nicht dumm sterben, darum höre ich mir auch mal die andere Seite an und bilde mir aus beidem meine Meinung. Hast du je erfahren, daß es das U-Boot Kretschmers schon im März letzten Jahres erwischt hat?«

Ich schüttelte vollkommen überrumpelt den Kopf. »Nicht so direkt, aber es ging das Gerücht.«

»Siehst du, das Gerücht! Ich wußte es schon im April, die BBC hat ja laut genug triumphierend herausposaunt, daß sie sein Boot versenkt hatten.« Er sog an seiner Zigarre. »Und so ist es mit allem. Du erfährst die Wahrheit nur tropfenweise in homöopathischen Dosen, nur als Gerücht oder aber auch gar nicht.«

»Ja, aber…«

»Nix ja aber, mein Junge! Man hat zu einer Kleiderspende für unsere Truppen in Rußland aufgerufen. Und warum? Weil sie unzureichend für den russischen Winter ausgerüstet worden sind. Es fehlt an allen Ecken und Enden. Tausende sind vermutlich erfroren. Das sagt uns bloß keiner, weil es den hohen Herren nicht in den Kram paßt. Deshalb höre ich auch die andere Seite.« Er stäubte die Asche ab. »Wir haben übrigens auch unsere und Ankes Skiausrüstung gespendet. Aber ob es was nutzt?«

Noch im nachhinein lief mir eine Gänsehaut über den Rücken. Ich dachte an die Wagen mit Peilantennen, die langsam durch die Straßen Hamburgs tuckerten und angeblich Schwarzhörer suchten. Von wegen Schwarzhörer! Wenn das mit der Eigenstrahlung der Radios stimmte, dann suchten die Leute wie meinen Schwiegervater, die trotz des Verbots »Feindsender« hörten. Nicht auszudenken, was ihm und Ankes Mutter passierte, falls sie erwischt wurden!

»Hmmm!« räusperte sich Kruse, und das rief mich in die Gegenwart zurück. »Wenn das so ist, dann sollten wir wohl lieber das Ding nicht einsetzen.«

»Anders herum, I WO«, sagte ich. »Nach dem ersten RADAR-Kontakt schalten wir das Ding ab. Dann kann uns keiner orten.«

Eine Hand schüttelte mich sacht wach. Kruse stand an meiner Koje, ein Blatt Papier in seiner Hand.

»Eine Fühlungshaltermeldung, Herr Kaleu. Ich hab' den Funkspruch schon entschlüsselt.«

Er reichte mir das Blatt. Ich mußte mir erst den Schlaf aus den verklebten Augen reiben, ehe ich die

Schrift lesen konnte. Der Funkspruch kam vom FdU (West) und war denkbar knapp gehalten: »Fühlungshaltermeldung von 04 Uhr MOZ: Schnellgeleit auf 43° Nord, 12° West, Generalkurs 022, Geschwindigkeit 12 Knoten, Sicherung Zerstörer und Fregatten.«

Ich blickte auf meine Uhr. »Vor zwei Stunden also. Dann dürften die inzwischen schon ein Stück weiter nach Norden gekommen sein. Chancen, die Brüder abzufangen, Herr Kruse?«

»Wir brauchen uns nicht einmal besonders zu beeilen, Herr Kaleu. Die laufen uns während des Vormittags direkt in die Arme.«

»Hört sich gut an.« Ich schwang die Beine aus der Koje. »Dann schauen wir uns das doch mal auf der Karte an.«

Obersteuermann Schneider trat vom Kartentisch zurück, um uns Platz daran zu machen, als wir durch das Mannloch in die Zentrale gejumpt kamen. Ein Blick auf die Karte genügte. Schneider und Kruse hatten gute Vorarbeit geleistet und bereits den Gegnerkurs an unseren Kurs angetragen.

»Immer vorausgesetzt, die behalten Generalkurs und Geschwindigkeit bei, Herr Kaleu«, schränkte Kruse ein und tippte auf den möglichen Treffpunkt. »Aber selbst dann, wenn sie es nicht tun, kriegen wir sie in das Horchgerät. Wir brauchen nur auf unserem gegenwärtigen Kurs weiterzulaufen.«

»Hmmm, ein Schnellgeleit mit einer Sicherung aus Zerstörern und Fregatten«, brummte ich nachdenklich. »Die kennen inzwischen auch unseren Generalkurs, dafür wird der Charly gesorgt haben, der uns die beiden Jagdbomber auf den Hals geschickt hat.«

»Und wenn es gar kein Charly war, sondern nur der

Zufall?« gab Kruse zu bedenken. »Dann haben die keine Ahnung.«

»Auch das ist möglich, immer vorausgesetzt, London hat von dem Intermezzo mit dem MG-Nest nichts erfahren«, gab ich zu. »Wie dem auch sei, sie werden trotzdem mit U-Booten rechnen. Sobald es hell genug geworden ist, werde ich mit den anderen Kommandanten unsere Angriffstaktik abstimmen.«

Die war denkbar simpel: Angriff im Rudel von verschiedenen Seiten, um die Abwehr zu zersplittern. U 491 sollte den Angriff eröffnen und die Meute auf sich ziehen. Dann wollten wir anderen zuschlagen und somit ihm wieder Luft verschaffen.

»Wir sind zwar nur vier, aber es müßte schon mit dem Teufel zugehen, wenn das nicht auch diesmal klappen sollte«, sagte ich optimistisch. »Ich hoffe nur, sie haben noch keine Sicherung aus der Luft dabei.«

Kruse lächelte, auch Schneider feixte. Das irritierte mich. »Was ist los mit Ihnen? Habe ich den falschen Schlips um?«

»Ach wo, wir hatten bloß mal 'nen Kommandanten, der wünschte sich nichts sehnlicher als einen Flugzeugträger, Herr Kaleu.« Kruse amüsierte sich noch immer. »Kennen Sie den?«

Ich lachte laut auf, denn bei mir fiel der Groschen. »Du lieber Himmel, das habt ihr mir damals angehängt! Das war unter ganz anderen Voraussetzungen, nämlich mitten in der Nacht. Wenn wir die jetzt auf die Hörner nehmen, ist es taghell. Da kann ich darauf gern verzichten.«

Der Feind ließ uns sogar zum Mittagessen Zeit. Es gab Labskaus, ein Resteessen, mit dem der Smutje normalerweise das Ende der frischen Lebensmittel einläutete. Aber unser Smut' hielt sich nicht daran, denn er kannte die Vorliebe der Besatzung und besonders die des Kommandanten für dieses Seemannsessen.

Längst hatten die Mittagswachen gewechselt. Die Sonne stand schon verhältnismäßig tief, als der Konvoi endlich über die Kimm kam. Uns konnte das nur recht sein. Es ließ uns Zeit, uns in die beste Schußposition zu bringen. Kamen wir dann zum Schuß, stellte das schwindende Tageslicht die Geleitsicherung bei der Verfolgung vor noch größere Probleme.

»Mindestens vierundzwanzig Pötte, Herr Kaleu«, behauptete Huber, der bei solchen Situationen immer selbst am GHG saß. »Die peilen jetzt zwo-sieben-vier, haben also Kurs geändert und auch die Geschwindigkeit.«

»Kann sein, kann nicht sein, Huber«, sagte ich. »Fühlungshaltermeldungen sind nie hundertprozentig. Bleiben Sie dran, ich verlasse mich auf Sie!«

Vorsichtshalber verschwanden wir von der Wasseroberfläche und bezogen unsere Angriffspositionen. Schnell kam der Konvoi auf. Bald wurde im Horchgerät aus dem dumpfen Bullern seiner Schraubengeräusche ein vielstimmiger Chor, in dem sich deutlich das dumpfe Rumpeln der Frachter von dem helleren der Sicherungseinheiten abhob. Und das rief Huber wieder auf den Plan.

»Weit mehr Einheiten, Herr Kaleu! Etwa fünfundzwanzig Frachter und fünfzehn Zerstörer oder Fregatten«, schätzte er. »Eher mehr als weniger.«

Für mich grenzte es immer wieder an ein Wunder, daß er so etwas aus dem vielstimmigen Chor heraushörte und daß es dann meist auch noch stimmte.

»Na, dann schauen wir uns die Mahalla mal an.« Vorsichtig fuhr ich das Sehrohr aus.

Da kamen sie, voran zwei Feger, dahinter in vier Reihen die Transporter exakt in Kiellinie, abgeschirmt durch die Sicherung. Der Himmel darüber war leer.

»Gott sei Dank, keine Flugsicherung, I WO. Also auch kein Flugzeugträger.«

Zerstörer und Fregatten wanderten durch das Fadenkreuz, als ich den Spargel drehte, um die Transporter aufs Korn zu nehmen. Es waren überwiegend Tanker, die tief im Wasser lagen. Wie mir die Anordnung der Geleitsicherung verriet, deckte deren ASDIC-Schirm den Konvoi nahezu undurchdringlich ab. Deshalb gab es auch keine Kolonnenfeger, die zwischen den Kolonnen patrouillierten.

Ich zählte achtundzwanzig Transporter, angeführt von den beiden Fegern, die mit ihrem ASDIC weit vor dem Geleit die See abtasteten. Huber lag also wieder einmal fast richtig. Fast, weil sich die Schraubengeräusche in den Kolonnen überdeckten.

»Keine Chance, sich in das Geleit hinein zu mogeln, Herr Kruse«, sagte ich bedauernd. »Aber wir kriegen sie auch so. Achtung – Rohre eins bis fünf klar zum Unterwasserangriff! Rohre wässern und Mündungsklappen öffnen! Achterer Torpedoraum – klar bei Bold!«

Die Zielsuche war denkbar leicht. Der Konvoi lief genau in den richtigen Zielwinkel hinein. Trotzdem wollte ich auf alles vorbereitet sein. Mußten wir flüchten, wollte ich den Verfolgern einen Bold vor die Nase setzen und sie eventuell noch mit einem Torpedo aus Rohr fünf überraschen.

Die Rückmeldungen kamen. Ich ließ die Feger passieren und machte dann erst meine Zielansprache, deren Werte Kruse in den Vorhalterechner für die Torpedos eingab. Sobald U 491 den Angriff eröffnete, waren auch wir dran.

Im Boot wuchs die Spannung. Die verrinnende Zeit ging an die Nerven. Meine Hände an den Griffen des Spargels wurden feucht, denn das Büchsenlicht schwand.

»Verdammt, warum schießt der Bernau nicht? Der müßte doch…«

Ich brachte den Satz nicht mehr zu Ende. An der Bordwand eines Tankers in der Außenkolonne stiegen zwei Wassersäulen empor. Der Donner der beiden Detonationen klang wie einer. Ihm folgten zwei weitere Donnerschläge kurz hintereinander. Getroffen lief einer der Zerstörer aus dem Ruder und kurvte manövrierunfähig mitten in den Konvoi hinein. Von seiner auslaufenden Geschwindigkeit getragen, schor er unaufhaltsam auf den torpedierten Tanker zu, der in seiner ausfließenden Ladung schwamm.

Bis zu uns glaubte ich das Krachen zu hören, als sich der Zerstörerbug in die Bordwand des Tankers bohrte. Stahl traf funkensprühend auf Strahl. Die ausgeflossene Ladung stand sofort in hoch auflodernden Flammen. Eine Katastrophe für beide Schiffe und ihre Besatzungen. Sie schwammen in einer wabernden Lohe, die aus den aufgerissenen Tanks immer neue Nahrung bekam.

Eine riesige Feuersäule stieg zum Himmel, als die Flammen auf das Schiff übergriffen. Die Tanks explodierten. Beide Schiffe verschwanden in einem Inferno, das die Außenkolonne völlig durcheinanderbrachte. Ihre Kiellinie löste sich auf.

Jeder Kapitän dachte nur noch an sein eigenes Schiff und versuchte, dem höllischen Flammenmeer und den beiden ineinander verkeilten Schiffen darin auszuweichen. Eine wilde Kurbelei setzte ein. Als mitten in dieser Wuling die nächsten Torpedos detonierten, brach die Ordnung im Geleit vollends zusammen.

Vergeblich bemühte sich die Eskorte, wieder Ordnung in das Chaos zu bringen, und wurde dadurch erst recht selbst mit hineingezogen. Damit ging unser Plan auf.

In meine Zielvorgabe steuerte einer der Frachter genau hinein. »Rohr eins bis vier...Achtung! Rohr eins ...los!«

Ein Ruck lief durch das Boot. »Rohr eins ist los!«

Kruse drückte auf die Stoppuhr, nahm die Zeit, die unser Torpedo bis ins Ziel brauchte. Indessen tauchte hinter einer Fregatte schon mein nächstes Opfer auf. Ein mächtiger Brocken, der mit seinen gut 12 000 Bruttoregistertonnen eine mächtige Bugwelle vor sich her schob.

Für den ersten Frachter kam das Ende, noch bevor ich den zweiten Brocken richtig im Fadenkreuz hatte. Der Torpedo traf ihn unter der Brücke und riß ihm die Bordwand auf. Ein Loch, durch das sich die See schäumend in sein Inneres ergoß. Schnell bekam er Schlagseite und verlor Fahrt.

»Treffer!« schrie Kruse.

Durch das Boot brandete lauter Jubel.

Hinter meinem nächsten Opfer zeichnete sich in meinem Fadenkreuz ein weiterer schwerbeladener Frachter ab, der aus dem Durcheinander in die Nachbarkolonne flüchtete.

»Nicht drängeln, mein Lieber! Immer schön der Reihe nach. Erst der hier, dann bist du dran!... Rohr zwo...los!...So und jetzt du!...Rohr drei...los!«

Die Rückmeldung kam, beide Torpedos liefen.

»Fast wie beim Übungsschießen, I WO!«

Ich machte die Rechnung jedoch ohne den Wirt. Blitzartig änderte sich die Situation. Ein ASDIC-Strahl erfaßte uns, stoppelte über uns hinweg und kam zurück, um uns nicht mehr aus seinen Klauen zu lassen. Verdammt, wo kam der her?

»Achtung! Anlauf aus null-drei-eins!« schrie Huber vom GHG. »Vermutlich eine Fregatte!«

Tatsächlich! Eine Fregatte brach aus dem herumkurvenden Haufen aus und drehte mit einer wild aufschäumenden Bugwelle auf die Ortung ein. Im selben Augenblick überschlugen sich die Ereignisse, denn der Schwung trug sie genau in die Laufbahn unserer Torpedos hinein. Mitten in der Drehung traf sie der erste mittschiffs, der zweite erwischte Sekundenbruchteile später gerade noch ihr Achterschiff.

In meinem Fadenkreuz verschwanden die Frachter hinter den Wassersäulen der Detonationen. Als diese wieder zusammenfielen, hatte die angreifende Fregatte kein Heck mehr. Aber nicht nur das. Mittschiffs gähnte ein riesiges Leck in ihrer Bordwand, ein Dampfpilz stieg in den Himmel und blies Teile der Aufbauten mit in die Luft.

Eine Kesselexplosion, die der schwer getroffenen Fregatte das Rückgrat brach und ihr den Rest gab. Das Achterschiff kenterte sofort und versank wie ein Stein. Das Vorschiff mit der Brücke brauchte länger. Gehalten von der Luft im Vorschiff stieg der Bug steil in die Höhe, während der Rest achtern wegsackte.

»Eine Fregatte!« schrie ich. »Wir haben eine Fregatte getroffen! Sie ist auseinander…«

Eine ohrenbetäubende Unterwasserexplosion verschlug mir die Sprache. Das Meer wölbte sich plötzlich zu einer gewaltigen Eruption auf. Aus ihr stieg ein riesiger Geisir empor und spie enorme Wassermassen himmelwärts. Eine ungeheure Druckwelle türmte sich auf, verschlang den Rest der Fregatte und breitete sich rasend schnell als meterhohe Flutwelle kreisförmig nach allen Seiten aus.

»Wahrschau! Festhalten!« schrie ich und suchte selbst festen Halt an den Griffen des Sehrohrs.

Als sie mit ihrer Urgewalt unser schweres Boot packte und es zu einem wilden Tanz zwang, flog alles durcheinander. Vergeblich umklammerte ich die Griffe des Spargels, sie entglitten meinen feuchten Händen. Mein Kopf knallte gegen Stahl, ich sah nur noch Sterne. Das Licht flackerte, brannte dann jedoch wieder voll. Wild schlingerte das Boot in den nachlaufenden Druckwellen.

Ich hielt mir den dröhnenden Schädel und torkelte benommen zum Sehrohr zurück, getrieben von der Sorge, der enorme Druck könnte uns an die Oberfläche katapultiert und für die übrigen Tommies sichtbar gemacht haben. Wie durch Watte drang Geschrei und entferntes Bullern an meine Ohren. Torpedos?

Nein, Wasserbomben! Die Tommies warfen ganze Serien von Wabos, doch sie galten nicht uns. Noch nicht!

Das Deck unter meinen Füßen kam nur langsam zur Ruhe. Ich klammerte mich haltsuchend an das Sehrohr und warf einen Blick in die Optik. Nichts, nur dämmeriges grünes Wasser. »Frage Tiefe! Horchraum, was erzählen die Fische?«

Der I WO richtete sich mühsam von den Flurplatten auf und rieb sich den Rücken. »Du lieber Himmel, was war das denn? Die Munitionskammern?«

»Wasserbomben, I WO! Die scharfen Wabos der Fregatte sind hochgegangen.«

Die typische Gefahr für jeden sinkenden U-Bootjäger. Sobald scharfe Wabos die eingestellte Tiefe erreichten, gingen diese Teufelsdinger hoch und mit ihnen auch die für größere Tiefen bestimmten. Sie zerrissen alles, was sich in ihrer unmittelbaren Nähe befand.

»Boot steuert wieder auf Sehrohrtiefe ein, Herr Kaleu!«

Ich atmete auf. Gott sei Dank! Das Wasser verschwand, der Sehrohrkopf kam frei. Ich brauchte einen Augenblick, um die Situation oben zu erfassen. Die Fregatte war weg, einfach weg! Allerlei Zeug schwamm an der Wasseroberfläche, allerdings keine Boote oder Flöße darunter. ASDIC packte uns, hielt uns fest.

»Anlauf aus null-drei-null!« kam die Meldung vom GHG.

Schlagartig fiel der letzte Rest der Benommenheit von mir ab, wurde mein Kopf wieder klar. Ich fuhr herum. Ein Zerstörer mit ausgebrachten Enternetzen schor auf die Untergangsstelle zu, suchte nach Überlebenden. Ein vergebliches Unterfangen, besonders für Schwimmer bedeuteten solche massiven Wasserbombenexplosionen den sicheren Tod.

Sein ASDIC tastete uns ab, aber er griff nicht an. Warum nicht? Saß da ein Anfänger am Gerät, der unser Echo für ein Wrackteil der Fregatte hielt? Uns konnte das nur recht sein. Dann brauchten wir ihn nicht zu fürchten.

Oder doch? Ich prüfte den Schußwinkel. Der war nicht ideal. Sollte ich trotzdem oder sollte ich nicht? Ferne Detonationen bullerten in schneller Folge durch die Tiefe, typisch für Wasserbomben bei der U-Bootjagd. Da hatten sie einen von uns beim Winkel. Das gab den Ausschlag.

»Klar bei Bold! Ruder hart Backbord!« Ich behielt den suchenden Zerstörer im Auge und wartete, bis wir ihm unseren Achtersteven zeigten. »Bold raus!«

»Bold ist raus!« kam die Rückmeldung.

Ich schwenkte den Spargel in die Richtung des Geleits, bekam jedoch nur den brennenden Tanker und den in ihn verkeilten Zerstörer in die Optik. Dahinter zwei Frachter mit starker Schlagseite kurz vor dem Kentern. Rettungsboote und -flöße strebten auf ein drittes Schiff in ihrer Nähe zu. Ein Passagierschiff, offenbar ein *rescue-ship*, das die Besatzungen an Bord nahm.

Wo war das Geleit? Ich drehte den Spargel weiter und sah nur noch das Ende der Kolonnen, die sich zwischen der Eskorte wieder zu Kiellinien formiert hatten. Schon jetzt zu weit entfernt, um sie unter Wasser noch einholen zu können. Es widersprach auch unseren Einsatzbefehlen.

Näher dagegen zwei Fregatten in der typischen U-Jagdformation. Wassersäulen stiegen breitflächig in ihrem Kielwasser auf, eine Kette von Detonationen röhrte durch die Tiefe.

»Die jagen einen von uns! Ruder Backbord zehn! Beide Maschinen Äußerste Kraft voraus!« Knapp acht

Knoten brachten zwar nicht viel, aber vielleicht doch genug, um in den Kampf eingreifen und dem bedrängten Kameraden Luft verschaffen zu können. Vorausgesetzt, meine Leute hatten inzwischen die Rohre nachgeladen.

Gehorsam schor der Bug herum. »Recht so, Ruder komm auf! Klarmeldungen Rohr eins bis vier!«

»Rohr vier klar! Rohre eins bis drei noch nicht klar!«

Das hätte ich mir denken können. So schnell ging das Nachladen nun einmal nicht. Die anderen Boote hatten offensichtlich das gleiche Problem. Ich wog die Chancen für uns ab. Mit Rohr vier und dem achteren Rohr fünf allein gegen zwei rachedurstige Fregatten, die jetzt auf dem Teller drehten und die See nach Trümmern, Luftblasen und aufsteigendem Öl absuchten, bevor sie zum nächsten Anlauf ansetzten?

Das konnte nur klappen, wenn ich ihr ASDIC narren und die beiden zu einem getrennten Angriff auf einen Bold verleiten konnte. Ich mußte dann allerdings jeden einzelnen im richtigen Winkel ins Fadenkreuz bekommen, und das war schwierig. Deshalb zögerte ich, während uns die Schrauben immer näher trieben.

Die Tommies nahmen mir die Entscheidung ab. Weit achteraus detonierten Wasserbomben in unserem Kielwasser. Das war das Signal für die beiden Fregatten. Mit aufheulenden Schrauben drehten sie ab und stürmten dem Zerstörer in Kiellinie zu Hilfe, der unseren Bold bombardierte. Dabei mußten sie uns an Steuerbord passieren.

Jetzt hatte ich die besseren Karten, wenn ich auf größere Entfernung schoß. Schickte ich dem hinteren den Bugtorpedo entgegen, mußte ich das Boot nur schnell genug herumbringen, um den anderen mit Rohr fünf zu erledigen. Das erschien mir auf einmal kinderleicht, denn bei allem würde mir die Erfahrung aus meinen erfolgreichen sieben Feindfahrten helfen.

Jagdfieber ergriff mich. »Achtung! Rohre vier und fünf klar zum Unterwasserschuß!« Mit weiteren Kommandos nahm ich die Höchstfahrt aus dem Boot und brachte den Bug in Schußposition. Viel Zeit blieb mir für die Zielansprache nicht mehr. »Rohr vier... Achtung!...Rohr vier...los!«

Ich wartete die Rückmeldung nicht ab, sondern drehte ab, um den anderen vor das Heckrohr zu bekommen. Ahnungslos lief er mit hoher Bugwelle in mein Fadenkreuz.

»Rohr fünf...Achtung! Rohr fünf los!«

Mochte die Fregatte auch noch so schnell sein, der Torpedo war trotzdem immer noch schneller und mußte sie bei diesem Vorhaltewinkel einholen. Ich war meiner Sache so sicher, daß ich den Spargel wieder auf den hinteren Tommy zurückdrehte.

Doch was war das? Der Tommy wechselte überraschend Kurs und drehte aus der Laufrichtung des Torpedos. Im einsetzenden Dämmerlicht sah ich auch, warum. Wie ein fliegender Fisch sprang der Aal von Wellenberg zu Wellenberg, verriet sich selbst damit und somit auch seinen Abschußpunkt.

»Scheiße, ein Oberflächenläufer!« Jetzt half uns nur noch die Flucht in die Tiefe. »Alarmtauchen! Ruder hart Backbord! Beide Maschinen dreimal AK voraus! Alle Mann voraus!«

Mit optimal gelegten Tiefenrudern und voll aufgerissenen Tauchzellen kippte der Bug ab, den Rest besorgten die in den Bugraum stürmenden Männer. Unter dem Druck der Schrauben gewann U 112 schnell Tiefe und schor von unserem Angriffspunkt weg.

»Achtung! Anlauf aus eins-vier-sieben und zwo-zwo-vier!« meldete sich der Horchraum. »Schraubengeräusche kommen schnell näher!«

Als ob wir das nicht schon selber hörten! Verdammt, dann war auch der zweite meinem Torpedo entgangen. Hatte ich mich verschätzt? Jetzt wurde es dicke! »Ruder komm auf! Achterer Torpedoraum klar bei Bold! Frage Tiefe!«

»Siebzig Meter gehen durch, Boot fällt schnell weiter!«

Ich überschlug die Horchpeilung. Die beiden griffen aus eins-vier-sieben und aus zwo-zwo-vier an und waren noch weit ab, so daß ihr ASDIC uns noch nicht erfaßt hatte. Das war günstig. Stieß ich jetzt den Bold aus, konnten wir im Schutz seiner sich schnell ausbreitenden Gasblasen in die Tiefe entkommen.

»Achterer Torpedoraum… Achtung! Bold raus!« Ich wartete die Rückmeldung ab. »Tiefenruder komm auf! Alle Mann wieder auf Station! Auf hundert Meter einpendeln.«

Mit Äußerster Kraft strebte das Boot von unserem Bold weg. Die Maschinen konnte ich erst zurücknehmen, wenn wir ihn weit genug hinter uns gelassen hatten, sonst nutzte uns der Trick gar nichts.

»Halte ich ja für ausgesprochen leichtsinnig«, hörte ich den LI leise sagen. »Die müssen uns doch hören. Da nutzt der Bold gar nichts.«

Trautmanns leise Worte wirkten in der spannungsgeladenen Stille wie ein Paukenschlag. Der LI kritisierte den Kommandanten, und das vor der Mannschaft! Das war so ungeheuerlich, daß die beiden Wachoffiziere ihn empört anstarrten.

»Denken Sie, Herr Trautmann! Keine Ahnung, aber davon viel, was?« nahm ihn der I WO sofort auf die Hörner. »Ihre Schrauben machen einen solchen Rabatz, daß die Horchgeräte uns wohl kaum hören werden. Und wenn doch, macht das die Täuschung noch perfekter. Der Bold und unsere Schraubengeräusche gaukeln dem Feind erst recht ein U-Boot vor, wo gar keins mehr ist.«

»Sie erleben das wohl zum ersten Mal, was?« setzte der II WO bitterböse noch eins drauf. »Fähnrich Brückner, wir haben das ja unlängst im Taktikunterricht durchgesprochen. Klären Sie doch mal Herrn Oberleutnant Trautmann etwas ausführlicher auf.«

Das war noch eine schallende Ohrfeige. Der Fähnrich sollte einen Vorgesetzten aufklären! Auch wenn der LI mit seiner unqualifizierten Kritik ein militärisches Tabu gebrochen und damit die beiden Offiziere gegen sich aufgebracht hatte, war das ein harter Kanten. Beides war der Disziplin an Bord nicht dienlich.

Ich fuhr dazwischen. »Herr Trautmann wird für dieses Aufklärungsgespräch sicher sehr dankbar sein. Ich wäre den Herren aber sehr verbunden, wenn sie sich dazu gefälligst einen anderen Zeitpunkt und einen anderen Ort aussuchten! Wir befinden uns schließlich nicht auf einer Vergnügungsreise!«

Im gleichen Augenblick setzte achteraus eine Wasserbombenserie ein dröhnendes Ausrufungszeichen hinter diesen Rüffel.

»Na bitte! Sehen Sie nun, daß es wirkt?« konnte

sich der I WO dennoch nicht verkneifen. »Jetzt kriegt der Bold, diese arme Sau, den ganzen Ärger ab.«

Und das besorgten die Briten so gründlich, daß wir vor ihren Horchgeräten sicher sein konnten. Wir gingen erst auf Schleichfahrt, als sie ihr nutzloses Bombardement einstellten und anfingen, Suchschleifen zu steuern, um die verfluchten *Hunnen* oder *Jerries*, wie sie uns nannten, aufzustöbern.

Wir schlugen indessen in sicherer Entfernung um sie einen weitläufigen Bogen, um auf den Generalkurs unseres Rudels zurückzukehren und eventuell erneut anzugreifen.

Ich blickte auf die Borduhr. Noch immer zogen die Tommies verbissen ihre Suchschleifen, obwohl es oben inzwischen dunkel geworden war. Das ließ mir Zeit, I WO und II WO in meiner Kammer wegen ihrer Reaktionen auf Trautmanns Kritik ins Gebet zu nehmen. Ich brauchte nicht viele Worte zu machen.

»Natürlich sehen wir das längst ein, Herr Kaleu«, machte sich Kruse zum Sprecher der beiden. »Wir fanden das beide so unglaublich, daß es einfach mit uns durchgegangen ist. Wir können uns dafür nur bei Ihnen entschuldigen.«

»Entschuldigung angenommen«, sagte ich lächelnd. »Und nun lassen Sie uns mal über die beiden Fehlschüsse nachdenken. Der LI kann warten.«

Ich ließ die beiden verantwortlichen Torpedomaate holen, um sie dazu zu hören.

»Einer davon geht garantiert nicht auf mein Konto, der Oberflächenläufer. Der war entweder falsch eingestellt oder aber hat sich aus irgendeinem anderen Grund nicht auf die richtige Tiefe eingesteuert. Dieser

Fehler ist am Anfang des Krieges häufiger vorgekommen, ist aber jetzt eher selten. Was meinen Sie dazu?«

»Der war richtig eingestellt, Herr Kaleu. Das habe ich selbst besorgt«, versicherte mir der für den Bugraum zuständige Torpedoobermaat, ein absolut zuverlässiger Mann. »Das Steuerungssystem hat offensichtlich nicht einwandfrei funktioniert, obwohl das Leitwerk in Ordnung war. Da muß bei der Herstellung geschludert worden sein.«

»Kann natürlich auch sein«, sagte ich nachdenklich. »Der zweite gibt mir dagegen Rätsel auf, Zeidler. Zugegeben, jeder Kommandant schießt irgendwann einmal vorbei, das gilt auch für mich. Aber die Fregatte hat zur gleichen Zeit wie die andere auf uns eingedreht, muß also gewarnt worden sein. Wodurch?«

Kruse, dem die Torpedowaffe unterstand, sah in seine Unterlagen und schüttelte den Kopf. »Durch die andere Fregatte? Halte ich für unwahrscheinlich, das paßt zeitlich nicht zusammen. Also auch ein Oberflächenläufer? Falsch eingestellt?«

Torpedomaat Binder, dem der Heckraum unterstand, faßte die Frage als Vorwurf auf. »Ausgeschlossen, Herr Oberleutnant! Ich habe ihn selbst eingestellt. Das Leitwerk war ebenfalls in Ordnung.«

»Zu deutsch, ich habe vorbeigeschossen; denn zwei Oberflächenläufer wegen einer fehlerhaften Steueranlage sind doch wohl unwahrscheinlich – oder?«

»Warum, Herr Kaleu? Hat es doch alles schon gegeben. Die beiden Torpedos stammen möglicherweise aus zwei verschiedenen Produktionsstätten«, suchte Kruse nach einer Erklärung.

»Sie denken an Pfusch, wenn nicht gar Sabotage, I WO?«

Er blieb mir die Antwort schuldig. Hubers Meldung kam ihm dazwischen: »Horchraum an Kommandant! Hört sich an, als bilde sich eine Formation! Ich glaube, die Tommies geben auf, Herr Kaleu!«

»Das will ich mir mal selbst anhören, Herr Kruse. Bitte übernehmen Sie.« Der LI trat uns im Gang entgegen. Der hatte mir jetzt gerade noch gefehlt! »Nun fangen Sie bloß nicht wegen der Batteriekapazität zu jammern an, Herr Trautmann! Wir tauchen erst auf, wenn wir sicher sein können, daß die Brüder weit genug weg sind, klar?«

»Absolut klar, Herr Kaleu!« Er klappte die Hacken zusammen. »Es ist nicht wegen der Batterien. Ich hätte Sie gern unter vier Augen gesprochen.«

»Das können Sie gern haben, es kommt mir sehr entgegen. Aber nicht jetzt, in zehn Minuten in meinem Kabuff. Jetzt interessiert mich erst einmal, was der Huber da aus seinem Zauberkasten herausholt.«

Ich wandte mich abrupt ab.

Ich zwängte mich neben dem Obermaat in das Horcherschapp. »Was liegt an, Huber? Hauen die alle ab? Und was sind das für Detonationen?«

»Der Transporter hat zu ihnen aufgeschlossen. Die bilden jetzt 'ne Geleitformation, um abzuhauen.« Er warf einen Blick auf die Peilscheibe auf seinem Tisch. »Eben hatte ich sie noch in zwo-sieben-fünf, jetzt wandern sie nach zwo-sechs-null aus. Da, jetzt erhöhen sie die Fahrt und laufen dem Geleit hinterher, Herr Kaleu. Die Detonationen, die wir hören, kommen von dem brennenden Zerstörer, da geht die Munition hoch.«

»Und sie hauen alle ab? Oder ist das 'ne Falle? Einer bleibt zurück und lauert auf ein Opfer?«

»Alle! Hier, hören Sie selbst.« Er reichte mir den Kopfhörer. »Das dumpfere Mahlen ist der Transporter, der deckt eine der Fregatten ab. Die andere Fregatte und den Zerstörer können Sie an der unterschiedlichen Tonhöhe der Schrauben unterscheiden. Die des Zerstörers sind etwas größer und klingen deshalb ein bißchen tiefer.«

Ich versuchte herauszuhören, was er mir so fachmännisch beschrieb. »Teufel, Huber, was Sie mir da erzählen, ist für mich ein Buch mit sieben Siegeln. Das *rescue ship* kriege ich ja noch mit, aber die anderen klingen für mich alle gleich.« Ich gab ihm den Hörer zurück und klopfte ihm anerkennend auf die Schulter. »Ein Glück, daß ich nicht an Ihrer Stelle sitze.«

Er grinste. »Mir geht es umgekehrt genauso, Herr Kaleu.«

Ich lachte und trat den Rückzug an.

Beim Anblick des vor meiner Kammer wartenden LI setzte ich im Gedanken hinzu: »Und dem Trautmann jetzt 'ne ordentliche Abreibung! Der soll mich kennenlernen!«

Es war jedoch Trautmann, der sofort zur Sache kam, sobald er meine Kammer betreten hatte. »Ich muß mich über den I WO und den II WO beschweren, Herr Kaleu.«

»Ah ja, müssen Sie? Und warum?« Ich deutete auf die Backskiste. »Nehmen Sie Platz.«

»Danke.« Er plusterte sich in seiner speckigen Uniformjacke mit dem albernen Klempnerladen auf der Brust wie ein kampflustiger Gockel auf. »Ich empfinde es schlichtweg als eine ungeheure Anmaßung, die meine Autorität untergräbt, wenn mich der II WO vor der Mannschaft – man höre und staune – durch einen

Fähnrich belehren lassen will. Und was der I WO da von sich gegeben hat, lag auf der gleichen Ebene. Beides ist dem Zusammenhalt unter uns Offizieren nicht förderlich.«

Bei seinen Worten kochte in mir Verärgerung hoch, gepaart mit einem unterschwelligen Gefühl von Abneigung. »So, meinen Sie! Dann lassen Sie mich mal Klartext reden! Sie verwechseln Ursache und Wirkung! Wenn ich mich recht erinnere, waren Sie es doch, der zuerst die gemeinsame Basis verlassen und sich vor der Mannschaft den Fauxpas geleistet hat, meine Handlungen Ihrer unqualifizierten Kritik zu unterwerfen – oder?«

Damit hatte Trautmann nicht gerechnet. Er starrte mich völlig entgeistert an. Ein Grund mehr für mich, noch draufzusatteln.

»Ich weiß nicht, welchem Umstand Sie Ihre Versetzung auf mein Boot verdanken und welche Umgangsformen zwischen Ihnen und Ihren bisherigen Kommandanten üblich gewesen sind. Aber, um bei den von Ihnen angeführten Empfindungen zu bleiben, ich empfinde Ihre anmaßende Kritik als eine ziemliche Unverschämtheit und Mißachtung meiner Position als Kommandant! So etwas untergräbt die Autorität, Herr Trautmann! Das hat sich hier an Bord bisher keiner erlaubt. Es steht Ihnen weder zu, noch ist es dem von Ihnen zitierten Zusammenhalt unter uns Offizieren förderlich.

Wenn Sie anderer Meinung sind als ich, so bleibt es Ihnen unbenommen, das mir gegenüber unter vier Augen zu äußern; aber nicht vor der Mannschaft! Das verbitte ich mir ganz energisch, Herr Oberleutnant Trautmann! Habe ich mich klar genug ausgedrückt?«

Ich konnte mit der Wirkung meiner Worte zufrieden sein. Trautmann rutschte regelrecht in sich zusammen.

»Aber...ich...das war doch von mir gar nicht so...«

»Genug, Herr Trautmann!« schnitt ich ihm das Wort ab. »Ich habe mit dem I WO und dem II WO schon gesprochen. Aber kommen Sie mir noch einmal auf diese Tour, dann lernen Sie mich von meiner unangenehmsten Seite kennen. Das war's dann ja wohl.«

Ich stand auf. Er sprang ebenfalls auf. Es blieb ihm ja auch nichts anderes übrig, wollte er nicht erneut anecken.

»Bitte um Entschuldigung, Herr Kaleu. Soll nicht wieder vorkommen«, rang er sich ab und schlich wie ein geprügelter Hund zurück in die Zentrale.

Die Schraubengeräusche verloren sich in der Ferne, aber die Detonationen hielten noch immer an. Ich schlüpfte in meine Lederjacke, in die mir der Zentralemaat hineinhalf.

»Klar zum Auftauchen! Brückenwache in den Turm! Auf Sehrohrtiefe anblasen!«

Während das Boot nach oben schwebte, sammelte sich die Brückenwache im Turm, allen voran der II WO.

»Sehrohrtiefe ist erreicht, Herr Kaleu!«

Ich fuhr das Sehrohr aus und schwenkte es in die Richtung, aus der die Detonationen kamen. Die beiden ineinander verkeilten Schiffe schwammen noch immer in der brennenden Ladung. Gigantische Flammensäulen stiegen zum Himmel empor und beleuchteten weithin taghell das Meer. Noch immer explodierte im Innern des glühenden Zerstörerwracks die

Munition, jagten Leuchtspurgeschosse wie Raketen aus dem Feuerschlund empor, regnete es rings um die beiden Havaristen Massen von Granatsplittern auf die aufspritzende See herab.

Mir war ein Rätsel, warum die Munitionskammern bisher nicht insgesamt hochgegangen waren und die beiden Schiffe zu den Fischen geschickt hatten. Hatten in diesem Höllenfeuer Männer der Besatzung selbst angesichts des sicheren Todes noch so viel bewundernswerten Mut gefunden, die Munitionskammern zu fluten?

Aber was zerbrach ich mir darüber noch den Kopf? Ich schwenkte den Spargel von dieser Festbeleuchtung weg und suchte die See ab. Wenn Huber auch keine Schraubengeräusche meldete, so hieß das noch lange nicht, daß oben die Luft rein war. Zu oft hatten gestoppt liegende Tommies uns auf so eine krumme Tour reinzulegen versucht und es ein paarmal auch fast geschafft.

So weit jedoch der Lichtkreis der abfackelnden Tankerladung reichte, gab es nicht einmal einen verdächtigen Schatten. Die See war leer.

»Nichts, II WO, nur die beiden brennenden Schiffe. Von den torpedierten Frachtern keine Spur mehr. Klar zum Auftauchen! Anblasen! Boot bleibt klar zum Alarmtauchen!«

Jetzt kam der Augenblick der Wahrheit. Ich war zwar sicher, daß ich mich nicht getäuscht hatte, dennoch blieb immer noch ein gewisses Quentchen Ungewißheit. War mir am Ende nicht vielleicht doch ein Zerstörer entgangen, der – gedeckt durch die beiden brennenden Schiffe – auf unser Auftauchen lauerte, um blutige Rache zu nehmen?

»Achtung, Turm kommt frei! Boot ist aufgetaucht!«

In wilder Jagd enterte die Brückenwache auf. Jeder wußte, daß es jetzt auf die Sekunde ankam, und wollte darum so schnell wie möglich seine Wachstation erreichen. Ich hatte es nicht ganz so eilig.

Während ich nach oben stieg, hörte ich, wie der II WO die einzelnen Ausguckposten kontrollierte. Die Antworten räumten mit meinem Rest von Zweifeln auf. Kein heranpreschender Zerstörer, nur kreiselnde Wrackteile, hölzerne Lukendeckel und ein paar aufgegebene Rettungsboote und -flöße.

Der II WO half mir aus dem Turmluk. »Es sieht gut aus, Herr Kaleu. Die Tommies sind tatsächlich weg. Was sollten sie hier auch noch?«

»Vorsicht, Herr Werda, nicht den Tag vor dem Abend loben! Darauf sollten wir uns nicht verlassen. Vielleicht sind das ganz ausgekochte alte Füchse, die außerhalb des Lichtkreises lauern, um in einem günstigen Augenblick zuzuschlagen?«

Ich glaubte zwar selbst nicht mehr daran, aber eine so laut ausgesprochene Warnung zeitigte bei den Männern des Ausgucks erfahrungsgemäß immer Wirkung. Ich trat neben dem II WO an das Schanzkleid und warf mit dem Nachtglas einen Blick in die Runde.

»Nichts, II WO, auch von den drei anderen Booten keine Spur! Das ist ungewöhnlich. Die hat man doch nicht etwa…« Ich sprach lieber nicht aus, was ich befürchtete. »BÜ, frage Meldungen vom GHG und FuMB!«

Die Rückmeldungen kamen wie aus der Pistole geschossen. »Kein FuMB-Kontakt! GHG meldet nur die sich entfernenden Schraubengeräusche des ablaufenden Geleits, Herr Kaleu.«

»Na, das ist doch wenigstens schon etwas, Herr Werda. Möchte mal wissen…«

»Auftauchendes U-Boot in drei-zwo-sieben!« unterbrach mich der Ausguck. »Entfernung…«

Der Steuerbordausguck fiel ihm ins Wort: »U-Bootturm bricht in null-fünf-null aus dem Wasser!«

Ein Blick genügte. Es waren die beiden IXC-Boote, U 114 und U 500. Mir fiel ein Stein vom Herzen. Aber wo war U 491? Hatten die verdammten Briten etwa das Boot erwischt? Ich schüttelte unwillkürlich den Kopf.

Bernau war ein erfahrener Seeoffizier, der durch eine harte Schule gegangen war, ehe man ihn zum Kommandanten gemacht hatte. Er kannte all die Tricks und Winkelzüge, mit denen man den Tommies ein Schnippchen schlagen konnte, um ihnen zu entkommen. Vorausgesetzt, es waren keine trickreichen alten Hasen, die ihrerseits ebenfalls über ein gerütteltes Maß an Erfahrung verfügten. Aber danach hatte das allgemeine Verhalten der Geleitsicherung nicht ausgesehen.

Trotzdem war das keine Lebensversicherung, wie der Feuerüberfall durch das französische MG-Nest und später die durch die Luft segelnden Flugzeugtrümmer gezeigt hatten, die beinahe auf U 491 herabgestürzt waren. Man war eben vor bösen Überraschungen niemals sicher.

»Nehmen Sie Kurs auf die beiden anderen Boote, II WO. Ich hoffe, U 491 wird sich auch noch einfinden.« Ich vertraute auf Bernaus Geschick, der als I WO auf meinem alten Boot auf drei Feindfahrten bewiesen hatte, aus welchem Holz er geschnitzt war.

»Was ist los, Mendel, haben Sie Tomaten auf den

Augen?« fuhr Werda den Signalmaat an. »Sehen Sie nicht, daß wir angeblinkt werden?«

Der Anruf kam von U 114. »K an K: Alles klar bei uns. Auch bei dir, alter Knabe?«

Ein unkonventioneller Anruf, der einer Erklärung bedurfte. »Das ist der Wildenow, mein Crewkamerad, II WO. Mendel, blinken Sie zurück: Alles in Ordnung. Weißt du, wo U 491 abgeblieben ist?«

Die Antwort war niederschmetternd. »Keine Ahnung! Vielleicht weiß Hagen etwas.«

Aber auch Hagen von U 500 hatte keine Ahnung. Da gab es nur eins, wir mußten hinüber auf die andere Seite der brennenden Opfer Bernaus wechseln, um nach seinem U 491 zu suchen.

»Signalmaat, blinken Sie die beiden anderen Boote an: Wir müssen nach U 491 suchen. Folgen Sie mir auf die andere Seite der torpedierten Schiffe.«

Ich hatte ein ganz ungutes Gefühl. Deshalb war ich froh, daß die Munitionskammern des Zerstörers nicht explodiert waren und die beiden brennenden Schiffe auf den Meeresgrund geschickt hatten. Ganz egal, was wir auch fanden, ihr Feuerschein konnte uns jetzt bei der Suche nur nützlich sein.

»Neuer Kurs null-neun-null, Herr Werda! Rüber auf die andere Seite der brennenden Tommies! Steigen Sie auf die E-Maschinen mit Kleiner Fahrt um, damit Huber besser hören kann, falls… BÜ, an GHG: Was erzählen die Fische?«

Eine Anfrage, die mir die Hoffnung eingab, U 491 werde sich durch Schraubengeräusche verraten oder zumindest durch Klopfzeichen melden, falls es das Boot erwischt haben sollte.

»Keine neuen Kontakte, Herr Kaleu!« zerschlug die

Rückmeldung meine Hoffnungen. »Nur die beiden anderen Boote.«

»Hätte ich mir eigentlich denken können«, sagte ich zum II WO. »Einen Augenblick hatte ich gehofft, wenn schon keine Schraubengeräusche, dann wenigstens Klopfzeichen.«

Klopfzeichen, das war ein Hirngespinst bar jeder Logik. Unter uns reichte die See mehr als 2000 Meter in die Tiefe. Noch bevor U 491 dort unten angekommen war, mußte der enorme Wasserdruck das Boot längst wie eine leere Konservendose zusammengepreßt haben. Darin konnte also niemand mehr leben und Klopfzeichen geben.

»Man soll die Hoffnung trotzdem nicht aufgeben, Herr Kaleu«, gab sich Werda optimistisch. »Sperrt mir jetzt ja die Augen noch mehr auf, Männer!«

Das taten sie. Doch die See vor uns blieb leer. Keinerlei Anzeichen für die Versenkung eines U-Bootes ließen sich mit den suchenden Gläsern ausmachen, wie blubbernde Luftblasen, eine im Feuerschein schimmernde Lache aufsteigenden Treiböls oder kreisende Holzteile.

»Scheiße!« fluchte der II WO. »Die können doch nicht einfach so...«

Die Worte blieben ihm im Halse stecken. Etwa fünfhundert Meter von uns entfernt schäumte plötzlich an Steuerbord das Meer auf, brach ein ramponierter U-Bootturm durch die Wasseroberfläche.

»Da sind sie!« schrie der Ausguck völlig unmilitärisch auf. »Auftauchendes U-Boot in null-vier-fünf!«

Die Brückenwache jubelte auf, und auch mir fiel ein Stein vom Herzen. Doch schnell wich das Gefühl der Freude lähmendem Entsetzen. Nur der Turm und das Vorschiff tauchten aus den Fluten auf, das Achterschiff kam nur kurz hoch, sackte jedoch sofort wieder ab. Träge pendelte das Boot ein und blieb mit schwerer Schlagseite liegen. Sein Turm spie Männer mit Schwimmwesten und Tauchrettern aus, die fluchtartig auf das schräge, in den Wellen dümpelnde Vordeck hinunterkletterten.

Ein Anblick, der Erinnerungen in mir wachrief und mir einen kalten Schauer über den Rücken jagte. War ich doch selbst schon einmal in der gleichen Situation gewesen. Jetzt half nur noch schnelles Handeln.

»Nehmen Sie Kurs auf U 491, Herr Werda, und volle Kraft voraus! Die saufen jeden Augenblick wieder ab! Oberbootsmann und Leinenkommando an Deck! Jakobsleitern ausbringen! Klar zum Mann-über-Bord-Manöver!«

Gehorsam schwenkte der Bug ein und nahm mit schäumender Bugwelle Kurs auf U 491. Auch Hagen und Wildenow erkannten die Gefahr und drehten auf das leckgeschlagene Boot ein, dessen Achterschiff schon bis zum Turmfuß von den Wellen überspült wurde. Auf unseren intakten Booten formierten sich die Decksmannschaften zum Bergungsmanöver.

Um den Feuerschein für die Bergung besser nutzen zu können, brachte der II WO das sinkende Boot zwischen uns und die abfackelnden Tommies. »Achtung! Klar zur Bergung an Steuerbord!«

Er nahm die Fahrt aus dem Boot und ließ es so nah wie möglich an U 491 heranscheren, auf dessen Vordeck die Männer diszipliniert auf das Kommando zum Verlassen des Bootes warteten, obwohl das Wasser bereits über ihre Füße spülte. Auf der anderen Seite näherten sich ihnen vorsichtig U 500 und U 114.

»Alle Achtung!« sagte ich anerkennend zum II WO. »Der Bernau hat aber seine Leute gut im Griff! Obwohl ihnen das Boot jeden Augenblick unter dem Arsch wegsackt, springt keiner in Panik in den Bach.«

In U 491 kam plötzlich Bewegung. Brausend entwich drüben die Luft aus dem Turm, trug der Wind Chlorgestank zu uns herüber, während das Boot nach Steuerbord krängend tiefer sackte.

Der II WO schnupperte. »Chlor! Die Batterien gasen! Verdammt, warum sprin…«

»Alle Mann von Bord! Rette sich, wer kann!« schrie eine Stimme.

Zugleich hechteten die Männer nach beiden Seiten vom Turm. Nur einer blieb zurück.

»Alle Mann von Bord!«

Blitzschnell leerte sich das Vordeck, sprangen die Männer in die aufspritzende See und strebten auf die rettenden Boote zu. Hinter ihnen legte sich U 491 wie ein müder Wal auf die Seite. Das war der Augenblick, an dem auch der letzte Mann vom Turm jumpte und dem Sog des in der aufschäumenden See langsam versinkenden Bootes zu entkommen versuchte.

»Zu spät! Dem Sog entkommt der doch nie!« entfuhr es mir gegen meinen Willen beim Anblick des brodelnden Strudels. »So ein Idiot! Wartet bis zum letzten Augenblick! Warum bloß?«

Eine halbe Stunde später wußte ich es.

»Wir haben Sie und die beiden anderen Boote kommen gehört, Herr Kaleu«, beantwortete Leutnant zur See Bernd Franke, I WO auf U 491, den wir zusammen mit zehn seiner Männer aufgefischt hatten, meine Frage. »Ruder und Schrauben zerschlagen und zahllose

Stopfbuchsen leckgesprungen, Vor- und Achterschiff vollgelaufen, die Schotten dicht. Da ging nichts mehr. Wir hatten gerade noch genügend Druckluft, um nach oben zu kommen. Dann blieb uns nur noch der Sprung in den Bach.«

»Ja, Mensch, warum haben Sie denn damit noch so lange gewartet?« In Kruses Stimme klang deutlich Kritik mit. »Der Eimer ist Ihnen doch direkt unter dem Arsch abgesoffen! Das hätte verdammt in die Hose gehen können!«

»Ist es aber nicht!« muckte Franke auf. »Haben Sie mal die Wassertemperatur gemessen, Herr Kruse? Die ist noch verdammt niedrig um diese Jahreszeit, die hält keiner lange aus. Außerdem waren der LI und der Alte ... Entschuldigung, Oberleutnant Bernau ... noch unter Deck, um auch die Zentrale zu fluten. Da wäre es unanständig gewesen, vor ihnen in den Bach...«

Er brach ab. Jeder von uns verstand ihn. Bernau und sein LI hatten die Mannlöcher zur Zentrale geöffnet, damit das Boot tatsächlich unterging und nicht etwa noch als treibendes Wrack den Briten in die Hände fiel. Das war in einer solchen Situation üblich. In ihrem besonderen Fall war es jedoch ein überaus riskantes Unterfangen, denn das eingedrungene Seewasser hatte sich mit ausgeflossener Batteriesäure vermischt. Tödliches Chlorgas war entstanden, das die Atemwege zerfraß, hatte sich in den überfluteten Abteilungen ausgebreitet und war in die bis dahin abgeschottete Zentrale eingedrungen, als sie die Mannlöcher aufkurbelten.

»Vielleicht hätten sie das rettende Turmluk doch noch erreichen können, wenn das Boot nicht so schnell gekentert wäre«, fuhr Franke bedrückt fort. »Aber es hat wohl nicht sollen sein. Alles lief diesmal schief. Aber wer konnte denn auch ahnen, daß die Briten auf den Bold nicht hereinfallen würden? Die kannten den Trick offenbar schon.«

»Was heißt das, Herr Franke? Genauer, bitte!« hakte ich sofort nach.

Der Bold war gerade erst seit drei, vier Monaten erfolgreich im Einsatz, deshalb erschien mir das mehr als unwahrscheinlich.

»Als sie uns im Nacken saßen, haben wir den Bold ausgestoßen und vertrauten auf seine Wirkung. Einer der Tommies hat ihn zwar gründlich zur Sau gemacht, der andere aber hat uns verfolgt und maßgenommen. Der wußte ganz genau, wo wir wirklich steckten, und ließ sich nicht abschütteln.«

Seine Worte kamen einem Tiefschlag gleich. Sie hallten in meinem Kopf nach und wirbelten meine Gedanken durcheinander. Waren die Briten wirklich hinter unseren Trick gekommen? Nach Frankes Bericht sah es ganz so aus. Und doch gab er mir Rätsel auf.

Wenn die den Trick schon kannten, warum hatte dann nur einer das Boot verfolgt? Noch rätselhafter war, daß der eine den Bold sogar noch munter weiter bombardiert hatte, während der andere U 491 aufgespürt und mit Wabos belegt hatte.

Irgend etwas stimmte nicht, konnte einfach nicht stimmen, sonst wären die beiden Briten danach nicht noch einmal über unseren Bold gemeinsam hergefallen. Je länger ich darüber nachdachte, desto überzeugter war ich, daß die Briten keine Ahnung hatten, daß deutsche U-Boote sie auf eine so raffinierte Tour an der Nase herumführen konnten. Wie aber waren sie dann U 491 auf die Schliche gekommen?

Ich war nicht der einzige, der sich darüber den Kopf zerbrach.

Kruse sah mich fragend an. »Zufall?«

»Möglich, aber ich glaube eher, U 491 hat sich durch irgend etwas verraten«, erwiderte ich. »Gehen wir der Sache mal genauer auf den Grund, Herr Franke. Was hat sich bei Ihnen an Bord nach dem Ausstoß des Bolds zugetragen?«

»Das übliche, wir haben nachgeladen. Nun ja, es gab dabei einige Schwierigkeiten mit einem der Ersatztorpedos. Er verkantete sich, weil die Bedienung von Rohr eins schlampte, aber sonst verlief alles normal.«

»Was heißt ›schlampte‹? Gab's Lärm dabei oder was?«

»Lärm wäre übertrieben. Die Laufkatze sprang ab, und das klirrte ein bißchen. Aber das kann der Tommy wegen der Wabo-Detonationen unmöglich gehört haben.«

»Ach ja? Es klirrte ein bißchen?« wiederholte ich sarkastisch. »Immerhin hätten wir ja damit schon eine Erklärung. Gab es noch andere Probleme, Herr Franke?«

Der schüttelte den Kopf, ziemlich zögerlich, wie mir schien. »Probleme? Nicht so direkt. Der LI hatte vergessen, die Lenzpumpen abzustellen, als wir auf Schleichfahrt gingen. Aber was hätte das schon gemacht, wenn uns der Bold wirklich gedeckt hätte?«

Ich dachte zuerst, ich hätte mich verhört. Eine solche Antwort aus dem Munde eines I WO, obwohl jeder wußte, wie gefährlich weit das Wasser solche verräterischen Geräusche übertrug! Wäre Franke einer meiner Offiziere, wäre ich garantiert aus der Haut gefahren und hätte ihm für diese Ignoranz gründlich die Meinung gegeigt. Doch was brachte das jetzt noch?

»Es klirrte, und die Lenzpumpen liefen. Und da fragen Sie noch, was es gemacht hätte?« höhnte ich. Irgendwie mußte ich schließlich meinen Ärger darüber los werden. Ich schob die Liste der geborgenen Männer über die Back. »Hier, lesen Sie! Elf Ihrer Männer von uns aufgefischt, neun von U 114 und acht von U 500. Das heißt also, diese pflichtvergessene Schlamperei ihres LI hat Ihren Kommandanten und zwanzig Ihrer Männer das Leben gekostet. Das reicht doch wohl – oder?«

Franke bekam einen knallroten Kopf. »So habe ich das doch gar nicht gemeint, Herr Kaleu. Wir haben den Bold zum ersten Mal benutzt und uns dahinter sicher gefühlt. Wer konnte denn auch ahnen...«

Ich hatte kein Recht, ihm irgendwelche Vorwürfe zu machen, deshalb unterbrach ich ihn. »Sie brauchen sich nicht zu rechtfertigen, Herr Franke. U 491 ist vernichtet worden, weil sich das Boot durch Geräusche verraten hat, und nicht, weil die Briten unsere Geheimwaffe kannten. Das ist für uns alle eine ungemein beruhigende Erkenntnis.«

Ich stand auf, weil ich auf die Brücke wollte. Für die beiden Offiziere das Signal, ebenfalls aufzustehen. Aber da gab es noch etwas, was ich nicht so einfach hinzunehmen gedachte.

»Kriegstagebuch und Logbuch sind mit U 491 unverständlicherweise untergegangen, Herr Franke. Warum eigentlich?«

Meine Formulierung enthielt einen nicht zu überhörenden Tadel für eine weitere grobe Nachlässigkeit. Normalerweise lag nämlich stets ein Gummisack griffbereit, um diese wichtigen Dokumente zusammen mit den Navigationsunterlagen zu retten, wenn die Zeit dazu blieb, und die hatten die Männer gehabt.

»Weil…« Franke verstummte.

Es gab ja auch keine Entschuldigung dafür. Um den Gummisack vor einem unberechtigten Zugriff zu schützen, zum Beispiel bei einer drohenden Gefangennahme, war er mit Blei beschwert, so daß man ihn in einem solchen Fall nur über Bord zu werfen brauchte.

»Ich brauche daher für das Kriegstagebuch Ihren schriftlichen Bericht, Herr Franke. Den bringen Sie bitte umgehend zu Papier, solange Ihre Erinnerungen noch frisch sind. Später werden wir uns dann darüber unterhalten, wie wir Ihre Männer am besten in die Besatzung einfügen.«

»Keine besonderen Vorkommnisse, Herr Kaleu! Beide Maschinen machen Umdrehungen für zwozehn Knoten, Generalkurs für alle drei Boote zwo-drei-null!« meldete mir der wachhabende II WO, als ich aus dem Turmluk krabbelte und mich zu orientieren versuchte. »Die Horchrunde alle zwanzig Minuten wird auch von den anderen Booten eingehalten.«

Meine Augen brauchten wieder einmal endlos, bis sie sich an die herrschende Dunkelheit gewöhnt hatten. »Danke, Herr Werda.«

Es war eine wundervoll klare Nacht mit einer erstaunlich weiten Sicht. Nur einige wenige Wolkenfetzen segelten über den funkelnden Sternhimmel, getrieben von einer leichten Höhenströmung. Sanft ritt das Boot die lange Dünung ab. Hell schimmernd hob sich unser schäumendes Kielwasser von der dunklen See ab.

Ich reckte die Nase in den Fahrtwind und atmete die herrlich frische Seeluft tief ein. Nach dem allgegenwärtigen Mief unter Deck wirkte sie erfrischend wie ein Glas Champagner und verscheuchte die Müdigkeit aus meinem Kopf.

Ich nahm das Nachtglas vor die Augen und suchte damit die See ab. Die schattenhaften Umrisse der beiden anderen Boote ahnte ich mehr, als daß ich sie sah. Sie verrieten sich lediglich durch ihr sprudelndes Kielwasser.

Mein Blick glitt weiter. Achteraus zeichnete sich ein heller Fleck an der Kimm ab. Ich ließ das Glas sinken.

»Erstaunlich, erstaunlich! Da fackelt noch immer die Tankerladung ab. Die Wette, die mir Kruse angeboten hat, hätte ich glatt verloren.«

Werda lachte auf. »Die hat er mir auch angeboten. Aber keine Chance, ich hab' sie ausgeschlagen. Ich dachte an den Tanker, den wir in der Karibik torpediert hatten und der auch nicht absoff, sondern allen Rettern mit seinem Feuerschein wie ein riesiger Leuchtturm den Weg durch die Tropennacht wies.«

»Wir haben vor eventuellen Verfolgern ganz schön die Beine in die Hand nehmen müssen, was?« holte mich die Erinnerung ein. »Glaube nicht, daß es diesmal wieder so schnell gehen wird. Wenn doch, dann wird sie unser GHG rechtzeitig hören.«

»Wenn sie 'ne U-Jagdgruppe in See haben. Ich glaube eher, sie werden uns bei Tagesanbruch von Gibraltar Flugzeuge auf den Hals hetzen, weil sie uns auf Südkurs vermuten. Aber dann dürften wir schon hundertzwanzig Seemeilen weiter im Südwesten sein.«

»Unterschätzen Sie die Tommies nicht, II WO. Beides ist möglich. Die können auch rechnen und werden die See in entsprechend großen Kreisen absuchen.«

Wachwechsel. Mit der neuen Brückenwache kam Kruse auf die Turmplattform und löste den II WO ab. Auch er atmete erst ein paarmal kräftig durch, ehe er sich zu mir an das Schanzkleid gesellte.

»Ich habe mit dem Franke gesprochen, Herr Kaleu«, sagte er leise. »Der hat ein sauschlechtes Gewissen. Obwohl…« Er brach ab.

»Obwohl…?« wiederholte ich fragend. »Hat er nicht auch allen Grund dazu? Bernau hat sich in dieser gefährlichen Situation offenbar auf keinen seiner Offiziere so recht verlassen können. Nicht einmal auf seinen I WO. Oder sehen Sie das anders?«

Er zögerte. Doch wir kannten einander lange genug und hatten inzwischen ein fast schon freundschaftliches Verhältnis zueinander, so daß er kein Blatt mehr vor den Mund zu nehmen brauchte.

»Ein bißchen schon, Herr Kaleu. U 491 war ein nagelneues Boot mit einer Besatzung, die nur zum Teil Fronterfahrung hatte. Den Neulingen konnte die Ausbildung in der Ostsee diese Erfahrung nicht ersetzen.«

Er machte eine Pause. Ich konnte es nicht sehen, aber ich spürte, daß er bei seinen folgenden Worten lächelte.

»Ich erinnere mich noch recht gut daran, wie es uns allen am Anfang des Krieges erging, als aus dem

Manöverspiel plötzlich bitterer Ernst wurde. Sie nicht, Herr Kaleu?«

»Volltreffer, Herr Kruse«, gab ich unumwunden zu. »Wärmen Sie keine ollen Kamellen auf! Das ist doch noch lange keine Entschuldigung für so eine Häufung von Pannen.«

»Da kam nur eins zum anderen. Zu den Neulingen gehörte auch der LI. Ein ganz versierter Fachmann, laut Franke, aber durch die tödliche Gefahr offensichtlich überfordert. Nicht anders die Steuerleute, obwohl gerade die als befahrene Männer genau wußten, was sie bei Aufgabe des Bootes zu tun hatten. Das Boot war manövrierunfähig und lief voll, die Batterien gasten und brachten die in den überfluteten Abteilungen eingeschlossenen Männer um, soweit die nicht schon tot waren. Da drehten sie durch. Kopflos hat sich dann jeder auf den anderen verlassen und nur noch daran gedacht, das eigene Leben zu retten.«

»Mmmm!« brummte ich. »Gut gebrüllt, Löwe! Ich werde es mir durch den Kopf gehen lassen, bevor ich das Geschehen ins Kriegstagebuch aufnehme.«

»Elf Mann mehr, da wird es eng, Herr Kaleu. Enger als es bei uns ohnehin schon ist.« Der Smadding kratzte sich mit sorgenvoller Miene den Kopf, als müsse er eine verzwickte mathematische Aufgabe lösen. »Ich weiß nicht recht...«

»Natürlich wird es eng, aber nun machen Sie aus ’nem Furz bloß keine Kanonenkugel, Nummer Eins«, würgte ich ihn ab. »Auf unserer vorigen Feindfahrt hatten wir schließlich auch Badegäste an Bord. Das ging doch auch – oder?«

»Wenn wir die Fähnriche zu den Maaten umquartieren, haben wir schon zwei Plätze gewonnen«, schlug der II WO vor. »Bleiben noch neun, und die müssen eben in Hängematten schlafen. Das ist doch wohl kein Beinbruch.«

»Leutnant Franke bringen Sie im Offizierslogis unter, Wörle. Der Oberbootsmann und der Obermaschinist kommen zu Ihnen ins OF-Logis, dann bleiben nur noch acht«, rechnete ich dem Smadding vor. »Sehen Sie da noch immer Probleme?«

»Probleme nicht, Herr Kaleu. Aber wäre es nicht gerechter, wenn wir einen oder zwei an U 500 abgeben würden? Die haben doch bloß acht aufgefischt.«

»Der Gedanke ist mir auch schon gekommen. Gegen einen Mann wird sich der Hagen nicht sperren. Sobald es hell wird, werde ich sehen, was sich machen läßt. Bis dahin verteilen Sie die Schlafplätze und gliedern Sie die Leute in die Mannschaft ein. Die kriegen ihre Stationen und gehen auch entsprechend Wache, klar?«

»Gilt das auch für die beiden Deckoffiziere, Herr Kaleu?« vergewisserte er sich.

»Für die beiden Deckoffiziere ebenso wie für Leutnant Franke. Der wird mit dem I WO Wache gehen. Ich werde ihn entsprechend informieren. Schicken Sie ihn bitte her.«

Wörle stand auf und grinste. »Also diesmal keine herumgammelnden Badegäste, dann ist ja alles klar.«

Er salutierte und schob ab. Als auch der II WO aufstehen wollte, legte ich ihm die Hand auf den Arm.

»Einen Augenblick noch, Herr Werda. Ich hätte Sie jetzt gern bei dem Gespräch dabei.«

Der II WO sah mich erstaunt an. »Gibt es mit Leutnant Franke Probleme?«

»Mit ihm nicht; aber es sind da so ein paar Ungereimtheiten, die ich gern noch geklärt wüßte. Und damit ich nichts Falsches heraushöre, möchte ich Sie dabei haben. Das ist der eigentliche Grund. Außerdem möchte ich Sie danach…«

Ich sprach nicht weiter, weil ich Franke kommen hörte. Was es noch zu sagen gab, hatte Zeit bis nach dem Gespräch.

»Kommen Sie herein, Herr Franke, und nehmen Sie Platz«, sagte ich, als er am Schott erschien und zum Sprechen ansetzte. »Wir sind am Überlegen, wie wir Sie und Ihre Leute am besten in die Besatzung eingliedern.«

Es war nicht zu übersehen, daß Franke bei meinen Worten erleichtert aufatmete. Vermutlich hatte er befürchtet, erneut mit Kritik konfrontiert zu werden.

»Ich schlage vor, daß Sie mit dem I WO die Wache gehen. Entweder gemeinsam oder als III WO die sogenannte englische Wache im Dreiertörn mit dem I WO und dem II WO.« Ich blickte den II WO schmunzelnd an. »Oder haben Sie etwas gegen vier Stunden Wache und anschließend acht Stunden Freiwache, Herr Werda?«

Der lachte laut auf. »Beileibe nicht! Und wie ich Herrn Kruse kenne, wird der sich dagegen ebenfalls nicht sträuben.«

»Und Sie, Herr Franke?«

»Ich schon gar nicht, Herr Kaleu!«

»Gut, dann ist das geklärt. Nun zu Ihren Leuten. Ihr Oberbootsmann wird sich mit unserem Smadding ähnlich arrangieren, ebenso Ihr Obermaschinist mit unserem Chief. Sie kennen Ihre Männer besser als wir. Wer ist von Ihren Leuten am schwierigsten einzugliedern? Ich will nämlich versuchen, einen Mann an U 500 abzugeben, damit die drei Boote annähernd gleich belastet sind.«

»Der Matrosengefreite Lemmert, Herr Kaleu«, kam es wie aus der Pistole geschossen. »Kein schwieriger Kunde, aber ein Lahmarsch, der ständig 'nen Tritt in den Hintern braucht. Es ist seine erste Feindfahrt, da fehlt ihm noch einiges. Die anderen, die Sie aufgefischt haben, sind alles alte Hasen.«

»Na prima, dann macht das ja alles keine Schwierigkeiten! Ich hab' da noch 'ne Frage zu Ihrem Obermaschinisten, dem Chief auf U 491. Was ist das für 'n Mann?«

»Meinen Sie wegen der Panne mit den Lenzpumpen, Herr Kaleu?« horchte Franke alarmiert auf. »Ein sehr zuverlässiger und befahrener Mann. Der kann nichts dafür. Das wäre nicht passiert, hätten wir nicht gerade zu diesem Zeitpunkt Probleme mit dem Sehrohr gehabt. Da war der voll eingespannt.«

»Das meinte ich auch nicht. Ich wundere mich, daß Ihr Kommandant und der LI die Mannlöcher in der Zentrale aufgekurbelt haben und nicht der LI und sein Chief. Das ist ungewöhnlich. Warum? Gab es dafür besondere Gründe?«

Meine Frage erwischte Franke auf dem falschen Fuß. Er starrte mich einen Augenblick verdattert an, denn damit hatte er offensichtlich nicht gerechnet.

»Nun...«, zögerte er. »Man soll ja über Tote nichts Nachteiliges sagen, aber der LI... Als wir auftauchten, hat der Kommandant den LI von der Leiter zurückgeholt. Und dann hat er ihn unter Deck so laut zusammengestaucht, daß wir auf dem Turm jedes Wort mitbekamen. ›Lassen Sie ja den Chief aus dem Spiel! Sie allein werden jetzt mit mir die Suppe auslöffeln, die Sie uns eingebrockt haben, Sie Pfeife!‹ Das waren die Worte des Kommandanten, dann hat er den Obermaschinisten nach oben gescheucht.«

Mir verschlug es die Sprache. Bernau hatte den LI in die Zentrale zurückholen und zwingen müssen, zusammen mit ihm die Mannlöcher im Kugelschott zu öffnen? Das war so unglaublich, daß ich einen Augenblick brauchte, bis mir die ganze Tragweite dieser Szene unter Deck des sinkenden Bootes aufging.

»Du lieber Himmel, das war doch glatter Selbstmord!« sagte ich schockiert. »Und der LI hat gespurt?«

»Laut protestierend, Herr Kaleu. ›Halten Sie das Maul, Sie Feigling! Sollten wir hier noch lebend herauskommen, stelle ich Sie wegen Feigheit vor dem Feind vors Kriegsgericht!‹ hat ihn der Kommandant angebrüllt. Und dann ging alles auf einmal ganz schnell. Das Boot sackte weg, ehe die beiden noch herauskommen konnten.«

Franke sah den II WO und mich verunsichert an, als erwarte er von uns weitere unangenehme Fragen. Wir schwiegen jedoch beide. Ich kannte Bernau lange genug als einen ruhigen, korrekten Offizier, darum stand ich vor einem Rätsel. Vergeblich durchforschte ich meine Erinnerungen nach einem vergleichbaren Vorgang, der ihn so hatte aus der Haut fahren lassen. Das war eine Situation, wie ich sie in meiner bisherigen militärischen Laufbahn in dieser Form überhaupt noch nie erlebt hatte.

»Hmmm!« räusperte sich Franke. »Das muß ich doch nicht in dieser Ausführlichkeit in meinen Bericht hineinbringen oder?«

»Natürlich nicht, Herr Franke«, wehrte ich ab. »Lassen Sie den Wortwechsel weg, der muß nicht schriftlich festgehalten werden. Wenn wir zurück sind, wird man Sie sowieso nach Einzelheiten des Unterganges befragen. Dann können Sie immer noch auspacken. Zwei Fragen noch: Hat es schon vorher irgendwelche Differenzen gegeben? Und wer ist Zeuge dieses Wortwechsels geworden?«

Wieder zögerte Franke, ehe er antwortete. »Fachlich nicht, aber dem Kommandanten paßte es ganz und gar nicht, daß der LI übertriebenen Wert auf militärische Formen legte, als sei er auf dem Kasernenhof.« Er machte eine Pause. »Gehört haben den Wortwechsel nur der Oberbootsmann und der Chief. Die habe ich schon vergattert, ja darüber den Mund zu halten.«

»Gut so, Herr Franke. Dabei wollen auch wir es belassen. Das war's dann. Alles andere sprechen Sie bitte mit Herrn Werda und Herrn Kruse ab. Ich danke Ihnen.«

Nachdenklich sahen wir ihm hinterher, als er mein Kabuff verließ. Wir schwiegen, jeder mit seinen Gedanken über dieses Gespräch beschäftigt. Es war dann Werda, der zuerst das minutenlange lastende Schweigen brach.

»Sie nannten es vorhin Selbstmord, Herr Kaleu. Auf diesen Gedanken mußte man ja nach seinen Worten zwangsläufig kommen. Sie kennen Oberleutnant Bernau besser als ich. Halten Sie es denn tatsächlich für möglich, daß er das beabsichtigt hat?«

»Beabsichtigt? Es spricht einiges dafür«, wich ich einer klaren Stellungnahme aus, obwohl ich zu der gleichen Ansicht gekommen war. »Zumindest hat er ihren gemeinsamen Tod billigend mit in Kauf genommen.«

Ich verschwieg, daß Bernau ein ehrgeiziger Offizier gewesen war, aufgewachsen und erzogen in einer NAPOLA, der **Na**tional**pol**itischen Erziehungs**a**nstalt für die Führungselite der NSDAP, bis er sich zur Kriegsmarine gemeldet hatte. Vollgestopft mit nationalsozialistischem Gedankengut, in dem germanische Heldenverehrung, heldenhafter Tod statt Niederlage und Nibelungentreue Erziehungsmaxime waren, konnte er die Vernichtung seines Bootes als sein persönliches Versagen angesehen haben. Da war ein Selbstmord als Sühne durchaus drin.

»Selbstmord oder nicht – wir werden nie dahinter kommen, was in dieser schwierigen Situation in seinem Kopf vorgegangen ist. Hoffen wir, daß wir nie in eine ähnliche Lage kommen, II WO.«

Es wurde für mich eine kurze Nacht. Erst konnte ich lange nicht einschlafen, weil sich meine Gedanken noch immer mit diesem Gespräch beschäftigten. Dann holte mich der übliche Morgenalarm aus der Koje, in der ich mich unruhig herumgeworfen hatte.

In der Zentrale traf ich auf den wartenden Smadding. »Guten Morgen, Herr Kaleu! Der II WO hat mich informiert, daß wir einen Mann von Bord geben werden. Mein Leinenkommando ist schon bereit.«

»Morgen, Nummer Eins!« Ich griff in die Leitersprossen. »Dann rauf an Deck, damit wir es schnell hinter uns bringen.«

»Guten Morgen, Herr Kaleu!« empfing mich auch Franke, als ich auf der Brücke erschien. »Keine besonderen Vorkommnisse. Beide Maschinen machen Umdrehungen für zwölf Knoten, Kurs zwo-drei-null. Keine GHG- und FuMB-Kontakte.«

»Morgen, Herr Franke!« Ich dankte militärisch mit der Hand am Mützenschirm und trat ans Schanzkleid. Im Dämmerlicht des im Osten rötlich heraufsteigenden Morgens glitten unweit von uns die beiden anderen Boote durch die lange Dünung. »Sieht nach einem klaren schönen Tag aus, III WO, was?«

»Herr Kruse hat den spanischen Seewetterbericht abgehört, Herr Kaleu. Wenn man dem glauben darf, laufen wir in das Azorenhoch hinein, das sich nach Osten ausbreitet. Das bedeutet weite, klare Sicht und kaum Wolken.«

»Dann werden die Tommies nicht lange auf sich warten lassen. Signalmaat, blinken Sie U 500 an: Kommen Sie bitte längsseits, damit Sie einen Mann von uns übernehmen können. BÜ, der Gefreite Lemmert soll auf die Brücke kommen.«

Hagen stellte keine Fragen, er hatte das wohl schon erwartet. Er ließ den Spruch nur bestätigen und schor auf uns zu.

»So, III WO, nun bringen Sie unsere beiden Boote mal so zusammen, daß der Lemmert übersteigen kann.«

Franke hatte die Wache, deshalb überließ ich ihm das Manöver. Außerdem wollte ich sehen, wie er sich dabei anstellte.

Ich wurde angenehm überrascht. Er ging es ganz geschickt an. Sobald U 500 nah genug herangekommen war, verständigte er sich mit der Flüstertüte mit Hagen über seine Absichten und die dafür notwendigen Manöver. Beide nahmen die Fahrt aus den Booten und schoren Bug an Bug so dicht aneinander, daß nur ein schmaler Abstand zwischen ihnen blieb. Kaum hatte Lemmert den Zwischenraum mit einem mutigen Sprung überwunden, legten beide Ruder und gingen voll achteraus. Applaus ertönte von beiden Türmen.

»Bravo, Herr Franke! Das war gekonnt!« lobte ich und nahm ihm die Flüstertüte aus der Hand. »Falls wir uns trennen müssen, Herr Hagen, sehen wir uns wie besprochen in drei Tagen nahe der Azoren auf 39° Nord und 27° West wieder! Bis dahin Mast- und Schotbruch!«

Hagens Antwort ging im Lärm der Diesel unter. Er hob grüßend die Hand und schwenkte wieder auf unseren Generalkurs ein.

Man ließ uns bis zum Mittagessen ungeschoren. Mitten im Mittagswachwechsel tauchte plötzlich ein Flugzeug über der Kimm auf. Welcher Nationalität es war, konnten wir nicht ausmachen, denn es war noch so klein wie eine Möwe. Es schien jedoch den gleichen Kurs wie wir zu haben und schnell näher zu kommen.

Alle drei Boote verschwanden blitzschnell von der Wasseroberfläche. Selbst wenn es kein britischer Fernaufklärer war, war die Maschine nicht weniger gefährlich für uns. Im Hinblick auf das Ziel unseres eigentlichen Auftrags durften wir eine vorzeitige Entdeckung nicht riskieren.

»Glaube nicht, daß der uns gesehen hat!« sagte der I WO optimistisch, während das Boot in vierzig Meter Tiefe einpendelte. »Und RADAR haben sie offenbar auch nicht benutzt, denn das FuMB hat keine Kontakte aufgefangen.«

»Was bleibt dann – 'ne Verkehrsmaschine?« fragte Werda. »Portugiesen oder andere Neutrale auf dem Weg zu den Azoren?«

»Möglich«, warf ich ein, »wobei ich nicht einmal weiß, ob die dort überhaupt 'nen Flugplatz haben.«

»Ich denke schon«, mischte Franke in dem Rätselspiel mit. »Mit dem Flugzeug ist man schneller als mit dem Schiff in Portugal, das werden die auf den Azoren auch schon begriffen haben.«

»Vielleicht sollten wir anblasen und mal 'nen Blick durch das Luftzielsehrohr werfen, um festzustellen, was das für ein Vogel ist?« schlug der II WO mit einem Blick in meine Richtung vor.

Ich tat, als hätte ich es nicht gehört, und ließ sie reden.

Nicht nur bittere Erfahrung hinderte mich daran, auf Sehrohrtiefe anblasen zu lassen. Vor der britischen Küste hatte uns das seinerzeit eine ganze Serie von Flugzeugwasserbomben eingetragen, weil sich in dem klaren Wasser die Silhouette unseres Bootes nur zu deutlich gegen den verhältnismäßig flachen hellen Untergrund abgezeichnet hatte. Sie waren zu unserem Glück schlecht gezielt geworfen worden, hatten uns jedoch eine stundenlange Verfolgung eingebracht. Es war ein Schlüsselerlebnis gewesen, das ich fortan nicht mehr vergessen konnte.

Hinzu kam, daß ich jedem aufkreuzenden Flugzeug ohnehin ein unüberwindbares Mißtrauen entgegenbrachte. Wer garantierte mir, daß es tatsächlich eine harmlose Verkehrsmaschine war, die uns unter Wasser gedrückt hatte? Ich war sicher, daß die Briten nach dem Gemetzel am Vorabend jetzt die See rachedurstig nach uns absuchten. Was lag also näher, als daß es genausogut ein Brite sein konnte, der seinen Suchkreis hoffnungsvoll nach Südwesten ausgedehnt hatte?

Ich reckte die Nase in die Luft und schnupperte.

Ein köstlicher Duft zog von der Kombüse durch das Boot. »Wir sollten das Unangenehme mit dem Nützlichen verbinden und dem Kaßler Rippenspeer des Smut' unsere Referenz erweisen, meine Herren. Ich für meine Person bin froh, daß uns jetzt keiner bei diesem köstlichen Mahl stören wird.«

Wir blieben zwei Stunden unter Wasser, bis ich einen mißtrauischen Rundblick durch das Sehrohr wagte. Man konnte schließlich nicht wissen. Befriedigt klappte ich die Griffe an das Periskop und ließ es in seinen Schacht gleiten.

»Nichts, See und Himmel sauber wie ein frisch gewaschener Kinderpopo. Brückenwache in den Turm! Klar zum Auftauchen!«

Die Männer sammelten sich um Kruse. Ich schloß mich ihnen an.

»Anblasen! Boot bleibt klar zum Alarmtauchen!«

Kaum kam der Turm frei, enterten wir auf. So schnell wie möglich besetzten die Männer ihre Ausguckstationen, um mit ihren Gläsern Himmel und See abzusuchen. Doch es gab nichts zu melden, selbst von den beiden anderen Booten war keine Spur zu entdecken.

»Auf Diesel umkuppeln. Marschgeschwindigkeit zwozehn Knoten, I WO!« befahl ich. »Alarmzustand aufgehoben!«

Donnernd sprangen die Diesel an. Unter unseren Füßen vibrierte die Gräting in ihrem Takt. Die Entlüfter heulten auf. Dieselmief verpestete einen Augenblick die herrlich frische Luft, verwehte jedoch schnell im zunehmenden Fahrtwind.

Kruse suchte die Kimm vor uns intensiv nach den

beiden anderen Booten ab. Kopfschüttelnd wandte er sich zu mir um.

»Verstehe ich nicht. Selbst wenn die 'ne Stunde weniger als wir Mittagspause gemacht haben sollten, müßten wir sie bei diesem klaren Wetter noch sehen, Herr Kaleu.«

Ich lächelte. »Drehen Sie das mal um, I WO. Vielleicht halten die auch noch ein ausgedehntes Mittagsschläfchen? Dann dürften sie jetzt unsere Diesel im GHG haben und schleunigst hochkommen. Oder sehen Sie das anders?«

Der Ausguck nahm ihm die Antwort ab. »Auftauchendes U-Boot in eins-null-zwo!«

Schäumend brach unweit von uns der Turm durch die Wasseroberfläche. Männer erschienen darauf und winkten uns zu. Wenig später meldete der Backbordausguck das auftauchende andere Boot in zwo-zwodrei. Auch hier wieder winkende Männer auf der Brücke.

Ich schmunzelte. »Also doch kein Mittagsschläfchen, I WO! Signalmaat, Winkspruch an beide Boote: Auf denn, Generalkurs auf die Azoren!«

Ich brauchte Kruse nicht zu erklären, warum ich die Azoren nicht umgehen wollte. Sie lagen nicht nur an unserem Weg in die Karibik, sondern waren die einzige Inselgruppe, aus deren Nähe ich bedenkenlos einen Funkspruch an die Flottille absetzen konnte, um sie über den Verlust von U 491 zu informieren.

Natürlich würde der B-Dienst der Briten den Sender einpeilen, jedoch vergeblich herauszufinden versuchen, von wem der Text stammte. Portugal war neutral. Auch wenn die Briten für die portugiesischen Azoren irgendwelche alten Stützpunktrechte besaßen, waren deutsche U-Boote dort bisher noch nicht aufgekreuzt.

Es mußte daher schon mit dem Teufel zugehen, wenn der Feind dahinter etwas anderes als ein Handelsschiff vermutete, das, der Konkurrenz wegen, seinen Reeder verschlüsselt anfunkte.

Das Azorenhoch machte seinem legendären Namen alle Ehre. Es war Februar, ein Monat, den man bei uns noch zum Hochwinter zählte. Anders als in Deutschland zeigte er sich jedoch von seiner angenehmsten Seite. Drei Tage knallblauer Himmel ohne jede Wolke und Sonne pur, dazwischen verhältnismäßig angenehm laue Nächte, und das alles bei ruhiger See – es war die reinste Bäderreise, wie wir im Marinejargon sagten.

Hatte uns anfangs das Flugzeug noch unter Wasser gedrückt, so spürten wir an den Folgetagen vom Krieg nichts. Tagsüber störten weder Maschinen noch Schiffe unsere idyllischen Stunden. Himmel und See blieben tagsüber leer. Das war seltsamerweise nachts anders. Da scheuchten uns wiederholt Schiffe auf die Alarmstationen.

Es waren jedoch nur Schiffe auf dem Weg von oder nach Europa, die Positionslichter führten und sich durch eine hellbeleuchtete Außenbordmaling in den Nationalfarben deutlich als Neutrale auswiesen. Ein ungewohnter Anblick, der prompt bei so alten Hasen wie Kruse, Werda und mir längst vergessene Erinnerungen an die fast gemütlichen ersten Monate dieses U-Bootkrieges wachrief.

Damals trug der U-Bootkrieg noch humane Züge. Jedes Handels- oder Passagierschiff, das uns im Seegebiet um die britischen Inseln vor die Torpedorohre lief, mußte zunächst aufgetaucht überprüft werden, ob es für England bestimmt war. War das der Fall, mußten wir die Rettung der Besatzung sicherstellen, ehe wir ihren Pott zu den Fischen schicken durften.

Schnell hatte jedoch der U-Bootkrieg härtere Formen angenommen, als von Kriegsschiffen und Flugzeugen geschützte Geleitzüge die Einzelfahrer ablösten. Wer im Geleit mitfuhr, galt als Kriegsteilnehmer und wurde daher ohne Warnung und ohne Rücksicht auf die Besatzung torpediert. Das schreckte die Reeder neutraler Staaten ab. Jetzt, im Europa von 1942, gab es die ja ohnehin kaum noch.

Wir ließen diese hellbeleuchteten Relikte aus einer friedlichen Welt ungehindert passieren. Sie merkten nicht einmal, daß es uns überhaupt gab. Uns schützten unser dunkler Schutzanstrich und die niedrige Silhouette vor Entdeckung, zudem hielten wir auch entsprechend Abstand.

Dank der ruhigen See konnten die Freiwachen unserer Boote aus dem Mief unten flüchten und sich uneingeschränkt an Deck tummeln. Das heißt, nachts, wenn so ein harmloser Neutraler auftauchte, war das Rauchen an Deck selbstverständlich verboten. Auch wenn nur wenige von uns überhaupt rauchten, war jede aufglimmende Zigarette bei klarer Sicht weithin sichtbar und verriet somit unsere Anwesenheit.

Noch ehe wir 39° Nord, 27° West erreichten, zeichneten sich im Abendlicht weit auseinandergezogen an der Kimm die Aufbauten und Masten mehrerer Fischerboote ab. Knappe Winksprüche zwischen unseren Booten legten den nächsten Treffpunkt fest, dann verschwanden wir von der Wasseroberfläche.

»Macht nichts«, sagte ich zu Kruse. »Damit mußten wir rechnen. Sobald es dunkel genug ist, tauchen wir auf und greifen zu dem Trick, der sich schon auf unserer letzten Feindfahrt vor Kanada bewährt hat.«

Kruse wußte, was ich meinte. Wir hatten uns nachts mit gesetzten Positionslichtern einfach unter die alliierten Schiffe gemischt. Selbstverständlich in gebührendem Abstand, so daß wir prompt als harmloses Fischerboot durchgingen, dem man keine besondere Beachtung zu schenken brauchte.

»Frechheit siegt, was?« griente er. »Gibt ja auch gar keinen Grund, warum es hier nicht ebenfalls klappen sollte. Wer rechnet denn hier schon mit deutschen U-Booten, Herr Kaleu?«

»Na ja«, sagte ich gedehnt. »Mit Deutschen rechnen sie hier bestimmt nicht. Aber hoffentlich halten die uns nicht für Marokkaner, die in ihren Fischgründen wildern. Die sehen sie hier nämlich gar nicht so gern, habe ich mir sagen lassen.«

Die Dämmerungsphase war auf der geographischen Breite der Azoren schon kürzer als in Brest. Bald blinzelten die Leuchtfeuer der Inseln über die Kimm und wiesen uns den Weg. Wenig später herrschte oben tiefe Dunkelheit. Mit Hilfe von Sehrohr und GHG schlichen wir näher und mogelten uns mit genügend Abstand zwischen den Positionslichtern der friedlich fischenden Boote hindurch.

»Na also!« Noch ein letzter Rundblick. Ich klappte die Griffe an und ließ das Periskop in den Schacht gleiten. »Brückenwache in den Turm. Klar zum Auftauchen!«

Die Funker hatten ihre klaren Anweisungen. Sobald wir aufgetaucht waren, sollten sie die kurze Funkmeldung hinausjagen und die Bestätigung als Gelegenheit zur Funkpeilung nutzen. Das war zwar nur als Übung für die Funker und die Steuerleute gedacht, aber man konnte nie wissen, ob wir nicht irgendwann einmal plötzlich darauf angewiesen waren.

In der Zentrale sprang die Beleuchtung auf Dämmerlicht um. »Anblasen!«

Mit meiner Uhr verfolgte ich, wie lange es dauerte, bis der Turm freikam, das Turmluk aufsprang und die Brückenwache ihre Stationen besetzt hatte. Es klappte wie am Schnürchen.

»Nicht schlecht!« sagte ich zu Obersteuermann Schneider, bevor auch ich aufenterte. »Nun bringen Sie mal 'ne anständige Funkpeilung zustande!«

Seine Antwort hörte ich schon nicht mehr, denn ich hatte es eilig, auf die Brücke zu kommen.

»Alles in Butter, Herr Kaleu! Wir sind weit genug von den Fischerbooten ab«, meldete Kruse, als ich aus dem Luk krabbelte. »Positionslichter sind gesetzt. Die Steuerbordlaterne hat allerdings 'n Ding weg, die glimmt bloß noch.«

»Der LI soll jemanden raufschicken, der die Birne auswechselt, I WO.« Der leichte Wind trug das für Glühkopfmotoren typische Tuckern bis zu uns herüber. »Steigen wir auf die Diesel um, Umdrehungen für sechs Knoten. Unter diesen lahmen Krücken möchte ich nicht unnötige Aufmerksamkeit durch eine zu hohe Geschwindigkeit erregen, aber Wurzeln müssen wir auch nicht schlagen.«

Der I WO gab die entsprechenden Befehle. »Kurs auf das Leuchtfeuer von São Miguel, der Hauptinsel, liegt an. So kommen wir wohl am besten von den Fischern und von Land frei, ohne daß wir auffallen.«

»Einverstanden, Herr Kruse.« Ich schaute über das Schanzkleid an Steuerbord. »Jetzt hat die Lampe den Geist völlig aufgegeben. Wo bleibt der Stoker, der das Ding auswechseln soll?«

Der I WO nahm das als Kritik an seiner Wache. Er schrie in den Turm hinunter: »Braucht ihr da unten 'nen Kompaß, um 'ne Ersatzlampe zu finden? Vielleicht legt da mal einer von euch 'nen Zahn zu!«

»Schon auf dem Weg!« übertönte der Ruf des LI aus der Zentrale das ferne Glühkopfgetucker um uns herum. »Wahrschau, ein Mann von Zentrale auf die Brücke!«

»Na endlich!« Ich richtete mein Glas auf das Leuchtfeuer voraus an der Kimm und zählte die Kennung. »Exakt, Herr Kruse. Unsere Karte hat zwar schon ein paar Jahre auf dem Buckel, aber es hat sich nichts geändert.«

Er setzte zur Antwort an, doch die ging im Schrei des Ausgucks unter: »Anlauf aus zwo-null-fünf!«

Ich fuhr herum. Tatsächlich! Aus dem Pulk der Fischer hatte sich ein Boot gelöst und hielt, wie wir an den wandernden Positionslichtern erkennen konnten, in flotter Fahrt auf uns zu. Noch war es weit entfernt, aber dadurch nicht weniger gefährlich für uns. Da gab es nur noch eins.

»Positionslaternen aus! Alle Mann auf Tauchstation! Klar zum Alarmtauchen! Ruder hart Steuerbord!« befahl ich, um unsere Silhouette für den neugierigen Fischer noch mehr zu verkleinern. Der Bug schwang herum.»Recht so! Ruder komm auf!«

»Wahrschau! Brückenwache in die Zentrale!«

Der erste Mann sprang in den Turm und sauste die Leiter hinunter. Ein Schrei und dröhnendes Gepolter hielten den nächsten auf. Die Reihe kam ins Stocken.

»Verdammt, springen Sie!« fauchte Kruse den zögernden Seemann so scharf an, so daß der zusammenzuckte. »Alarmtauchen ist angesagt, Sie nachgemachter Mensch! Wollen Sie ersaufen?«

Das wirkte. Er sauste die Leiter hinunter. In schneller Folge flitzten die anderen hinterher. Ich war der letzte. Auf der Leiter stehend, klappte ich den schweren Deckel über mir zu und packte das Handrad mit beiden Händen.

Jetzt war keine Zeit mehr zu verlieren. Noch bevor ich die Vorreiber bis zum Anschlag vorgetrieben hatte, schrie ich hinunter: »Alarmtauchen! Fluuuten!«

Unter meinen Füßen kippte das Boot über den Bug ab. Ich fühlte buchstäblich, wie es schnell Tiefe gewann. Erleichtert ließ ich mich an den Leiterholmen nach unten gleiten.

In der Zentrale empfingen mich schadenfroh grienende Gesichter. Es war unschwer zu erraten, wem das galt. Der LI sah nämlich reichlich angeschlagen aus. Er stützte sich mit der einen Hand auf dem Kartentisch ab, mit der anderen rieb er sich die linke Schulter. Aus einer Platzwunde an der Stirn rann ihm Blut über das schmerzverzerrte Gesicht, die linke Seite seiner vergammelten Uniformjacke mit seinem prächtigen Klempnerladen war zerrissen.

»Holla, was ist das denn, Herr Trautmann? Wie sehen Sie denn aus? Sind Sie unter 'nen Panzer geraten?«

Verhaltenes Gelächter ertönte hinter meinem Rücken, verstummte jedoch sofort, als ich mich danach umdrehte.

Trautmann holte ein paarmal zornbebend Luft. Seine Hand wies anklagend auf den Wachführer der Brückenwache des I WO, auf den Hauptgefreiten Reindl. Ich ahnte schon, was jetzt kam.

»Dieser Idiot ist mir direkt auf den Kopf gesprungen, Herr Kaleu. Ich konnte gar nicht so schnell reagieren.«

»Im Ernst, Herr Trautmann? Wie das denn?« stellte ich mich begriffsstutzig. »Ich habe ihn doch selbst rufen gehört, bevor er runtersauste.«

Der II WO trat mit dem Erste-Hilfe-Kasten unter dem Arm neben ihn und tupfte die Platzwunde auf der Stirn mit einem jodtriefenden Wattebausch ab. Der Schmerz des höllisch scharfen Antiseptikums in der Wunde ließ den LI zurückzucken und nahm ihm einen Augenblick die Sprache.

»Hämmm! Ich wollte ihm ja auch Platz machen, irgendwie blieb ich jedoch hängen.« Er deutete auf seine ramponierte Gammeljacke. »Das hätte er doch sehen müssen. Doch nein, ehe ich mich's versah, hatte ich ihn auf dem Kopf, und wir flogen beide von der Leiter nach unten.«

»Nach oben wär' 's ja auch schlecht möglich gewesen«, brummte der II WO ungerührt. »Halten Sie still, das ist doch bloß 'n harmloser Kratzer.«

Die Situation drohte zur Posse zu werden, aus der der LI nur noch mehr beschädigt hervorgehen konnte. Das mußte ich verhindern, denn genügend schadenfrohen Spott hatte er ja ohnehin schon auf sich geladen. Ich blickte auf die Tiefenmesser und wandte mich an Kruse.

»Lassen Sie das Boot in fünfzig Meter Tiefe einpendeln, I WO.« Ich deutete nach oben, denn dort tuckerte der Fischer auf seiner Suche heran. »Dann werden wir uns mal anhören, was der zudringliche Knabe dort oben alles anstellt, um sein Phantombild aufzustöbern.«

»Auf den naheliegenden Gedanken wird er hoffentlich nicht kommen.« Der II WO pappte die Wunde mit der Mullkompresse eines Verbandspäckchens zu und schlang die Binde um den Kopf des LI. »Jetzt fehlen bloß noch 'ne Adlerfeder und 'ne Kriegsbemalung, Herr Trautmann, dann können Sie bei den Karl-May-Spielen in Radebeul glatt als Apatschenhäuptling Winnetou auftreten. Das wär' doch was – oder?«

Du lieber Himmel, Radebeul, ein Stichwort für Kruse! Das fehlte noch, daß der das jetzt aufgriff, denn der grinste schon in Vorfreude! Radebeul lag in Sachsen, und Trautmann war Sachse. Man hörte es ihm allerdings nur an, wenn er in Rage geriet.

Er war auch nicht der einzige Sachse an Bord. Aber genau das lieferte dem Spötter Kruse den Freiraum, um sich über den »possierlichen Dialekt der Fußkranken der Völkerwanderung«, wie er die Sachsen nannte, weitschweifig auszulassen, ohne daß sich Trautmann dagegen wehren konnte. Unter uns Offizieren ging diese Frotzelei ja noch an, vor der Mannschaft durfte ich es jedoch nicht dazu kommen lassen.

»Und ihr? Wollt ihr dabei etwa als Komparsen auftreten?« Ich machte zu den Männern der Brückenwache eine unmißverständliche Handbewegung. »Ihr macht jetzt schleunigst, daß ihr auf eure Tauchstationen kommt, sonst reiße ich euch den A... Nein, viel besser! Nummer Eins, streichen Sie jeden von der ›Besanschot-an-Liste‹, der nicht in weniger als zwei Minuten auf seiner Station ist, ausgenommen Reindl, den brauche ich noch, klar?«

Das war die schlimmste Drohung, die es für die Männer auf so einem langen Seetörn gab. Der Smadding verlieh ihr noch dadurch Nachdruck, daß er sofort sein Notizbuch zückte und auf seine Armbanduhr schaute. Im Nu verschwanden die Männer durch die Mannlöcher.

»Glaube nicht, daß ich da noch groß nachkontrollieren muß, Herr Kaleu.« Mit einem bedauernden Schulterzucken steckte der Smadding das Notizbuch wieder ein. »Das zieht mehr als zehn nackte Weiber.«

»Das war auch beabsichtigt, Nummer Eins.« Ich horchte auf das Tuckern über uns. »Den Alarm können wir beenden. Wenn wir weit genug von dem weg sind, tauchen wir auf und nehmen die Beine in die Hand. Aber diesmal ohne Positionslichter, meine Herren. Mit Ihnen, LI, hätte ich gern noch etwas in meiner Kammer besprochen. Mit Ihnen auch, Reindl. Am besten, wir bringen es gleich hinter uns.«

»So, nun klären Sie mich mal auf, wie es ausgerechnet Sie und nicht einen Ihrer Stoker getroffen hat, Herr Trautmann.«

Ich mußte mir ein Lächeln verkneifen, weil Trautmann mit seinem Kopfverband tatsächlich wie ein blasser Winnetou aussah, dem nur noch die Adlerfeder im Haarschopf fehlte.

»Ich war auf dem Weg nach oben, um die Birne selbst auszuwechseln und dabei auch mal 'nen Blick auf die Azoren zu werfen. Viel zu sehen bekomme ich ja hier unten im Keller nicht.« Er zögerte. »Als ich

Reindls Ruf hörte, blieb ich mit der Jacke irgendwie hängen, und so kam...«

»Na, das konnte der Reindl natürlich nicht wissen, Herr Trautmann«, unterbrach ich ihn. Das mit der Jacke sparte ich mir auf, bis der Reindl uns verlassen hatte. »Der sauste runter, weil er die Leiter frei wähnte. Ist es nicht so, Reindl?«

»Jawohl, Herr Kaleu!« Reindl war Ostpreuße, der machte nicht viele Worte. »Hab' ich jar nich' mit jerechnet.«

»Hätt' mich auch gewundert. Dann ist ja alles klar. Sie können gehen, Reindl.« Reindl knallte die Hacken zusammen und schob erleichtert ab. »Und nun zu Ihrer Jacke, LI. Wie konnten Sie denn damit auf der glatten Leiter hängenbleiben? Das ist doch nahezu ein Kunststück?«

Die Frage paßte ihm gar nicht, das sah ich ihm an. Er ließ sich darum auch mit der Antwort Zeit.

»Hmm! Es war weniger die Jacke, sondern vielmehr einer meiner Orden, der sich irgendwie verhakte. Einen kurzen Augenblick nur, aber das genügte.«

Ich musterte die Jacke. Sie war an der Stelle zerfetzt, an der das HJ-Leistungsabzeichen gesessen hatte. Das fehlte jetzt.

»Einer Ihrer Orden? So, so.« Meine Stimme wurde härter, weil ich die Bezeichnung Orden für diesen lächerlichen HJ-Klimbim reichlich anmaßend fand. »Ich habe nichts dagegen, daß Sie Ihre Orden tragen, um das klarzustellen. Aber ist Ihnen eigentlich schon aufgefallen, daß Sie hier an Bord der einzige sind, der seinen...seinen Klempnerladen auch auf seinem Bordpäckchen zur Schau stellt? Gibt es dafür einen besonderen Grund? Ich meine, haben Sie das denn nötig?«

Er zuckte zusammen, denn der Klempnerladen traf ihn zutiefst. Ich machte mich auf seinen Protest gefaßt, um dann noch deutlicher zu werden. Er straffte jedoch nur den Rücken und sah mich trotzig an.

»Ich bin sehr stolz darauf und möchte das auch zeigen, Herr Kaleu.«

»Hmm, das ist natürlich ein verständlicher Grund«, brummte ich. »Dann tragen Sie man die gefährlichen Dinger weiter, bis Sie das nächste Mal damit hängenbleiben. Vielleicht geht Ihnen dann auf, warum wir unsere Auszeichnungen nicht unter Deck tragen, obwohl auch wir stolz darauf sind.«

Ich stand auf, um damit das Ende dieser unerfreulichen Unterhaltung anzudeuten. Er sprang ebenfalls sofort auf.

»Ach, da ist noch etwas, Herr Trautmann. Bisher sind wir hier an Bord ohne das Wort Idiot für Besatzungsmitglieder ausgekommen. Ich wäre Ihnen dankbar, wenn es dabei bliebe, ja?«

Der neugierige Fischer, der uns von der Wasseroberfläche vertrieben hatte, gab seltsamerweise nicht so schnell auf. Als wir weit genug von ihm entfernt auftauchten, drehte er noch immer suchend seine Runden.

»Vermutlich kommt er gar nicht auf den Gedanken, daß er sich getäuscht haben könnte«, meinte Kruse. »Wir waren praktisch von fischenden Booten umgeben, da liegt doch eigentlich so ein Irrtum nahe.«

»Eben«, sagte ich nachdenklich. »Warum gibt der dann nicht auf? Kann der nicht denken?«

»Vielleicht sind die Briten und Amerikaner schon

munter dabei, Stützpunkte auszubauen, und haben für Sichtmeldungen Belohnungen ausgesetzt, die der sich verdienen will?«

»Möglich. Dann sind Royal Navy und US-Navy schon in Ponta Delgada präsent, und wir wissen das nicht.« Ich deutete auf die Stadt in der Ferne, deren helle Lichter sich an Backbord voraus in unseren starken Gläsern abzuzeichnen begannen. »Sehen Sie, deshalb möchte ich einen Blick in den Hafen werfen.«

»Ein riskantes Vorhaben. Finden Sie nicht, Herr Kaleu?«

»Nanu, Fracksausen? Bin ich von Ihnen ja gar nicht gewöhnt!« Unwillkürlich schüttelte ich den Kopf. »Ich will nicht rein, sondern nur sehen, was da im Hafen liegt. Laut Karte ist das möglich. Den schützt nur ein langer Wellenbrecher. Was dahinter liegt, dürfte ihn zumindest mit den Aufbauten und Masten überragen. Uns bleibt ohnehin nicht viel Zeit. Mondaufgang ist um sechs Uhr früh, da müssen wir längst die Kurve gekratzt haben.«

»Na denn«, sagte er gedehnt und schwieg, bis die Wache wechselte. Er übergab an Franke. »Sie haben mich neugierig gemacht, Herr Kaleu. Ich bleibe. Jetzt möchte ich nämlich auch wissen, was da im Hafen liegt.«

Wir hätten uns den Zeitaufwand sparen können. Kurz vor Mitternacht kam Nebel auf. Zuerst als dünne Dunstschicht über dem Wasser, dann wurde daraus ein alles verhüllender Schleier, in dem Hafen und Stadt verschwanden.

»Die Natur hebt warnend den Zeigefinger, Herr Kaleu.« Obwohl ich es nicht sehen konnte, war ich sicher, daß Kruse bei diesen Worten grinste. »Unsere germanischen Vorfahren haben so ein Zeichen der Nornen immer beachtet.«

Ich lachte laut auf. Kruse war eben ein Spötter, der sich über alles lustig machte, besonders aber über den Germanenkult der offiziellen NS-Propaganda.

»Ach du lieber Himmel, kommen Sie mir bloß nicht mit diesem germanischen Kokolores, Herr Kruse! Sagen wir lieber, es hat nicht sollen sein. Herr Franke, nehmen Sie direkten Kurs auf die Karibik! Horchrunde alle halbe Stunde, Morgenalarm wie üblich. Halten Sie besonders die Augen auf, wenn der Mond rauskommt! Wenn an diesem Stützpunktgerücht wirklich was dran ist, müssen wir mit allem rechnen.«

Die Nacht verlief ruhig, doch der Morgenalarm wartete mit einer Überraschung auf: Der LI erschien im grau-grünen U-Bootpäckchen in der Zentrale und ohne seinen Ordensbehang. Das allein erregte schon Aufsehen. Hinzu kam, daß er den Kopfverband durch ein Pflaster ersetzt hatte.

Es hat also geholfen, dachte ich und verkniff mir jede anzügliche Bemerkung. Vorsichtshalber warf ich auch Kruse einen warnenden Blick zu, den spöttischen Kommentar wieder runterzuschlucken, der ihm nur allzu deutlich in sein feixendes Gesicht geschrieben stand. Bedauernd zuckte er die Schultern und schwieg. Es war aber nur ein Aufschub, das wußte ich.

Bevor ich auf die Brücke stieg, inspizierte ich noch schnell die Karte und zeichnete das Logbuch ab. Wir waren in der Nacht gut vorangekommen. Seit wir uns aus dem Pulk der Fischerboote gelöst hatten, waren wir keinem Schiff mehr begegnet. Die Azoren lagen zweiundsiebzig Seemeilen hinter uns.

»Es ist ja nur ein Bruchteil, Herr Kaleu«, meinte Obersteuermann Weiß, der das astronomische Besteck genommen hatte, und tippte auf seine Berechnungen. »Es bleiben immer noch genügend Seemeilen bis Antigua, wie Sie sehen.«

Demnach hatten wir noch 2213 Seemeilen vor uns, eine Strecke, für die wir rund acht Tage brauchten. Vorausgesetzt, es kam uns nichts und niemand in die Quere.

Ich blickte den I WO an. »Und was besagen die Wetterdaten von den Azoren, I WO?«

Das war eine der Besonderheiten der Azoren: Während auf dem halben Erdball ein erbitterter Krieg tobte, lieferten die Wetterstationen auf den Azoren nach wie vor weltweit meteorologische Daten, von denen beide Seiten profitierten. So auch wir.

Kruse war nämlich nicht nur ein Sprachgenie, das, im Gegensatz zu mir, einen hervorragenden Englisch-, Französisch- und Lateinunterricht genossen hatte. Zudem war er auch noch ein Freizeitmeteorologe, von dem sich so mancher Fachmann eine Scheibe abschneiden konnte.

»Wir haben die neue Wetterkarte noch nicht gezeichnet, Herr Kaleu.« Er meinte sich und Obersteuermann Weiß, der ihm nicht nachstand. »Aber aus den Daten ist zu ersehen, daß es in den nächsten Tagen in diesem Teil des Atlantiks keine durchgreifende Wetteränderung geben wird.«

»Das hört sich gut an. Und danach?«

Er zögerte. »Na ja, ich möchte mich nicht festlegen; aber wo viel Licht ist, ist auch viel Schatten. Die Karibik ist um diese Jahreszeit immer gut für saftige Tiefdruckgebiete. Da könnten wir einiges um die Ohren bekommen.«

»Das hab' ich mir beinahe gedacht. *Wait and see!*« sagte ich und stieg nach oben.

Auf der Brücke empfing mich rosiges Morgenlicht. Ich reckte und streckte mich und ließ meinen Blick in die Runde schweifen. Hinter uns im Osten stieg der neue Tag bereits herrlich klar über die blanke Kimm, während am Westhorizont die Schatten der Nacht nur zögernd dem immer heller werdenden Tageslicht wichen.

Weit vor uns zogen U 114 und U 500 ihr silbrig schäumendes Kielwasser durch die leere, leicht bewegte See. Wir hatten ihnen gegenüber Zeit verloren. Um eine volle Stunde hatte uns das Wegtauchen vor dem neugierigen Fischer in Verzug gebracht. Das machte allerdings nichts.

Es war sowieso unsinnig, jetzt noch zusammenzubleiben und alle naselang aufeinander zu warten. In der Karibik trennten sich unsere Wege ohnehin, weil jeder seinen speziellen Auftrag hatte und der Anmarschweg der beiden anderen Boote viel länger als der unsere war. U 114 sollte zwischen dem Orinoko-Delta und Barbados operieren und U 500 im Karibischen Meer, um die Schiffe aus den Ölhäfen Venezuelas abzufangen, die durch den Canal de la Mona in den Atlantik wollten.

Wichtig allein war der zeitgleiche Beginn unserer Angriffe, um die Wirkung der Überraschungsaktionen zu steigern. Das hatte ich als Führer der OPERATION TROMMELWIRBEL den anderen Kommandanten nachdrücklich auf die Seele gebunden.

»Ein herrlicher Tag, was?« sagte ich zu Kruse, der den II WO abgelöst hatte und nun mit mir an das Schanzkleid trat. »So kann es bleiben.«

»Ganz meiner Meinung, Herr Kaleu. Ich überlege gerade, ob wir uns nicht trennen sollten. Was bringt es, wenn wir...«

»Ist das Gedankenübertragung, I WO? Sie sprechen aus, was auch mir eben durch den Kopf gegangen ist!« unterbrach ich ihn. »Mein Entschluß steht schon fest. – Signalmaat, Blinkspruch an beide Boote: ›K an K! Als volljährig aus dem Familienverband entlassen. Weiterfahrt auf eigene Faust. Gemeinsamer Zeit- und Operationsplan wie abgesprochen. Wünsche gute Fahrt und viel Erfolg. Papa.‹«

Kruse schmunzelte. »Die werden auch froh sein, den Klotz los zu sein, der nur unsere Bewegungsfreiheit eingeschränkt hat.«

»Das ist nicht zu übersehen!« sage ich trocken, denn ich las die Bestätigung der beiden Boote mit. ›Dito! Vielen Dank, lieber Papi!‹ kam von Wildenow, und Hagen antwortete: ›Danke! Mast- und Schotbruch!‹. »Na, was ist, Signalmaat, warum zögern Sie?«

Der schien echt verwirrt. »Ich weiß nicht recht, Herr Kaleu, ob sich die Signalgasten auf U 114 da nicht mit der Bestätigung 'nen Jux erlaubt haben.«

Ich lachte. »Nee, Mendel, das stimmt schon. Kaleu Wildenow und ich haben eben ein besonderes Verhältnis zueinander.«

Ich hatte nicht die Absicht, die vor uns liegenden acht Tage wieder wie eine angenehme Bäderreise vergehen zu lassen. Deshalb rief ich die Offiziere zu einer kurzen Besprechung zusammen.

»Ich glaube, wir sind einer Meinung, daß solch ein Gammelbetrieb schnell in einen allgemeinen Schlendrian ausartet. Ereignislosigkeit tut ein übriges dazu. Die Wachsamkeit auf der Brücke wird zwangsläufig mit hineingezogen, und schon kann es uns an den Kragen gehen. Nichts gegen Ruhepausen, aber ich bitte Sie, den Dienstplan so zu gestalten, daß wir voll einsatzbereit vor Antigua eintreffen.«

»Das liegt letztlich in unser aller Interesse, denn wir können uns keine Pannen leisten«, übernahm der I WO seinen Part. »Drehen wir die Männer durch die Mangel, indem wir das bewährte Programm abspulen, das wir für solche Leerlaufzeiten parat haben.«

Das hieß, daß die kommenden Tage vom Morgen bis zum Dienstschluß um 17 Uhr voll ausgefüllt waren. Neben den täglich üblichen Wartungsarbeiten, die dem Erhalt aller Funktionen des Bootes dienten und von denen letztlich unser aller Leben abhing, ging ein ausgeklügeltes Rollenspiel über die Bühne, das die Besatzung zusätzlich in Atem hielt.

Nichts wurde ausgelassen. Von Alarm- und Gefechtsübungen bis zur Lecksicherung, Trefferbeseitigung, Feuerbekämpfung, Verwundetenbergung, Mann-über-Bord-Manöver, Maschinenschäden, Ölübernahme auf See, Rettung aus dem sinkenden Boot ... und ... und ... und ... wurden alle Situationen simuliert, die an Bord eines U-Bootes eintreten konnten.

Mochten die Männer über diese tägliche Schinderei auch noch so fluchen, es gab keinen unter ihnen, der die Notwendigkeit nicht einsah.

In der dienstfreien Zeit machte ich mich mit Kruse daran, unsere Operationspläne gegen Antigua auszuarbeiten. Die Insel hatte bereits zu Nelsons Zeiten für die britische Seemacht eine wichtige Rolle in der Golfregion gespielt und als idealer Flottenstützpunkt in der Karibik gedient. Daran erinnerten noch zahlreiche Befestigungen, Signalanlagen, die Reste von Nelsons Werft und vor allen Dingen die große geschützte Bucht von British Harbour, in der man seinerzeit eine ganze Kriegsflotte hatte verstecken und verteidigen können.

Die gleiche Rolle fiel der Insel auch jetzt wieder zu, seit die USA vor zwei Monaten in den Krieg eingetreten waren. Laut Geheimdienstberichten waren Briten und Amerikaner fieberhaft dabei, die Insel zu einem Stützpunkt auszubauen, von dem aus die Schiffe mit kriegswichtigem Nachschub vor den Angriffen deutscher U-Boote geschützt werden konnten.

»Ich glaube nicht, daß die Yankees schon mit einem größeren Flottenverband präsent sein werden, Herr Kaleu«, meinte Kruse zuversichtlich, als wir unsere Angriffsziele anhand der Karte festlegten. »Die brauchen jetzt jedes Schiff im Pazifik gegen die Japaner, die ihnen und den Briten eine Niederlage nach der anderen beibringen.«

»Nichts Genaues weiß man nicht«, bremste ich seinen Optimismus. »Wir werden uns zunächst gegen die Einrichtungen an Land wenden, gegen RADAR- und Funkanlagen, und in die Luft jagen, was möglich ist. Dann sehen wir weiter. Ich bin ganz froh, daß wir die Männer von U 491 zusätzlich an Bord haben. Wir können für die Kommandounternehmen Freiwillige abstellen, und das Boot bleibt trotzdem voll funktionsfähig.«

Kruse nickte und überraschte mich mit einer Aufstellung aus seinem Aktendeckel. »Ich hab' hier schon eine Liste von Freiwilligen, Herr Kaleu. Es sind mehr, als wir benötigen, darunter ist sogar ein Sprengstoffexperte. Oberbootsmann Kienzle ist genau der Mann, den wir brauchen. Der hat seine Laufbahn bei der Marineartillerie begonnen und ist erst später zur U-Bootwaffe gestoßen. Auch die beiden Fähnriche haben sich gemeldet.«

»Na prima, dann hätten wir ja auch schon Unterführer für die Aktionen.«

Damit waren die Weichen gestellt.

Vier Tage spielte das Wetter mit. Am fünften Morgen zogen Wolken auf. Hohe feine Cirren, wie mit einem dünnen Pinsel spielerisch über den bis dahin makellos blauen Westhimmel gewischt und dann vom Höhenwind dünnfaserig verweht. Im ersten Morgenlicht ein wunderschöner Anblick, der Erinnerungen an den herrlichen Urlaub auf Föhr in mir wachrief und mich für einen Augenblick den ganzen Krieg vergessen ließ.

Aber schon bald verdichteten sich diese Federwolken, wurden zu einem dünnen Schleier, der die Sonne verhüllte und sie zu einer blassen Scheibe mit einem hellen Kranz machte. Während die Sonne mehr und mehr an Kraft verlor, frischte der laue Wind im Laufe des Vormittags kontinuierlich auf. Die lange sanfte Dünung wurde kräftiger und bekam kabbelige Wellenkronen.

Das Boot unter unseren Füßen begann in ihrem Rhythmus zu arbeiten und warf Gischt auf, wenn der Bug in die See schnitt. Es wurde merklich kühler. Alles keine guten Anzeichen.

»Irgendwelche neuen Wetterdaten?« fragte ich darum Kruse beunruhigt, als er auf der Brücke erschien und Franke ablöste. »Dem Azorenhoch geht die Puste aus, was?«

Er nickte und musterte mit besorgter Miene den Himmel. »Das kann man wohl sagen. Der Luftdruck fällt, Herr Kaleu, und das mit einem ziemlichen Tempo. Wenn man den Wetterfröschen glauben darf, sieht es ganz danach aus, als liefen wir genau in das Starkwindfeld des Tiefdruckgebietes hinein, das sich östlich der Großen Antillen bildet.« Er deutete dabei auf die dunkle, kompakte Wolkenschicht, die sich an der Kimm bedrohlich auftürmte. »Das da dürften wir über kurz oder lang über uns haben, und dann geht's rund.«

»Und woher haben Sie das, I WO? Wieder von den Azoren?«

»Nicht nur. Ich hab' heute Glück gehabt und über Kurzwelle auch mittelamerikanische Stationen abhören können. Daraus ergibt sich, daß ostsüdöstlich von Kuba ein Tiefdruckwirbel entsteht, der sich zu einem Hurrikan mausern wird. Darauf deutet auch die Großwetterlage hin, wie sie sich aus den Meldungen ergibt.«

Mir genügte ein Blick auf den Zettel, den er mir hinhielt. Das Tief, etwa 200 Seemeilen von Kuba entfernt, hatte einen Kerndruck von 880 Millibar, Tendenz stark fallend.

»Teufel, wenn sich das Ding erst einmal in Bewegung gesetzt hat, kriegt die Golfküste oder Florida mit der Ostküste der USA den ganzen Segen ab.«

»Das fürchten die Amis auch!« Er sah mich verlegen an, weil ich stutzte. »Ja, ja, ich weiß, Herr Kaleu, es ist verboten, Feindsender abzuhören. Aber wie sollen wir mitkriegen, was sich hier in der Wetterküche tut?«

»Ich mach' Ihnen daraus auch gar keinen Vorwurf, I WO, ich finde dieses Verbot ja ebenfalls widersinnig.« Schließlich hatten wir uns schon auf unserer vorherigen Feindfahrt vor der kanadischen und amerikanischen Ostküste einen Dreck um dieses hirnrissige Verbot gekümmert und dadurch überlebt. »Und?«

»Die Sender geben für die Bevölkerung Floridas und der Ostküste laufend Katastrophenalarm. Eine Warnung jagt die andere. Die Windgeschwindigkeit hat inzwischen schon hundert bis hundertzwanzig Stundenkilometer erreicht und nimmt beständig zu. Der Wind hat doch hier bei uns auch schon gedreht und zugenommen.« Kruse hielt den angefeuchteten Finger in die Luft und trat an den Kompaß, um die genaue Richtung abzulesen. »Was ist das denn? Genau West? Ich hätte geschworen, daß er...«

Ich trat neben ihn, weil er stockte, und starrte ebenso verblüfft auf den Tochterkompaß. Obwohl U 112 die Dünung längst nicht mehr so ruhig abritt, schwankte die Kompaßrose überhaupt nicht. Das war ungewöhnlich, denn so genau ließ sich der Kurs bei diesem Geschlinger gar nicht halten. Unser Kielwasser lieferte den letzten Beweis.

»Verdammt, was ist da los?« fluchte Kruse. »Das Heck schwingt wie ein Lämmerschwanz hin und her, aber die Rose rückt und rührt sich nicht von der Stelle!«

»Pennt der Kerl am Ruder und merkt nicht, daß der Kompaß ausgefallen ist? Na warte, der kann was erleben!« Ich trat an das Turmluk. »Wahrschau! Ein Mann von Brücke!«

Mein Ruf war kaum unten angekommen, sauste ich auch schon hinunter. Meine erste Kontrolle galt dem

Mutterkompaß. Seine Rose pendelte sacht im Rhythmus der Bootsbewegungen, das war ganz normal. Am Ruder saß Gefechtsrudergänger Schubert, der fing die Bewegungen gefühlvoll ab und steuerte dagegen. Auch das war ganz normal.

»Was ist mit dem Kompaß, Schubert? Alles in Ordnung?« vergewisserte ich mich trotzdem.

Auf seinem Gesicht zeichnete sich Unverständnis ab. »Alles in Ordnung, Herr Kaleu! Selbstverständlich!«

Es war ja auch eine ausgemacht dumme Frage, denn Schubert war ein ganz zuverlässiger Mann. Der hatte nur Augen für den Kompaß und hätte längst geschrien, wenn der Mätzchen machte.

»Na, dann bin ich ja beruhigt.« Das klang gut, aber genau das Gegenteil war der Fall.

Ein Verdacht ließ in meinem Kopf wieder die Alarmglocken klingeln. Wieder eine der Pannen, wie nicht nur wir, sondern auch andere Kommandanten sie erlebt hatten? Auch bei denen waren plötzlich solche unerklärlichen Ausfälle auf hoher See aufgetreten. Vergeblich hatten wir die Werftingenieure gewarnt, daß die französischen Werftgrandies, die neben den deutschen in den Booten rumwerkelten, bei weitem nicht alle so zuverlässig waren, wie die Herren Ingenieure es sich einredeten. Schließlich hatten die Franzosen durch uns eine schwere militärische Niederlage erlitten. Was hieß in diesem Fall da schon zuverlässig? Einem Wolf im Schafspelz sah man den Wolf ja auch erst an, wenn es bereits zu spät war.

Ich mußte mir Gewißheit verschaffen, darum wandte ich mich an den Obersteuermann. »Der Tochterkompaß auf der Brücke ist ausgefallen, Schneider.

Kontrollieren Sie mal die anderen, wie es mit denen bestellt ist.«

Das war eine Aufgabe, die keinen großen Zeitaufwand erforderte. Entsprechend schnell kam Schneider zurück und machte den Verdacht zur Gewißheit. »Die stehen, Herr Kaleu. Keine Ahnung, warum.«

»Habe ich auch nicht, Schneider. Aber wir werden das schon herausfinden.« Ich drehte mich zum LI herum. »Sie haben gehört, um was es geht, Herr Trautmann? Gut! Spitzen Sie Ihre Elektromixer an, daß die so schnell wie möglich den Schaden finden und beheben. Wir haben keine Zeit zu verlieren, denn wir steuern in ein Schlechtwettergebiet mit einem Starkwindfeld hinein. Da sind wir auf exakt funktionierende Geräte angewiesen.«

Trautmann klappte nur wortlos die Hacken zusammen und verschwand nach achtern. Ich trat an den Kartentisch und sah mir die Wetterkarte an. Das Tief vor Kuba sah darauf noch bedrohlicher als die Daten auf Kruses Zettel aus. Seine Warmfront reichte weit nach Süden und damit in unser Operationsgebiet hinein.

»Mein lieber Mann, das ist ja zum Fürchten!« rutschte es mir heraus. »Wenn wir da hineingeraten, gibt's garantiert Probleme.«

»Das fürchte ich auch, Herr Kaleu«, pflichtete mir der II WO bei, der auf den Sprossen der Turmleiter stand, um oben frische Luft zu schnappen. »Ich erinnere mich nur zu gut an das letzte Mal, als uns die Ausläufer des Hurrikans durchbeutelten. Keine schönen Aussichten.«

Trautmanns Elektromixer brauchten gut zwei Stunden, ehe sie die Ursache für den Ausfall der Tochterkompasse fanden. Er wies mir auf der flachen Hand eine abgebrochene Messerfeile vor.

»Da haben wir den Übeltäter, Herr Kaleu. Lag unter dem durchgescheuerten Kabel für die Tochterkompasse. Die bekamen dadurch Masseschluß.«

»Durchgescheuert? Und welchen Schluß ziehen Sie daraus? Schluderei oder Sabotage?«

»Die Feile ist abgebrochen und unter die Flurplatten geraten. Sie ist rostig, erweckt somit den Eindruck, als liege sie schon länger unter dem Kabelstrang, weil man nicht danach gesucht hat. Es könnte also Schluderei sein.«

»Erweckt den Eindruck? Könnte Schluderei sein? Was spricht dagegen, Herr Trautmann?«

»Der Kabelstrang verläuft nicht auf dem Boden, sondern entlang der Bordwand, und zwar dicht aufliegend. An der Stelle, wo wir die Feile erst nach mehrmaligem Absuchen gefunden haben, war das Kabel abgebogen und die Isolierung hauchdünn abgeschabt. Sie hat sich also nicht zufällig dorthin verirrt. Es sollte wie Schluderei aussehen, Herr Kaleu, aber es ist eindeutig Sabotage.«

»Also doch!«

Obwohl ich damit gerechnet hatte, war ich doch schockiert. Hatte der Kerl, der das ausgetüftelt hatte, am Ende noch mehr solche raffinierten Zeitbomben hinterlassen?

Als könne er meine Gedanken lesen, fuhr Trautmann fort: »Ich hoffe, dieser Lumpenhund hat nicht noch mehr solcher Kuckuckseier im Boot gelegt. Meine Mixer und Stoker sind jetzt dabei, alle Winkel des Bootes gründlich danach zu durchstöbern.«

»Gut so, LI!« Mein Lob ging ihm runter wie Öl.

»Spannen Sie auch die Freiwächter ein. Uns brennt die Zeit auf den Nägeln. Sie merken ja selbst, wie das Boot jetzt arbeiten muß.«

»Wir werden uns beeilen. Die Männer wissen, worum es geht.«

Während ich den Vorfall ins Logbuch eintrug, stellten seine Männer das Boot tatsächlich gründlich auf den Kopf. Das Ergebnis war niederschmetternd. Sie fanden noch weitere Kuckuckseier, wie Trautmann sie nannte. Sie waren allerdings so geschickt getarnt, daß selbst er nicht zu sagen wußte, ob es Sabotage, Schluderei oder vielleicht doch nur normale Abnutzung war. U 112 war schließlich kein neues Boot mehr.

»Gut, gut, LI!« schnitt ich ihm das Wort ab, als er zu einer langen Erklärung ansetzte, denn ich wollte wieder auf die Brücke. »Verschonen Sie mich mit technischen Einzelheiten, von denen ich doch nichts verstehe. Hauptsache, Sie haben das ins Lot gegebracht, bevor der Affenzeck losgeht. Das genügt mir.« Ich griff nach meiner Öljacke und schlüpfte hinein, in den Knien die Bewegungen des Decks unter meinen Füßen ausgleichend. »Oberbootsmann, lassen Sie alles bruchsicher verstauen und festzurren. Uns steht einiges bevor.«

Der II WO kam die Leiter heruntergesaust. Wasser rann von seinem Lederzeug. »Ölzeug und Sicherheitsgurte auf die Brücke!«

Als ich das Turmluk aufklappte, bekam ich eine kräftige Dusche ab. Kruse half mir aus dem Loch und knallte das Luk sofort wieder zu.

»Wahrschau, Herr Kaleu!«

Er zog mich in den Schutz des Schanzkleides und

duckte sich. Ich machte es ihm gerade noch rechtzeitig nach. Eine Gischt- und Schaumfahne fegte über uns hinweg.

»Bläst nicht schlecht, was? Schätze, wir haben Windstärke acht, Seegang sechs bis sieben.«

Vorsichtig hob ich den Kopf über die Brüstung und zog ihn sofort wieder ein, um der nächsten Dusche zu entgehen. Doch ich hatte innerhalb der wenigen Sekunden genug gesehen. Der stürmische Wind trieb dunkelgraue, fast schwarze Wolken vor sich her, die bis auf die aufgewühlte See herabhingen, das Tageslicht schluckten und ein seltsam bedrückendes Dämmerlicht schufen. Die Sicht war auf vier bis fünf Seemeilen zusammengeschmolzen.

Der Bug schnitt nicht mehr durch die hohe Dünung, deren Wellenkämme Schaumkronen aufgesetzt hatten. Er hieb in sie mit einer solchen Wucht hinein, daß U 112 bis in den letzten Spant erzitterte und dabei jedes Mal riesige Gischtfahnen und Schaumfetzen aufwarf. Zugleich krachten tonnenschwere Brecher auf die tief eintauchende Back und brandeten um den schwankenden Turm. Vom stürmischen Wind gepackt, fegten sie über den Turm hinweg und überschütteten die Brückenwache mit ihren Wassermassen.

Von nun an wuchs sich der Aufenthalt auf dem tanzenden Turm zu einer kräftezehrenden Gymnastik aus. Das Wegducken nutzte wenig und das um den Hals gewürgte Handtuch gar nichts. Obwohl ich immer nur kurzzeitig einen Blick auf die brodelnden Wolkenmassen und die anstürmende See wagte, war ich innerhalb weniger Minuten trotz des Ölzeugs naß bis auf die Haut. Ich spürte, wie mir das Wasser bis hinunter in die Seestiefel lief.

»Scheißhurrican!« schimpfte ich und pickte meinen Sicherungsgurt ein. »Von wegen Sonne, Wärme und ewig blauer Himmel! Irgendwie haben wir wieder die falsche Zeit für die Karibik erwischt.«

Kruse lachte und ging mit mir wieder gemeinsam in die Knie. »Ich fürchte, das ist nur die Ouvertüre. Hören Sie das?«

Die Luft erzitterte unter einem langanhaltenden, dumpf dröhnenden Donnergrollen. Nicht enden wollend, übertönte es das Tosen der Brecher und das hohe Jaulen des Sturmes in den Verspannungen des Turmes. Vergeblich hielt ich nach Blitzen oder nach einem Wetterleuchten Ausschau.

»Ist wohl kaum zu überhören. Aber ein Gewitter ohne Blitze?«

»Kommt noch, Herr Kaleu. Im Augenblick sind das noch Flächenblitze zwischen den bis zu zwanzig Kilometer hoch reichenden Wolkentürmen dieser Front. Wir sind ja noch an ihrer vordersten Kante. Nicht mehr lange, dann geht's richtig los.«

»Richtig los? Das sieht ja jetzt schon wie ein Weltuntergang aus! Sobald der erste Blitz in die See zuckt, werden wir tauchen.«

Der ließ nicht lange auf sich warten. Mit einem gewaltigen Donnerschlag öffnete der Himmel seine Schleusen. Das war kein Regen, sondern eine massive Wasserwand, die auf uns herabstürzte, eine regelrechte Sintflut, die alles zu ertränken drohte.

»Worauf warten wir noch? Ab in den Keller, Herr Kruse!«

Vier Tage schlugen wir uns mit den zähen Ausläufern des Sturmwirbels herum, dann machte er sich endlich als Hurrican mit mehr als 220 Stundenkilometern auf den Weg auf Florida und die amerikanische Ostküste zu. Er stürzte sich auf alles, was ihm im Wege stand, und zog eine Schneise der Vernichtung hinter sich her.

Obwohl die Schiffahrt im gefährdeten Seegebiet gewarnt worden war, fingen wir zahlreiche Notrufe auf. Uns kostete er Zeit und Kraft. Zeit, weil wir getaucht mit den E-Maschinen nur ein Drittel unserer Überwassermarschgeschwindigkeit fahren konnten. Wir mußten immer wieder auftauchen, um die Batterien aufzuladen. Das dauerte und wurde zu einem kräftezehrenden Kampf mit den aufgewühlten Elementen.

Unser Zeitplan für die OPERATION TROMMELWIRBEL kam dadurch allerdings nicht ins Trudeln, da es alle drei Boote gleichermaßen traf. Bei einem so langen Anmarschweg mußten wir immer mit irgendwelchen unerwarteten Verzögerungen rechnen. Deshalb hatten wir einen offenen Funkverkehr zu bestimmten Zeiten und mit fiktiven Rufzeichen vereinbart.

U 114 hieß MS *BARBUDA*, U 500 nannte sich TS *BRIDGETOWN*, und wir nannten uns MS *ANTIGUA*. Funkverkehr zwischen Schiffen auf einer allen zugänglichen Wellenlänge konnte keinen Verdacht erregen, wenn er offen in englischer Sprache geführt wurde und lediglich aus irgendwelchen banalen, unverfänglichen Texten bestand. Wir aber konnten herauslesen, um was es ging.

»Bin gespannt, wer den Anfang macht«, sagte der I WO, zu dessen Bereich die Funkerei gehörte. »Und was er für einen Text wählt.«

»Wollen wir wetten, daß es der Wildenow sein wird, weil der den weitesten Weg hat?« bot ich Kruse an, der uns alle naselang immer wieder selbst irgendwelche Wetten offerierte. »Eine Kiste Champagner, wenn ich verliere.«

Kruse winkte lächelnd ab. »Nee, Herr Kaleu, Sie kennen Kaleu Wildenow. Da habe ich ja nicht die Spur einer Chance.«

Er tat gut daran. Zwei Tage später kam er triumphierend mit einem Funkspruch zu mir in mein Kabuff. »Hab' ich's nicht geahnt? Sie hätten glatt gewonnen.«

»Und was funkt Wildenow?«

»*REMEMBER OUR DATE – SORRY, BUDDY, FIVE DAYS LATER IN FISHERMEN'S CORNER – I HOPE YOU WILL COME.*«

Ich lachte laut auf. »Keine schlechte Idee, was? Funken wir zurück: ›*OK, TOM, I WILL MEET YOU FIVE DAYS LATER.*‹«

Also fünf Tage später als geplant losschlagen, hieß Wildenows Botschaft. Nachdem Kruse die Antwort veranlaßt hatte, stellten wir eine kurze Berechnung auf.

»Keine Schwierigkeiten, diese Zeitvorgabe einzuhalten, Herr Kruse. Im Gegenteil, es läßt uns Zeit, die für die Kommandounternehmen vorgesehenen Landziele von See aus zu erkunden.«

Der I WO wiegte bedächtig den Kopf. »Vorausgesetzt, das Wetter spielt mit. Noch haben wir typisches Rückfrontwetter mit einer verdammt hohen See. Ich fürchte, vor English Harbour wird uns die Brandung Probleme bereiten.«

Ich winkte ab. »Wie hat damals der Erste Offizier der *Flying Lady*, Duncan, immer gesagt? *Wait and see!* So werden wir's auch halten.«

Das Wetter spielte mit. Wir hörten auch von U 500 keinen Einwand gegen die Zeitvorgabe. Dafür gab es andere Schwierigkeiten. Lange bevor Barbuda in Sicht kam, die erste Insel der Leeward Islands, die wir ansteuerten, bekamen wir die Auswirkungen des Hurricans zu spüren.

Nach Einbruch der Dunkelheit kollidierten wir mit irgendwelchem Treibgut. Der Aufprall mit dem Bug war so heftig, daß der stählerne Bootskörper wie eine riesige Glocke dröhnte und uns der unerwartete Ruck in der Zentrale von den Füßen holte.

»Beide Maschinen stopp!« schrie ich, noch ehe ich mich von den Flurplatten aufgerappelt hatte. »Lecksicherungstrupp ins Vorschiff! Schotten dicht!«

Im Nu war ich auf der Brücke. Zunächst sah ich gar nichts, es war duster wie im Sack. Ich hörte nur den III WO schreien: »Los, Signalmaat! Richten Sie die Klappbuchs auf das Vorschiff!«

Der gebündelte Strahl des Handscheinwerfers strich über die Back und glitt suchend zum Bug weiter. Der steckte in einer halbrund gewölbten dunklen Masse. Auf den ersten Blick einem harpunierten Wal ähnlich, hätten daraus nicht aufgesplitterte Holzteile in den gleißenden Lichtstrahl geragt. Kein Zweifel, es war das geteerte Unterwasserschiff eines gekenterten Kutters oder einer Barkasse.

Der Anblick dieses Wracks verschlug mir einen Augenblick die Sprache. Ehe ich sie wiederfand, kam Frankes entgeisterte Stimme aus dem Dunkel: »Ach du Scheiße, ein Fischerboot! Wir haben ein Fischerboot auf die Hörner genommen!«

»Stimmt beinahe, Herr Franke! Um genau zu sein, wir haben das kieloben treibende Wrack eines Fischerbootes aufgespießt«, berichtigte ich. »Lassen Sie Handleuchten auf die Brücke kommen, und fragen Sie nach, ob es Schäden unter Deck gegeben hat.«

Die Männer auf der Brücke schnatterten durcheinander, vergaßen gänzlich, daß gerade jetzt doppelte Wachsamkeit geboten war, während wir mit Licht herumhantierten, das weithin sichtbar war. Kruse oder Werda hätten längst losgebrüllt, Franke nahm es hin. Das brachte mich hoch.

»Ruhe! Kümmert euch gefälligst um euren Ausgucksektor!« fuhr ich dazwischen. »III WO, stellen Sie jeden wegen Wachvergehens zum Rapport, der seine Dienstpflicht verletzt! GHG und FuMB sollen umgehend melden, wenn es irgendwelche Kontakte gibt. Und Sie, Signalmaat, reichen mir die Klappbuchs runter, wenn ich an Deck bin, klar?«

Ich hätte Franke schicken können, doch der schien mir völlig von der Rolle. Deshalb mußte ich mir über das Ausmaß eventueller Schäden durch den Zusammenstoße schleunigst selbst Gewißheit verschaffen. Immerhin waren wir mit zwölf Knoten aufgebrummt.

Während ich über das schwankende Deck balancierte, geisterte ein wahres Horror-Szenario durch meinen Kopf. Befürchtungen, die Kollision mit dem treibenden Wrack könnte die Mündungsklappen der vier Torpedorohre in der Außenhaut so stark beschädigt haben, daß die Rohre nicht mehr benutzt werden konnten. Das würde unsere ganze Mission in Frage stellen. Es gab ja in der Karibik für uns keinen einzigen Ort, wo wir unentdeckt eine Reparatur versuchen konnten.

Noch schlimmer war die Vision, das Wrack könnte auch die vorderen Tiefenruder irreparabel verbogen haben. Eine Vorstellung, die mir kalten Schweiß auf die Stirn trieb. Traf das zu, waren wir getaucht und möglicherweise auch aufgetaucht manövrierunfähig. Das aber kam einem Freifahrschein in die Gefangenschaft gleich, wenn nicht gar in den Tod.

Es war der Mut der Verzweiflung, der mich den Lichtstrahl ohne Zögern auf den Netzabweiser richten ließ. Seine Säge steckte bis zu den Isolatoren der von ihr zur Brücke reichenden Verspannung im Schiffsboden, umsäumt vom zersplitterten Holz verrottet wirkender Planken. Ich ließ den Strahl über den Schiffsboden wandern, suchte nach dem Kiel des Wracks, um mir ein Bild zu machen, wo wir es getroffen hatten. Vergeblich. Statt dessen zeichnete sich im klaren Wasser zu beiden Seiten unseres Bugs das zerstörte Schandeck oder Dollbord ab. Der Strahl glitt weiter, erfaßte dümpelndes Tauwerk mit Stengen- oder Spierenresten.

Ich atmete erleichtert auf. Das sah nicht nach den von mir befürchteten Schäden aus. Schritte hasteten hinter mir über das Deck, rissen mich aus meinen Gedanken. Es war der Smadding mit Männern des Leinenkommandos.

»Keine Lecks unter Deck, Herr Kaleu!« meldete er völlig außer Atem. »Auch keine GHG- und FuMB-Kontakte! Schlimm hier oben?«

»Sieht nicht so aus, Nummer Eins. Wir haben das Wrack im wahrsten Sinne des Wortes auf die Hörner genommen, und zwar von unten, als es in der See rollte. Hier, sehen Sie selbst!« Ich gab ihm die Lampe. »Scheint ein ziemlich morscher Kahn gewesen zu sein, nur noch von einer dicken Teerschicht zusammengehalten.«

Der Smadding kniete sich neben der Verspannung

nieder. Er ließ den Lichtstrahl erst über unsere Außenhaut gleiten, um nach sichtbaren Schäden zu suchen, und dann über das Wrack wandern. Es mochte etwa fünfundzwanzig Meter lang sein, war also nicht so groß, wie ich es nach dem Aufprall vermutet hatte. Wir hatten es fast mittschiffs getroffen.

»Wahrschau, Nummer Eins! Wir nehmen Fahrt achteraus auf, damit wir von dem morschen Seelenverkäufer freikommen!« Ich drehte mich zum Turm herum und legte die Hände um den Mund: »Brücke, Achtung! Beide Maschinen Kleine Fahrt zurück! Setzen Sie Positionslichter, III WO! Man soll uns für Fischer halten, falls sich hier doch jemand unentdeckt herumtreibt!«

»Aha, Vorsicht ist die Mutter der Porzellankiste. Besser ist das schon, Herr Kaleu, wenn ich das mal so sagen darf. Man kann ja nie wissen.«

Ich lachte. »Holla, Nummer Eins, ein Lob aus Ihrem Munde? Das ist ja fast wie's Eichenlaub mit Schwertern!«

Er lachte ebenfalls. »Wat mutt, dat mutt, Herr Kaleu! Lobt Sie denn sonst mal jemand hier an Bord? Alle nehmen das doch als selbstverständlich, was Sie machen. Stimmt's, Männer?«

»Jawohl, Herr Oberbootsmann!« kam es wie aus einem Munde vom Leinenkommando.

Es hätte mich auch gewundert. Was Oberbootsmann Wörle sagte, war für seine Männer wie das Amen in der Kirche. Da biß keine Maus 'nen Faden ab. Es wäre auch unklug gewesen.

U 112 dampfte langsam achteraus und gab das Wrack frei. Im Strahl der Klappbuchs schimmerten um den in der See rollenden Bootskörper herum auf einmal Netzmaschen durch das klare grüne Wasser. Verflucht, das fehlte uns noch, daß es sich irgendwo verhakte oder gar in die Schrauben kam.

»Beide Maschinen stopp!« schrie ich zur Brücke hinauf.

Zu spät. Immer mehr Netz kam unter dem Wrack hervor, wurde von U 112 mitgezogen und breitete sich aus. Endlich verlor unser Boot völlig Fahrt und dümpelte mit dem verflixten Netz vor dem Bug in der kabbeligen See.

»Sieht aus, als müßten wir jemand runterschicken, der uns von dem Scheiß befreit, Herr Kaleu«, meinte der Smadding emotionslos. »Die Säge hat auch wieder 'nen Knick in der Feige. Beides is' 'ne Sache für Hitler ... Entschuldigung! ... für Herrn Oberleutnant Trautmann und seine Stoker, meine ich.«

Er konnte nicht sehen, daß ich über seinen Versprecher grinste. Hitlerjunge Quex, der Spitzname für den LI, war also schon bis zu den Deckoffizieren gedrungen.

»Gut, Oberbootsmann, ich werde das veranlassen.«

Trautmann und seine Stoker brauchten bis zum Ende der Hundewache, ehe wir von dem Wrack frei waren. Das heißt, von dem Wrack kamen wir natürlich schneller frei, und der Knick in der Säge war ebenfalls schnell gerichtet. Aber es dauerte seine Zeit, ehe wir sicher sein konnten, daß die Tiefenruder nichts abbekommen hatten und sich auch die Mündungsklappen der Torpedorohre wirklich einwandfrei öffnen und schließen ließen. Schließlich wollten wir nicht, daß der erste Torpedoschuß nach hinten losging und uns mit einem Rohrkrepierer in den Himmel katapultierte.

Was blieb, war ein eingedellter Bug, von dem die

Farbe bis auf die Grundierung heruntergeschält war, und ein ungeheures Gefühl der Erleichterung über diesen geringen Schaden.

»Hmm«, meinte Kruse nachdenklich, als ich den Vorgang zu Papier brachte, »vielleicht sollten wir für die Stoker und unsere Torpedomixer nach dieser nächtlichen Schufterei ausnahmsweise ›Besanschot an!‹ pfeifen lassen. Sozusagen als Belohnung.«

»Kein schlechter Gedanke, I WO. Aber wenn schon, dann für alle und erst zum Mittagessen. Mitgelitten haben schließlich alle.«

Am späten Nachmittag bekamen wir die ersten Schraubengeräusche ins GHG, weit entfernt noch und darum schwer zu identifizieren. Aber egal, von wem sie auch stammten – bekamen wir die Quelle in die Sehrohroptik, verriet sie uns, ob man in diesem für Briten und Amerikaner gleichermaßen wichtigen Seegebiet mit U-Booten rechnete und schon entsprechend vorbereitet war.

Wir verschwanden sofort von der Wasseroberfläche und schlichen in Sehrohrtiefe darauf zu. Voller Ungeduld suchte ich die See nach dem Pott ab, der uns da in die Quere kam. Aber das Licht war schon schlecht, den Rest besorgte leichter Dunst.

»Genug!« sagte ich zum II WO und trat vom Spargel zurück. »Übernehmen Sie mal, Herr Werda, vielleicht haben Sie mehr Glück. Ich will in das GHG hineinhören.«

Am GHG saß Greinert, den Huber inzwischen zu einem ganz passablen Horcher ausgebildet hatte.

Ich tippte ihm auf die Schulter: »Schon herausgefunden, was das für ein Pott ist?«

»Ich weiß nicht recht, Herr Kaleu. Ein Frachter oder Tanker ist es nicht und auch kein modernes Kriegsschiff. Klingt eher wie ein Hochseefischer oder ein Schlepper mit Kolbenmaschinen, so ein alter Zosse mit Kohlefeuerung.«

»Ein alter Zosse mit Kohlefeuerung? Sind Sie sicher?« Huber hatte zwar geschworen, Greinert habe jetzt ein genauso scharfes Gehör wie er selbst, aber so ganz wollte ich mich doch noch nicht darauf verlassen. »Lassen Sie mich mal hören.«

Ich stülpte mir den Kopfhörer über und lauschte. Tatsächlich, in das normal klingende Schraubengeräusch mischte sich unverkennbar das typische Rumpeln uralter, ausgeleierter Kolbenmaschinen. Es fehlte nur noch das röchelnde asthmatische Schnaufen, mit dem irgendwo Dampf entwich. Aber das war für das GHG nun doch nicht laut genug.

»Stimmt, Greinert, ein Methusalem der Meere. Hier in der Karibik angeblich keine Seltenheit. Ein Haufen Rost, bloß noch durch 'ne superdicke Farbschicht zusammengehalten. Wie ist die Entfernung?«

»Schwer zu schätzen, vielleicht sechs bis acht Seemeilen.«

»Weiter als sechs Meilen reicht die Sicht im Augenblick auch nicht. Dann behalten Sie den man schön unter Kontrolle.«

Ich gab ihm den Hörer und kehrte zum II WO zurück, der mich fragend ansah. »Ein uralter Zosse mit einer Kolbenmaschine. Ich frage mich, was so ein alter Kahn hier draußen treibt. Schon was ausgemacht?«

Er schüttelte den Kopf. »Wir müßten schon großes Glück haben, wenn wir den bei diesem schlechten

Licht noch vor Einbruch der Dunkelheit zu sehen bekommen.«

»Man soll die Hoffnung nie aufgeben, II WO. Manchmal schießt sogar 'n Krückstock.«

Es war ein blöder Spruch, das wußte ich, aber ich benutzte ihn trotzdem gern. Auf See war schließlich sogar das Unmögliche mitunter möglich. Man mußte eben nur lange genug darauf warten. Und so war es auch diesmal.

Kurz bevor sie ganz hinter der Kimm verschwand, kam die Sonne noch einmal durch eine Wolkenlücke heraus. Für einen Augenblick nur, aber das genügte.

Vor ihr zeichnete sich schemenhaft die Silhouette eines Schiffes mit einer langen dunklen Rauchfahne ab. Ein Geschütz auf der Back und eins auf den Aufbauten des Achterdecks, wie sie für die alten britischen Minensucher aus dem Flottenbauprogramm 1914/18 typisch waren. Irgendwie löste dieser Anblick eine Erinnerung in mir aus. Wo hatte ich so einen alten Schlorren zuletzt gesehen? Es war noch gar nicht so lange her. Ich kramte in meinem Gedächtnis. Im Flottenkalender? Unwillkürlich schüttelte ich den Kopf. Plötzlich fiel der Groschen.

»Ich werd' verrückt, Herr Werda! Ein guter alter Bekannter!« Ich zog ihn an das Periskop. »Kommen Sie schnell, bevor die Sonne gänzlich verschwindet! Erinnern Sie sich?«

Der II WO starrte durch das Okular und war ebenso überrascht. »Das gibt es doch nicht! Der uralte Minensucher aus Saint John's auf Antigua! Unverkennbar das Museumsschiff, wie Sie es vor drei Monaten genannt haben! Sind die lebensmüde, mit so einem alten Eimer hier draußen rumzuschippern?«

»Vielleicht ist der besser in Schuß, als uns seine äußere Erscheinung suggeriert, und ein nicht zu verachtender Gegner? Wir werden uns an ihn hängen, denn er hat den gleichen Kurs. Hören kann er uns bei dem Rabatz, den er selbst fabriziert, jedenfalls nicht.«

Dessen war ich absolut sicher. Selbst wenn er die Schraubenwellen auskuppelte, um zu horchen, so blieb das Rumpeln der Kolben und übertönte unsere leisen E-Maschinen.

»ASDIC und RADAR hat er vermutlich auch noch nicht, Herr Kaleu. Man könnte also…«

»Schraubengeräusche eines zweiten Schiffes in drei-fünf-null«, unterbrach ihn Greinerts Meldung vom GHG. »Hat gestoppt gelegen und eben Fahrt aufgenommen. Hat offenbar auf den Methusalem gewartet. Kein Frachter oder Tanker, eher ein Schlepper.«

»Ein Schlepper? Das wird ja immer interessanter! Hat der Minensucher Probleme?« Ich schwenkte das Periskop in die Horchpeilung und suchte die See ab. »Hoffnungslos, II WO! Die Sonne ist weg und mit ihr auch die Sicht. Wenn die wenigstens Positionslichter gesetzt hätten, haben sie aber nicht.«

»Zumindest beantwortet uns das eine Frage. Die sind aufgewacht und rechnen auch hier mit Kriegshandlungen.«

Ich hörte nur mit halbem Ohr hin, denn auf dem Minensucher leuchtete plötzlich ein Scheinwerfer auf. Keine Klappbuchs, sondern so ein richtiger großer Artilleriescheinwerfer. Suchend glitt sein Strahl über die See, erfaßte das zweite Schiff und wanderte weiter. Im Streulicht seines gebündelten Strahls veränderten sich die Konturen der Aufbauten. Es sah aus, als drehe der Methusalem bei. Was hatte das denn zu bedeuten?

Die Antwort ließ nicht lange auf sich warten. Sie machte alles noch rätselhafter. Mündungsfeuer flammte auf seiner Back und seinem Achterschiff auf und erhellte für Sekundenbruchteile die herabsinkende Nacht. Wie ein Scherenschnitt zeichnete sich vor diesem Lichtblitz die Silhouette des beigedrehten Schiffes ab, um gleich wieder in der Dunkelheit zu verschwinden.

Bullernd übertrug das Wasser die Abschüsse, wenig später die Explosion der Granaten. Schlagartig verstummte jedes Geräusch im Boot, aufgeschreckt lauschten alle nach oben.

»Keine Sorge, das gilt nicht uns, Männer! Ich bin allerdings noch nicht dahintergekommen, wen der Tommy da beim Wickel hat!«

Eine neue Breitseite unterstrich meine Worte und ging in heftiges Schnellfeuer über. Im Aufblitzen der explodierenden Geschosse sah ich zwar die Wassersäulen der Einschläge aufsteigen, versuchte jedoch vergeblich, das durch den Minensucher verdeckte Ziel des Beschusses zu erkennen.

Ein schrecklicher Verdacht verdrängte jeden anderen Gedanken. Hatten die etwa einen von uns erwischt, Hagens U 500 möglicherweise, und machten ihn jetzt zur Sau? Diese unerträgliche Vorstellung zwang mir das Handeln auf. Ich mußte sofort etwas unternehmen, und ich wußte auch, was. Nur schnell mußte es gehen.

»Alarm! Alle Mann auf Gefechtsstation! Rohr eins bis vier klar zum Unterwasserschuß!«

Während die Männer auf ihre Stationen eilten, brachte ich das Boot in Schußposition. Der Minensucher lag in Torpedoschußweite wie auf dem Präsentierteller, da bedurfte es keiner langen Berechnungen des Vorhaltewinkels. Ich konnte auf Sicht schießen. Zwei Torpedos genügten, und er bekam Flügel. Zwei weitere für den Schlepper oder was das war. Der würde noch schneller auf die letzte Reise gehen.

»Sieht aus, als hätten die einen von uns vor, den Hagen möglicherweise«, sagte ich zu Kruse, der auf meine Angaben für das Zielgerät wartete. »Wenn's an dem ist, können wir nicht tatenlos zusehen. Rohre bewässern, Mündungsklappen öffnen! Klarmeldungen!«

Plötzlich schwieg das Artilleriefeuer. Kamen wir zu spät? Schrauben sprangen an, irgendwer nahm Fahrt auf. Der Minensucher? Nein, der lag gestoppt, aber sein Scheinwerfer wanderte langsam nach Backbord aus. Ich folgte ihm bis zu dem Schlepper. Aha, an dessen Heck sprudelte das Kielwasser auf. Aber warum fuhr der vom Ort des Geschehens weg?

Ich schwenkte zu dem Minensucher zurück und traute plötzlich meinen Augen nicht. Hinter ihm tauchte im grellen Licht ein seltsames Gebilde auf, ein floßähnlicher Unterbau aus Baumstämmen mit den Resten eines primitiv zusammengezimmerten Gerüsts darauf, das wohl die Aufbauten eines Schiffes vorgetäuscht hatte. Zerfetzte Leinewand wehte noch daran im Wind. Von einer langen Trosse gezogen, schlingerte es langsam durch meine Optik.

»Du meine Fresse, ein Schlepper mit 'ner Scheibe!« pruschte ich laut los. Zugleich fiel mir ein Stein vom Herzen. »Gott sei Dank, keiner von uns! Die haben sich an 'ner Scheibe ausgetobt!«

Einen Augenblick herrschte verblüfftes Schweigen, dann brach lautes Gelächter los. In dieses Gelächter hinein meldete der BÜ ungerührt: »Rohr eins bis vier sind klar zum Unterwasserschuß!«

»Kommt ja reichlich spät!« bemängelte Kruse. Er wollte offensichtlich nicht zeigen, wie erleichtert auch er war. »Ich glaube, das werden wir in den nächsten Tagen noch üben.«

»Lassen Sie es gut sein, I WO. Alarm aufgehoben!« Ich war auf einmal todmüde. »Ich bin auf ein nächtliches Scheibenschießen hereingefallen! Aber wer kommt denn auf so was?«

Oben lebte das Artilleriefeuer wieder auf. Diesmal schienen es die leichten Maschinenwaffen zu sein, die dem Scheibenfragment folgten und ihm den letzten Rest geben sollten.

»Sie üben noch, Herr Kaleu, das ist ein gutes Zeichen.« So etwas wie Trost klang in Kruses Stimme mit. »Und wenn die so einen alten Schlitten wieder aktivieren, kann es mit ihrem Bestand an einsatzfähigen Schiffen nicht weit her sein.«

»Scheint so«, sagte ich geistesabwesend, denn ich zählte gerade zwei und zwei zusammen. »Die haben den Scheinwerfer benutzt, um das Ziel vor die Rohre zu bekommen, also hat der kein RADAR, meine Herren.«

»Und offensichtlich auch kein ASDIC«, fügte der II WO hinzu. »Sonst hätten sie uns damit längst erfaßt, so dicht, wie wir dran sind.«

»Oder es war nicht besetzt, was ich allerdings nicht glaube«, brummte ich und ließ das Sehrohr in den Schacht gleiten. »Egal, meine Herren, schlagen wir trotzdem einen weiten Bogen um den schießwütigen Methusalem und den Schlepper, ehe wir wieder auf unseren alten Kurs einschwenken. Schleichfahrt, bis wir weit genug ab sind. Bitte, übernehmen Sie wieder Ihre Wache, Herr Werda. In zwei Stunden möchte ich gepurrt werden, dann tauchen wir auf. Möchte sehen, ob die tatsächlich kein RADAR haben.«

Zwei Stunden später vertrauten wir auf die Dunkelheit, tauchten auf und stiegen auf die Diesel um. Achteraus war das Scheibenschießen noch immer in vollem Gange, diesmal wieder mit den Geschützen auf Back und Achterschiff, wie uns das Aufblitzen der Abschüsse verriet.

Darauf vorbereitet, sofort wieder in die Tiefe verschwinden zu müssen, warteten wir auf die Meldungen vom FuMB. Doch die alarmierenden Meldungen blieben aus, unser FuMB fing keine RADAR-Strahlen auf. Der endgültige Beweis, daß weder der Schlepper noch der Minensucher mit RADAR ausgerüstet waren.

Kruse, der den II WO inzwischen abgelöst hatte, ließ das Glas sinken. »Die bekommen offenbar erst genug, wenn sie auch das Floß in kleine Stücke gehackt haben.«

»Oder die Schießergebnisse sind so beschissen, daß der britische Kommandant auf seiner Brücke im Karree umherspringt und die Richtschützen durch den Wolf dreht«, erwiderte ich. »Trotzdem nichts wie weg, I WO. Gehen Sie auf vierzehn Knoten, damit wir Zeit aufholen. Wenn uns nicht wieder irgendwer in die Quere kommt, sollten wir im Morgengrauen Barbuda über die Kimm steigen sehen.«

Ich sollte mich gründlich irren. Schraubengeräusche kamen im GHG nach dem Ende der Hundewache auf. Sie vertrieben uns von der Oberfläche und holten mich zugleich aus der Koje. Im Horchraum saß Huber am GHG.

»Zwei Schiffe, Herr Kaleu. Keine Kriegsschiffe,

Frachter«, versicherte er mir. »Eins kommt von Süden auf, das andere läuft nach Süden, beide etwa gleich schnell.«

»Keine Sicherungsfahrzeuge, Huber?«

»Keine, beides Einzelfahrer. Müßten uns kurz hintereinander an Steuerbord passieren, wenn sie den Kurs nicht ändern.«

Einzelfahrer, das war gut. Das konnte bedeuten, daß sie sorglos waren, weil die Alliierten hier noch immer nicht mit U-Booten rechneten. Vielleicht waren es aber auch Neutrale? Letzte Gewißheit würde ich erst erlangen, wenn sie uns passierten und Positionslichter gesetzt hatten.

»Bleiben Sie dran, Huber. Wichtig ist vor allen Dingen die Entfernung, in der sie uns passieren, klar?«

»Völlig klar, Herr Kaleu!«

In der Zentrale hatte jetzt Franke die Wache. Er sah mich fragend an.

»Hmmm, damit war zu rechnen. Hier verläuft eine der Hauptschiffahrtslinien von Südamerika nach Norden und Osten.« Ich rieb mir den Schlaf aus den Augen. »Aber können die sich nicht 'ne zivilere Zeit für ihr Erscheinen aussuchen?«

Ramlow, der Smutje, erschien am Mannloch und reichte dem Zentralemaat eine Kanne nebst Tassen herein. Im Nu verbreitete sich köstlicher Kaffeeduft in der Zentrale und übertönte den allgegenwärtigen Dieselmief.

»Sie auch, Herr Kaleu?« fragte Franke und nahm, als ich nickte, dem Zentralemaat zwei Tassen ab. »Der Muntermacher kommt jetzt genau recht.«

Er traf damit den Nagel genau auf den Kopf. Ramlows Gebräu vertrieb die letzte Müdigkeit aus meinen

Knochen. Allerdings trank ich es in ganz vorsichtigen Schlucken, während ich Hubers Meldungen lauschte. Ich wollte mir nicht noch einmal die Lippen verbrennen.

Endlich kam die erlösende Meldung: »Achtung! Die beiden Schiffe passieren in Kürze an Steuerbord. Entfernung etwa drei, beziehungsweise vier Seemeilen.«

Das war es. Ich beeilte mich, das Sehrohr auszufahren und in die angegebene Richtung zu drehen. Da waren sie! Sie kamen mit einer ziemlichen Geschwindigkeit daher, ich schätzte sie auf sechzehn Knoten, und das war für einen Frachter ein beachtliches Tempo.

»Sieh an, weder der erste noch der zweite Pott fahren mit beleuchteter Außenbordmaling in den Nationalfarben, die sie als Neutrale ausweist«, stellte ich laut fest. »Die müssen sich ja ganz schön sicher fühlen, sonst würden sie nicht Positionslichter führen, und das ist aufschlußreich.«

Ich erlebte das nicht zum ersten Mal. Am Anfang des Krieges war mir das bei Schnellgeleiten ein paarmal begegnet. Die Angst vor einer Kollision war größer als die Angst vor U-Booten gewesen. Außerdem vertrauten sie damals auf ihre Geschwindigkeit.

Die Briten hatten bitteres Lehrgeld bezahlen müssen, bis sie begriffen, daß Torpedos noch schneller waren. Also waren die beiden keine Briten.

»Scheinen Amerikaner zu sein, Herr Franke.« Mit Bedauern sah ich sie davoneilen. »Bei der nächsten Begegnung geht's anders herum, dann sind sie dran.«

Ich ließ den Spargel in den Schacht gleiten und blickte auf die Uhr. Es lohnte nicht mehr, jetzt noch einmal in die Koje zu kriechen. »In zwanzig Minuten sind die so weit weg, daß Sie wieder auftauchen und auf die Diesel umsteigen können, III WO. Morgenalarm wie üblich. Ich bin in meiner Kammer.«

Fischerboote vertrieben uns wieder einmal von der Wasseroberfläche, als wir Barbuda passierten und Kurs auf Antigua nahmen. Für mich war das ein willkommener Anlaß, die Wachoffiziere, Oberbootsmann Kienzle und die beiden Fähnriche wegen der geplanten Kommandounternehmen zusammenzurufen.

Franke hatte seine Enttäuschung noch immer nicht überwunden. »Da sieht man mal wieder, wie man sich irren kann. Man träumt von einer herrlichen Urlaubsinsel, und dann so was. Dabei sah Barbuda in unseren Gläsern im ersten Morgenlicht doch ausgesprochen einladend aus, als es über die Kimm stieg, Herr Kaleu.«

Kopfschüttelnd blickte er auf die Seekarte. Ich verstand seine Enttäuschung. Barbuda war ja auch alles andere als eine Ferieninsel. Allein das Korallenriff, das sich entlang der Ostküste erstreckte, versperrte als dreißig Kilometer lange, jedem Seemann Furcht einflößende Barriere den Zugang zur Küste.

Der einzige nennenswerte Ort, Codrington, wirkte wenig einladend. Er lag auf der Westseite der Insel an einem riesigen flachen Haff und war über eine schmale, mit Korallenriffen gespickte lange Einfahrt nur schwer zu erreichen.

Kruses Augen blitzten spöttisch. »Unsere jungen Leute! Und wovon träumen sie auf dem Kriegspfad? Von Urlaubsinseln in der blauen karibischen See, endlosen weißen, von Palmen umsäumten Stränden, heißen Liebesnächten mit paradiesisch nackten Jungfrauen und Planter's Punsch bis zum Abwinken. So 'n schöner Traum und nun wieder nischt, was?«

Ich lachte laut mit. »Na ja, für Piraten und ihre Weiber mag das schon ein idealer Schlupfwinkel gewesen sein, Herr Franke, bis die Briten diesem Spuk ein Ende bereiteten und auch diese Insel ihrem Imperium einverleibten. Aber ein strategisch wichtiger Stützpunkt oder gar eine Urlaubsinsel ist dieses schwer zugängliche Barbuda nie gewesen. Da bot sich Antigua schon eher an. Der Grund dafür liegt ja auch jetzt wieder auf der Hand.«

Im Gegensatz zu Barbuda wies nämlich die gesamte Küste Antiguas unzählige weit ins Land reichende geschützte Buchten auf, ideale Naturhäfen für jede seefahrende Nation. Kein Wunder also, daß sich die Briten diese Insel schon in der Mitte des 18. Jahrhunderts als Flottenstützpunkt gesichert hatten und damit die Vorherrschaft in der Karibik erringen konnten.

An einer dieser Buchten lag St. John's, Hauptstadt und wichtigster Handelsplatz der Insel, geschützt durch das einst alles beherrschende Fort James oberhalb der Hafeneinfahrt. Ein anderer Naturhafen hatte in dieser kriegerischen Zeit allerdings für die Flotte der Briten eine noch größere Bedeutung, die versteckte Bucht von English Harbour. Hoch über ihr bewachte die mächtige, alles überragende Festung Shirley Heights Admiral Lord Nelsons Versteck und Werft. Sie machte English Harbour zu einem uneinnehmbaren Stützpunkt.

Ich deutete auf Shirley Heights. »Hier werden wir zuerst zuschlagen. Wenn die Agentenmeldungen stimmen, dann haben die Amerikaner inzwischen auf dem vorgelagerten Plateau ihre Funk-, Signal- und RADAR-

Station errichtet oder sind zumindest noch dabei. Das andere Ziel sind die gleichen Anlagen bei Fort James oberhalb St. John's, die sind allerdings noch im Bau. Wie gesagt, wenn die Informationen stimmen.«

»Und wie soll das ablaufen?« Kienzle beugte sich über die Karte. »Von English Harbour führt zwar 'ne Straße nach oben, aber die werden wir ja wohl kaum benutzen können, Herr Kaleu.«

»Stimmt. Es gibt zwei Möglichkeiten. Entweder gehen wir am Indian Creek Point an Land oder von der Willoughby Bay her. Ersteres ist ein sehr steiler Anstieg, hat aber den Vorteil, daß diese Seite wohl nicht so streng bewacht wird. Die Aktion ist außerdem in einer Nacht zu bewältigen. Der andere An- und Abstieg ist nicht so steil und führt durch unbewohntes Gebiet. Es bietet durch dichten Bewuchs mehr Deckung, erfordert aber auch mehr Zeit. Zwei Nächte gehen dabei drauf. Welche Variante wir wählen, entscheiden wir, sobald wir die örtlichen Gegebenheiten durch das Sehrohr erkundet haben. Wir haben noch zwei Tage Zeit, um dafür dicht genug unter Land zu gehen. Dann sprechen wir die letzten Einzelheiten noch genauer durch.«

»Wir werden ohnehin Ablenkungsmanöver inszenieren«, ergänzte Kruse und blickte die beiden Fähnriche an. »Zu Nelsons Zeiten benutzte man Brander, um die feindlichen Schiffe in ihren Häfen durch Feuer zu vernichten. Nach unseren Informationen dienen English Harbour und die Nachbarbucht Falmouth Harbour jetzt als Liegeplätze für Sportboote. Ein hübsches Feuerchen unter diesen Booten zur rechten Zeit dürfte die Aufmerksamkeit der Wachen von allem anderen ablenken. Das wird Ihre Aufgabe sein. Trauen Sie sich das zu?«

»Jawohl, Herr Oberleutnant!«

»Na, prima!« sagte ich. »Fort James liegt außerhalb der Stadt und ist leichter zu erreichen. Dort werden wir ähnlich vorgehen. Vorab aber schon eins: Sie sind unser Sprengmeister, Oberbootsmann. Die Ladungen sollen keine Kunstwerke sein, sondern so wirksam, daß die Stationen vollkommen zerstört werden. Wir haben jeweils nur einen Versuch. Darum verwenden Sie Säurezünder, damit uns eventueller Regen keinen Strich durch die Rechnung macht, klar?«

»Völlig klar, Herr Kaleu. Ich hab' das Material schon gesichtet. Zusammen mit 'nem deftigen Brandsatz könnten wir die halbe Stadt in Schutt und Asche legen.«

»Das lassen wir lieber. Es soll ja so aussehen, als steckten irgendwelche Hitzköpfe aus der Bevölkerung hinter diesen Anschlägen, und die werden ja wohl kaum ihre eigene Stadt in Brand stecken.«

»Ich glaube, ich sollte mit dem Oberbootsmann und den Fähnrichen die grundsätzlichen Dinge noch einmal anhand der Spezialkarten durchgehen und die Einsatzgruppen zusammenstellen, Herr Kaleu«, schlug Kruse vor. » Das erspart uns später Zeit.«

»Einverstanden, I WO. Ich werde inzwischen mal 'nen Blick durchs Sehrohr werfen.«

Bei aufgetauchter Fahrt war die Entfernung zwischen Barbuda und Antigua an sich nur ein Katzensprung, normalerweise leicht mit zwölf Knoten in knapp zweieinhalb Stunden zu überbrücken. Getaucht brachten wir es jedoch gerade auf vier Knoten, weil wir mit der Batteriekapazität sparsam umgehen mußten. Somit wurden gut sieben Stunden daraus, ehe wir am Nachmittag die Reede von St. John's erreichten.

Es war allerdings keine verlorene Zeit. Wir bekamen einen Vorgeschmack, womit wir vor Antigua rechnen mußten. Seetüchtige Fischkutter hatten uns schon vor Barbuda zum Tauchen gezwungen. Sie warnten uns aber auch durch ihre Schraubengeräusche, so daß wir ihren Netzen rechtzeitig ausweichen konnten. Je näher wir jedoch der Küste Antiguas kamen, wurde das ganz anders.

Zu den uralten Küstenfrachtern und den mit schnatternden Farbigen überladenen Fähren, die unseren Kurs kreuzten, gesellten sich unzählige flache Fischerboote. Sie trieben unter recht eigenwillig geflickten Segeln vor ihren ausgebrachten Netzen, unhörbar für unser GHG. Wir mußten höllisch aufpassen, daß wir ihnen nicht in die Quere kamen und uns in deren Maschen verfingen, wenn wir einem Frachter oder einer der anderen Nußschalen ausweichen mußten.

Ich schwitzte am Sehrohr Blut und Wasser. Das hatte erst ein Ende, als das weiche Nachmittagslicht die Schatten länger machte und die Fischerboote mit der auflandigen Brise nach Hause segelten. Auch der Schiffsverkehr ließ deutlich nach und kam irgendwann fast völlig zum Erliegen. Ungefährdet konnten wir uns auf die leere Reede vor St. John's schleichen, um dort mit geringster Fahrt zu kreuzen.

Mein erster Blick galt dem Hafen mit seinen Schiffen. Meter für Meter suchte ich mit dem Sehrohr die Kais und Molen des inneren und äußeren Hafens ab. Schon im Außenhafen wurde ich fündig, denn das Licht war günstig.

»Uff, ein Yankee! Eine ehemalige Fähre mit grauem Tarnanstrich als Truppentransporter, der neben

Passagieren auch Fahrzeuge transportieren kann. Da juckt 's mich richtig in den Fingern, I WO! Der liegt so günstig, daß wir ihm selbst von hier draußen einen Torpedo verplätten könnten! Wollen Sie mal sehen?«

Kruse ließ sich nicht zweimal bitten. »Teufel, das wär' die Gelegenheit! Die rechnen gar nicht damit, denn die sind mitten beim Löschen der Ladung. Ein prächtiges Ziel, der Pott hat gut und gerne seine achttausend Bruttoregistertonnen, wenn nicht noch mehr.« Er trat zurück und überließ mir wieder den Spargel. »Die Yankees müßten eigentlich inzwischen durch Schaden klug geworden sein. Deshalb glaube ich nicht, daß der ohne Sicherung gekommen ist.«

Langsam drehte ich das Periskop suchend weiter. Tatsächlich! Von Speichern halb verdeckt, zeichneten sich im Innenhafen die typischen Aufbauten eines Kriegsschiffes ab. Durch unsere Fahrt verschob sich langsam die Perspektive, kam auch der Mast zum Vorschein. Ich stutzte. Irgend etwas stimmte daran nicht, aber was?

Plötzlich fiel der Groschen. Die Nachtsignalanlage! Kein Kriegsschiff führte eine doppelte oder gar dreifache Signalanlage am Mast! Mehr noch: Bei schärferem Hinsehen traten aus dem Gewirr der Stengen und Stage deutlich zwei weitere Masten hervor.

»Wußt' ich 's doch, der Pott hat Geleitschutz dabei!« triumphierte ich. »Den Aufbauten nach aber keine Zerstörer oder Fregatten. Drei kleinere Einheiten, vermutlich Korvetten.«

»Das reicht ja eigentlich auch schon«, brummte Kruse. »Da werden wir uns vorsehen müssen, wenn wir die Anlagen auf Fort James in die Luft jagen wollen.«

»Fort James, Sie sagen es!« Ich schwenkte das Sehrohr herum. Aus den Ruinen der Festung ragten Antennen- und Funkmaste in den Himmel. »Sieht aus, als wären die dort oben schon fertig. Um so besser, lohnt sich der Einsatz wenigstens.«

»Irgendwelche Geschütze auszumachen, Herr Kaleu? Flak oder so?«

»Nichts. Wozu auch? Europa ist weit. Da rechnen die überhaupt nicht mit Fliegerangriffen oder irgendwelchem Beschuß, den sie erwidern müßten. Ich sehe auch keine Baracken oder Zelte. Aber das will aus dieser Perspektive nichts besagen, die werden vermutlich durch die dicken Mauern verdeckt.« Ich musterte den Hang unterhalb des Forts, suchte den verborgenen Ziegenpfad, der in unserer Spezialkarte in einem Bogen vom Hafen weg nach oben führte. »Da ist er! Alle Achtung, unsere Karte stimmt also selbst in solchen Kleinigkeiten. Der Strand davor...nicht schlecht für eine Landung mit dem Schlauchboot. Sehen Sie selbst.«

Kruse musterte den Hang eingehend, verglich ihn vermutlich im Gedanken mit unserer Spezialkarte. »Hmmm, sieht kinderleicht aus. Aber das dicke Ende kommt garantiert oben. Wir müßten auch hier wieder ein Ablenkungsmanöver inszenieren. Aber wo? Im Hafen?«

»Schwenken Sie mal den Spargel um hundertachtzig Grad, I WO. Sehen Sie die aufgegebene Schute dort drüben? Der Kienzle hat doch von Brandsätzen gesprochen. Wenn wir die während der Hundewache in die Luft jagen oder in Brand setzen, haben wir garantiert ein aufmerksames Publikum.«

»Nicht schlecht, damit läßt sich was machen.

Scheint auf Grund zu liegen. Ist auch weniger schwierig ranzukommen als bei English Harbour, denke ich.« Er trat vom Sehrohr wieder zurück. »Vielleicht sollten wir hier überhaupt anfangen?«

Ich schüttelte den Kopf. »Lieber nicht, Herr Kruse. Shirley Heights zuerst. Wenn dort die Ladungen hochgehen, hat das eine viel spektakulärere Wirkung, weil man von dort oben nicht nur die ganze Insel, sondern auch die See bis zu den Nachbarinseln überwachen kann.«

»Achtung!« meldete sich Huber aus dem Horcherschapp. »Schraubengeräusche aus null-neun-null!«

Das kam aus dem Hafen. Ich drehte das Periskop in die angegebene Richtung. Tatsächlich! Hinter den Speichern puffte eine dunkle Rauchwolke in die Luft, wurde im Abendlicht zu Rauchringen, wie sie Zigarrenraucher aus Jux gern in die Luft paffen. Für mich war es ein ungemein beruhigendes Zeichen, denn es sprach für einen noch kalten oder schlecht eingestellten Dieselmotor.

»Kein Kriegsschiff, I WO. Kann eine Fähre oder so ein vergammeltes Küstenmotorschiff sein. Trotzdem, wir werden ihm aus dem Weg gehen. Wir brauchen mehr Wasser unter dem Kiel, bis es dunkel ist. Ruder Backbord zwanzig, neuer Kurs zwo-acht-fünf. Beide E-Maschinen Umdrehungen für vier Knoten.«

Gehorsam drehte das Boot ab und erhöhte die Fahrt. Ich behielt den Hafen im Auge. Hinter der Speicherreihe wanderten die schwarzen Rauchringe entlang, bis das rostzerfressene Heck eines achteraus dampfenden Schleppers zum Vorschein kam.

»Du meine Güte, ein Schlepper! Wen will der denn auf den Haken nehmen?«

Die Antwort gab mir Huber aus dem Horcherschapp. »Schraubengeräusche kommen in eins-achtacht auf, Herr Kaleu! Offenbar ein Frachter!«

Blitzschnell fuhr ich mit dem Periskop herum. Ich sah zunächst nichts, doch dann schob sich hinter Peams Point der Bug eines Schiffes in mein Blickfeld. Es brauchte endlos lange, bis ich die Brücke in die Optik bekam.

»Kein Frachter, ein Tanker«, berichtigte ich Hubers Meldung, »und zwar kein armseliger Inselhüpfer, sondern ein ganz respektabler Brocken. Liegt tief im Wasser, ist also voll bis an die Halskrause. Kein Wunder, wenn der Schlepperhilfe braucht.«

»Schöner Mist!« schimpfte Kruse. »Erst der Truppentransporter und jetzt auch noch 'n fetter Tanker! Als ob die sich verabredet hätten, um uns zu foppen! Die hätten doch nun wirklich 'n paar Tage später zum Schlachtefest kommen können. Finden Sie nicht auch, Herr Kaleu?«

Ich lachte laut auf. »Lebensführungsschuld nennt man so etwas, Herr Kruse. Wir haben die Einladungen zu spät verschickt, oder die haben sie in den Papierkorb geworfen. Aber noch ist nicht aller Tage Abend.«

Das sollte gleichgültig klingen, war es jedoch nicht. Auch ich fluchte still in mich hinein, denn so eine Gelegenheit kam vermutlich nicht so schnell wieder. Um das Maß vollzumachen, mußte ich zähneknirschend mit ansehen, wie er im letzten Abendlicht gemächlich an uns vorbeidampfte und in den Hafen einbog.

»Sonnenuntergang, Herr Kaleu!« erinnerte mich Obersteuermann Weiß. »Die müßten doch jetzt eigentlich…«

Ich unterbrach ihn. »Ja, ich weiß! Vielleicht nehmen die es in der Karibik damit nicht so genau. Noch ein paar Minuten, dann wissen wir, ob die Leuchtfeuer gelöscht sind oder nicht.«

Der astronomische Sonnenuntergang verstrich, schnell sank die Dämmerung herab und hüllte schon bald Antigua in Dunkelheit. Keine Leuchtfeuer, auch die Ansteuerungstonne blinkte nicht mehr. Als habe man damit dem Kriegszustand schon genügend Rechnung getragen, brannten jedoch kurioserweise die Richtfeuer zu beiden Seiten der Hafeneinfahrt und auf den Molenköpfen.

Der Hafen und die Stadt dahinter waren ebenfalls hell erleuchtet, so daß ich keine Schwierigkeiten hatte, den Schlepper zu beobachten, wie er den Tanker an seinen Liegeplatz unweit des Truppentransporters bugsierte. Dieser Teil des Hafens war offenbar militärisches Gelände.

Ich informierte die Offiziere. »Besser können wir es gar nicht antreffen. Soll mich wundern, wenn die die RADAR-Station auf Fort James schon in Betrieb haben. Sieht aus, als sei das noch 'ne Baustelle, denn dort oben ist es stockduster.«

Trautmann nutzte die Gelegenheit, ein Klagelied anzustimmen. »Wir sollten so bald wie möglich auftauchen, Herr Kaleu, um die Batterien aufzuladen, bevor sie gänzlich ausgenuckelt sind. Die haben nicht mehr viel Saft.«

Es war das erste Mal, daß er nach längerer Unterwasserfahrt mit dieser typischen Klage aller LIs aufwartete. Ich hatte die ganze Zeit überwiegend am Sehrohr gehangen und war gedanklich vollauf anderweitig beschäftigt gewesen, deshalb nahm ich ihn erst jetzt bewußt wahr. Ich starrte ihn offenen Mundes an.

»Holla, was ist das denn, LI? Gibt es 'nen besonderen Grund? Haben Sie Geburtstag?«

»Nein, Herr Kaleu. Warum fragen Sie?« reagierte Trautmann verwundert und strich sich mit der Hand über die Wangen. Dabei wurde ein breites goldenes Kettenarmband an seinem Handgelenk sichtbar. »Weil ich rasiert bin?«

Die drei Wachoffiziere grinsten, wie ich aus dem Augenwinkel sah. Aha, der war also schon Zielscheibe ihres Spotts gewesen. Sicher jedoch nicht nur wegen der Rasur, obwohl allein die schon aus dem Rahmen fiel. Seit Brest rasierte sich nämlich keiner mehr von uns. Vielmehr war es wohl wegen des Armbands und des bunten Seidentuchs, das er sich um den Hals geknüpft hatte.

Das war ungewöhnlich, so ungewöhnlich wie seinerzeit sein Fimmel mit dem Klempnerladen. Bisher war ein Halstuch nur dem Smutje als Schweißtuch vorbehalten gewesen.

»Das auch. Aber eigentlich mehr wegen Ihres... äh... ungewohnt ...äh...festlichen Aufzugs mit dem bunten Tuch und der goldenen Kette.« Jetzt feixten die Wachoffiziere ganz unverhohlen über mich, weideten sich an meinem Gestotter. »Unüblich, aber zugegeben, mal etwas anderes, es belebt das Bild. Wie haben Sie denn die Rasur ohne Süßwasser so glatt hingekriegt?«

»Mit einer Rasiercreme, Herr Kaleu. Hat mir ein Freund beschafft, der hat die irgendwo in Paris abgestaubt.«

»So, so, von einem Freund in Paris abgestaubt. Muß ich mir direkt mal merken.« Das klang selbst in meinen Ohren reichlich dämlich. Da gab's nur noch eins:

»Ihre Batterien kriegen schon Saft, LI! Wir tauchen auf. Klar zum Auftauchen! Brückenwache in den Turm. Boot bleibt klar zum Alarmtauchen!«

Jetzt kam die Stunde der Wahrheit. Alle Gedanken kreisten um die beiden Fragen: Bauten die auf Fort James noch an der RADAR-Station? Oder war sie schon in Betrieb? Sobald der Turm freikam, würden wir wissen, woran wir waren.

»Wer sitzt am FuMB? Der Gefreite Fenske? Gut!« Das war ein zuverlässiger Mann, aber eine Ermahnung konnte trotzdem nicht schaden. »Fenske, sowie uns auch nur der klitzekleinste Hauch eines RADAR-Strahls streift, geben Sie Alarm, klar?«

»Ist klar, Herr Kaleu!«

Ich griff nach meinem Nachtglas. »Dann woll'n wir mal! – Anblasen!«

Sprungbereit nahm die Brückenwache ihre Stationen ein, darauf vorbereitet, blitzschnell wieder im Turm verschwinden zu müssen. Minute für Minute verstrich. Vergeblich kämpfte ich gegen die innere Unruhe an, denn die Meldungen vom FuMB-Gerät blieben immer noch aus.

»Was ist los da unten? Funktioniert das Scheißgerät nicht?« verlor ich die Geduld. »BÜ, Frage: Wo bleiben die Meldungen vom FuMB?«

Meine Frage war kaum heraus, da meldete der BÜ: »Kein RADAR-Kontakt, Herr Kaleu!«

Der II WO atmete hörbar auf. »Die sind noch nicht fertig, Gott sei Dank. Und die Station auf Shirley Heights arbeitet auch noch nicht, sonst hätte die uns schon erfaßt.«

Das hätte eigentlich auch mich beruhigen sollen,

zumal aus der Stadt bis zu uns leise die Musikfetzen einer Steelband herausdrangen. Die feierten irgend etwas ganz friedlich, als gäbe es den Krieg für sie gar nicht. Aber auch das vertrieb meine innere Unruhe nicht. In meinem Kopf nistete sich eine neue Sorge ein.

»Kann sein, kann auch nicht sein, Herr Werda. Wenn es Yankees sind, die die Anlagen installiert haben, arbeiten die jetzt vielleicht mit 'ner Wellenlänge, auf die unser FuMB nicht anspricht? Hat 's doch schon mal gegeben, habe ich mir sagen lassen.« Ich richtete mein Glas auf den Hafen. »Gewißheit werden wir erst haben, wenn die Korvetten dort drin schön brav am Kai bleiben.« Und die Gewißheit werden wir uns verschaffen, setzte ich im Gedanken hinzu, indem wir noch 'ne Weile im sogenannten West Channel vor St. John's kreuzen. »Gehen Sie für zwanzig Minuten auf Gegenkurs, II WO. Das sollte...«

Ich stockte und ließ das Glas sinken. In rascher Folge stiegen über der Stadt plötzlich Raketen in den Himmel und zerplatzten. Bunte Sternchenhaufen tauchten den Hafen mit seinen Schiffen sekundenlang in ein geisterhaftes Licht, ehe sie verlöschend herabsanken. Dumpf hallten ihre Explosionen über die See und übertönten das blecherne Gehämmer der Steelband.

»Silvesterfeuerwerk im Februar?« fragte Werda überrascht. »Ich dachte immer, nur die Russen und Chinesen feiern Neujahr später als wir.«

»Hmmm!« räusperte sich Obersteuermann Weiß hinter uns. »Fasching, Herr Leutnant. Die feiern Karneval ein bißchen anders, aber auch bei uns im Rheinland wären jetzt die Jecken los. Nun ja...«

Bedauern klang aus seinen Worten, denn Weiß kam aus Köln, der Hochburg des rheinischen Karnevals. Wie vieles andere war auch der Karneval in Deutschland dem Krieg zum Opfer gefallen.

»Karneval? Darauf hätte ich ja auch kommen können, Obersteuermann.« Meine Sorgen machten der Erleichterung Platz. »Aber ich bin Hamburger, das sagt eigentlich schon alles. Bei uns gibt's die fünfte Jahreszeit nicht.«

»Bei uns in Ostpreußen noch weniger, Herr Kaleu«, setzte Werda trocken hinzu. »Dafür dauert bei uns 'ne Hochzeit mindestens drei Tage, und das reicht für 'ne mittlere Alkoholvergiftung.«

»Heißt das, Sie haben auch drei Tage gefeiert, II WO? Ist dadurch die Hochzeitsnacht nicht den Bach runtergegangen?« stichelte ich. »Davon haben Sie sich aber erstaunlich gut erholt.«

»Nee, Herr Kaleu!« hielt er lachend dagegen. »Die wollten wir uns nun doch nicht versauen. Wir haben in Straßburg bei der Familie meiner Frau gefeiert und uns auch nicht bis zur völligen Bewußtlosigkeit besoffen. Schade, daß der Urlaub so kurz war.«

»Das finde ich auch!« Ich nahm das Glas wieder vor die Augen. »Die Korvetten liegen noch immer fest. Das sollte uns genügen. Neuer Kurs, Obersteuermann?«

»Zwo-drei-null, bis Fullerton Point null-neun-null peilt, Herr Kaleu. Dann eins-acht-fünf, damit wir nicht zu dicht unter Land kommen. Vor der Cades Bay gibt es ganz eklige Korallenriffe.«

»Danke, Obersteuermann! Bitte, übernehmen Sie, II WO. Marschgeschwindigkeit acht Knoten, wir haben Zeit. Ich bin unten in meiner Kammer.« Ich klappte das Turmluk auf. »Wahrschau, ein Mann von Brücke in Zentrale!«

Der I WO stand mit Franke am Kartentisch und sah erfreut auf, als ich unten landete. »Das ist ja schon fast so etwas wie Gedankenübertragung, Herr Kaleu! Ich wollte gerade zu Ihnen auf die Brücke kommen.«

Ich trat an den Kartentisch. »Und warum, Herr Kruse? Gibt 's 'nen besonderen Grund?«

»Ich denke schon. Es gibt für Shirley Hights noch eine dritte Variante.« Er deutete auf einen Punkt in der Spezialkarte. »Wir waren zu sehr auf die beiden anderen Möglichkeiten fixiert, dadurch haben wir das wohl übersehen. Hier, an der Einfahrt zu Nelson's Dockyard gibt es einen Pfad, der nach oben zur Festung führt.«

Er folgte mit dem Finger einer dünnen gepunkteten Linie. Kein Wunder, daß wir sie übersehen hatten. Sie führte oben an der Festungsmauer entlang, über die Straße und auf die andere Seite des Plateaus hinüber. Ein Pfad, ähnlich dem bei Fort James, vermutlich von Ziegen ausgetreten, die dort im Unterholz seit Jahrhunderten weideten. Den Höhenlinien nach zu urteilen, war die Festung auf diesem Weg viel schneller und weniger anstrengend zu erreichen. Außerdem lag die Bucht von English Harbour in unmittelbarer Nähe.

»Mmmm«, brummte ich, »wenn wir von Nelson's Dockyard aufsteigen können, ist das natürlich ideal. Vorausgesetzt, der Pfad existiert tatsächlich noch und ist begehbar. Das werden wir uns mal bei Tageslicht ansehen.«

»Da bin ich ganz zuversichtlich. Die Einheimischen lassen ja noch immer ihre Ziegen auf den Hängen weiden. Wir schlagen zwei Fliegen mit einer Klappe, weil das auch im Hinblick auf das geplante Ablenkungsmanöver günstiger ist.«

Das leuchtete ein. Entdeckung brauchten wir nicht zu befürchten. Das Militär benutzte diesen Ziegenpfad ganz sicher nicht, das zog die Straße vor, um nach English Harbour Town zu gelangen. Und selbst wenn wir Geräusche verursachten, würden die Wachen nicht mißtrauisch werden, sondern sie den Ziegen zuschreiben.

»Wir können dort beide Gruppen absetzen und auch wieder an Bord nehmen, Herr Kaleu«, fügte Franke hinzu. »Es erspart uns doppelte Wege, und wir gewinnen Zeit, falls es wider Erwarten dort oben aus irgendeinem Grund brenzlich werden sollte. Ich möchte übrigens gern eine der Gruppen übernehmen, Herr Kaleu.«

»So, möchten Sie?« Das klang nicht gerade begeistert, denn ich erinnerte mich an den Zusammenstoß mit dem Wrack, als er ziemlich durch den Wind gewesen war. »Ich dachte, das sei inzwischen alles geregelt, Herr Kruse?«

»Ist es auch, Herr Kaleu«, antwortete statt seiner Franke. »Ich glaube, die Fähnriche haben für so ein Unternehmen noch zu wenig Erfahrung in der Menschenführung. Ich habe als Oberfähnrich die Landung in Norwegen auf dem Zerstörer *Wilhelm Heidkamp* mitgemacht, als der von den Briten im Ofotfjord versenkt wurde. Wir haben uns dann im Erdkampf um Narvik gegen Norweger und Briten behaupten müssen, bis die aufgaben.«

Mir blieb glatt die Luft weg. »Ja, Menschenskind, warum rücken Sie denn damit erst jetzt heraus?«

»Ja, warum. Ich wollte meine Kriegserlebnisse nicht hochspielen, obwohl auch ich auf meine Kriegsauszeichnungen stolz sein kann.« Ging das gegen den LI? »Dann habe ich mich mit den Fähnrichen unterhalten und gemerkt, was denen noch abgeht. Darum erst jetzt, Herr Kaleu.«

Du lieber Himmel, schon wieder einer, der auf seine Kriegsauszeichnungen besonders stolz war! Warum betonte der das? Weil ich dem Hitlerjungen Quex wegen seines Klempnerladens die Meinung gegeigt hatte? Verwunderlich wäre das nicht, in der Enge des Bootes hatten die Wände Ohren.

Seine Worte machten mich neugierig. »Und was sind das für Auszeichnungen, Herr Franke?«

»EK zwo und EK eins, das Zerstörer- und das U-Bootkampfabzeichen und der Narvikschild.«

Ich pfiff anerkennend durch die Zähne. Das war doch ganz was anderes als der HJ-Klimbim des LI. Ich hatte mich offensichtlich in Franke getäuscht. »Gut, Herr Franke, dann übernehmen Sie die Gruppe, die für das Ablenkungsmanöver vorgesehen ist. Herr Kruse wird Sie informieren.«

Kruse grinste. »Das habe ich bereits getan, Herr Kaleu. Wir hatten ja hier unten nichts zu tun.«

Hinter Kruse quetschte sich der LI mit einer Kaffeekanne und Tassen in den Händen an der Turmleiter vorbei. »Auch 'ne Muck Kaffee gefällig? Frisch gebrüht und so stark, daß der Löffel darin steht.«

»Gern, LI! Ich nehme an, die beiden anderen Herren auch.«

Die nickten nur. Freundlich lächelnd zog er die Finger aus den Henkeln und baute vier Tassen auf dem Kartentisch vor uns auf.

»Bitte sehr, bitte gleich!« Wie ein versierter Oberkellner goß er mit einer eleganten Handbewegung aus einer ziemlichen Höhe den dampfenden Kaffee ein, ohne auch nur einen Tropfen zu verschütten. Seine Hand fuhr in die Tasche und kam mit einem Tütchen zum Vorschein. »Die Herren trinken schwarz, aber mit Zucker, nicht wahr? Bitte sehr!« Mit einem devoten Lächeln und wiederholten Bücklingen scharwenzelte er um uns herum. »Ein Stückchen oder zwei Stückchen Zucker? Zwei? Bitte sehr, der Herr.«

Ich fühlte mich plötzlich in eine der zahlreichen Konditoreien an der Hamburger Alster versetzt, so perfekt war Trautmanns Vorstellung. Es fehlten eigentlich nur noch das Serviettenwedeln, um imaginäre Kuchenkrümel vom Kartentisch zu fegen, und dann natürlich ein schönes großes Stück Kuchen.

»Donnerwetter, Herr Trautmann, Sie überraschen mich!« lobte ich ihn lächelnd. »Wo haben Sie denn das gelernt? Oder sind Sie in Ihrem früheren Leben Oberkellner gewesen?«

Er bedankte sich mit einer Verbeugung. »Alles abgeguckt, Herr Kaleu, sozusagen mit der Muttermilch eingesogen. Meine Eltern haben ein ganz bekanntes Cafè mit Konditorei.«

»Ein ganz bekanntes Café mit Konditorei? Wo? In Dresden?« konnte sich Kruse nicht verkneifen. »Dann hätte ich jetzt gern ein großes Stück Schwarzwälderkirsch mit viel Sahne.«

Der LI schluckte die Anspielung auf seine sächsische Herkunft, ohne mit der Wimper zu zucken. Er blickte auf seine Uhr und verzog bedauernd das Gesicht. »Tut mir aufrichtig leid, mein Herr, um diese Zeit servieren wir keinen Kuchen mehr.«

Wachwechsel. Kruse mußte mit der Wachablösung auf die Brücke, damit flog unsere Kaffeerunde auf. Ich war froh darüber, denn in meinem Kopf rumorte es. Der Kaffee hatte mich zwar munter gemacht, er hatte aber auf einmal auch in mir das unbehagliche Gefühl für eine wachsende Gefahr ausgelöst.

Ich lachte zwar über die Frotzeleien der anderen mit, die sich aus der Kellnerrolle des LI ergeben hatten, war jedoch nur halb bei der Sache. Je länger ich die Ursache zu ergründen versuchte, desto stärker wurde zugleich dieses verdammte Gefühl.

Wodurch war es ausgelöst werden? Worüber hatten wir gesprochen, bevor der LI mit dem Kaffee aufgekreuzt war? Über die neuen Aspekte für unseren geplanten Handstreich und über Frankes überraschende Bitte, daran teilnehmen zu dürfen, natürlich. War es das gewesen?

Mir ging plötzlich ein Licht auf. Na klar, die Planung! Nur die konnte es gewesen sei! Irgendwo in unserer Planung war der Wurm drin! Aber was für einer und wo? Darüber konnte mir nur die Karte Auskunft geben.

Ich schnappte mir daher die Spezialkarte und verschwand damit in meiner Kammer, als Kruse aufenterte. Doch die Karte half mir erst weiter, als ich mir jede Einzelheit unseres Gesprächs in Erinnerung rief.

Du lieber Himmel, das Ablenkungsmanöver war es! Mir brach der kalte Schweiß aus. Im Geiste hörte ich schon das Knattern der Maschinenwaffen. Steckten wir nämlich die Boote in English Harbour in Brand, wandte sich die ganze Aufmerksamkeit der Wachen der Seite unseres Auf- und Abstiegs zu. Damit trat genau das Gegenteil von dem ein, was wir hatten erreichen wollen.

Ich fluchte still in mich hinein. Wir Idioten, wie hatten wir das nur übersehen können! Wenn wir den Ziegenpfad als Auf- und Abstieg benutzen wollten, mußten wir uns ein anderes Ablenkungsmanöver einfallen lassen. Aber was?

Ich beugte mich über die Karte, um nach einer Lösung zu suchen. Doch sie bot mir keinen Anhaltspunkt, mochte ich mir auch noch so das Gehirn zermartern. Eine Hoffnung keimte trotzdem in mir auf. Fünf Tage, das hatte sich Wildenow ausbedungen, also hatten wir noch Zeit. Vielleicht brachte uns schon der nächste Morgen die zündende Idee, wenn wir uns durch das Sehrohr bei Tageslicht English Harbour und die Küste davor ansahen.

Jetzt hielt mich nichts mehr unter Deck, ich mußte auf die Brücke. Frische Luft hatte bisher immer meinen Geist beflügelt, und das Gespräch mit meinem I WO würde vielleicht ein übriges dazu beitragen.

Meine Hoffnungen erfüllten sich nicht, obwohl Kruse aus allen Wolken fiel. Er schlug sich nur mit der Hand gegen die Stirn. »Ich dämlicher Hund, warum ist mir das nicht schon aufgefallen, bevor ich Ihnen diese dritte Variante offeriert habe?«

Er starrte hinaus auf die nachtschwarze See, als bekäme er von dort eine Antwort. Doch die blieb aus. Auch in meinem Schädel regte sich nichts. Die frische Seeluft beflügelte keineswegs meinen Geist und bescherte ihm nicht die notwendige Erleuchtung. So trat ich wortlos neben ihn und blickte ebenfalls in die Dunkelheit hinaus.

Über uns wölbte sich ein phantastischer Sternenhimmel, dessen geringes Licht dennoch ausreichte, um Himmel und See voneinander zu trennen und an Backbord die Konturen Antiguas vor der Kimm abzuheben. Auch hier bot sich meinen Augen das gleiche Bild wie vor Saint John's.

»Keine Spur von kriegsmäßiger Verdunklung. Der Krieg findet hier offenbar irgendwo im Saale statt«, spottete ich, um das Schweigen zu brechen. »Irgendwie irreal, die Leuchtfeuer zu löschen, aber die Richtfeuer zu beiden Seiten jeder Bucht fröhlich blinken zu lassen. Von den Häusern auf den Hängen und den Orten ganz abgesehen, die weit auf die See hinausleuchten. Das liegt nicht nur am Karneval.«

»Aber es paßt irgendwie zu der friedlichen Stimmung hier auf See, Herr Kaleu.« Kruse war mir offensichtlich dankbar dafür, daß ich nicht weiter in seiner Wunde bohrte.

»Achtung! Zeit zum Kurswechsel, Herr Oberleutnant!« meldete der Obersteuermann vom Peildiopter. »Richtfeuer Fullerton Point peilt null-neun-null!«

»Danke! BÜ, neuer Kurs eins-acht-fünf!« befahl Kruse. »Nicht zu fassen. Die Tommies fühlen sich so sicher, daß Sie nicht einmal Patrouille um die Insel fahren.«

Ich lachte auf. »Womit denn auch? Dieser uralte M-Bock macht vermutlich noch immer irgendwo draußen auf See Schießübungen, und die Korvetten – ich nehme an, es sind Yankees – sehen auch keinen Grund, Dampf aufzumachen. Warum auch? Die Krauts, wie sie uns nennen, sind ihrer Meinung nach weit entfernt, und Japaner gibt es hier nicht.«

Als der Bug auf Kurs lag, nahm ich das Glas vor die Augen und suchte die dunkle Kimm ab. Mir war so, als hätte ich voraus den flüchtigen Schein eines noch unter der Kimm verborgenen Leuchtfeuers über den Himmel huschen gesehen. Angestrengt starrte ich durch das Glas. Zweifel kamen auf. Doch kein Leuchtfeuer, nur das Wetterleuchten eines fernen Gewitters?

Ich schüttelte unbewußt den Kopf. Nein, Wetterleuchten war unwahrscheinlich, dann hätten Wolken die Sterne über der Kimm verdecken müssen. Was dann? Wieder bloß ein Feuerwerk oder gar Schießübungen?

Da strich es wieder über den Himmel. Schwach zwar, aber deutlich zweimal kurz hintereinander. Jetzt war ich mir sicher, ich hatte mich nicht geirrt.

»Ein Leuchtfeuer, I WO. Das kann nur Guadeloupe sein, was da über die Kimm blinzelt. Obersteuermann, sausen Sie runter in die Zentrale. Ich brauche die Kennungen von Guadeloupe.« Ich war sicher, daß noch andere hinzukommen würden, sobald wir weiter nach Süden kamen. Aber was war mit dem Ausguck? Schlief der?

»Was ist mit euch los, ihr lahmen Säcke? Tomaten auf den Augen?«

»Ich hab' das schon gesehen, war mir bloß nicht sicher, Herr Kaleu!« entschuldigte sich der Ausguck, in dessen Sektor der schwache Schein erneut über die Kimm flitzte. »Die Kennung ist zweimal kurz, Pause, einmal lang.«

»Na, das ist ja schon etwas«, schränkte ich meinen Tadel ein, denn der Mann hatte mehr als ich gesehen. »Mal sehen, ob's stimmt.«

Es stimmte, wie Obersteuermann Weiß meldete. Es war die Kennung von Grande Terre, des einen Teils der Schmetterlingsinsel Guadeloupe. Guadeloupe wurde so genannt, weil die miteinander durch eine

Brücke verbundenen Teile Grande Terre und Basse Terre auf der Karte wie ein Schmetterling aussahen.

»Verkehrte Welt, Herr Kaleu. Die einen löschen alle Leuchtfeuer, und die nächste Insel trägt dafür Sorge, daß niemand auf Untiefen oder Korallenriffe donnern kann.«

»Für das französische Guadeloupe ist der Krieg schon seit zwei Jahren vorbei, Herr Kruse. Die Behörden der Insel halten sich an die Kapitulationsbedingungen.« Ein Gedanke schoß mir durch den Kopf. »Dort auf der Insel sitzen vermutlich auch die Informanten, denen wir unsere Spezialkarte über Antigua verdanken.«

Ich richtete mein Glas auf Antigua und versuchte, unseren Abstand zu schätzen. Unmöglich bei diesen Lichtverhältnissen, obwohl die Richtfeuer der nächsten Bucht in Sicht kamen.

»Obersteuermann, ich finde, wir stehen viel zu weit von Land ab. Lassen Sie 'ne Kreuzpeilung machen. Ich möchte 'nen Kurs haben, der uns dichter an die Küste heranführt.«

»Jawohl, Herr Kaleu!«

Die Kreuzpeilung ging schneller als eine astronomische Standortbestimmung mit ihren Berechnungen über die Bühne, deshalb nahm er sie gleich selbst vor. Mit den so ermittelten Werten sauste er in die Zentrale hinunter, um die Peilung in der Karte abzusetzen. Ich rutschte an den Leiterholmen hinter ihm her, denn ich wollte mich über unseren wahren Standort informieren.

Es war reine Routinearbeit von wenigen Minuten. Das Ergebnis überraschte uns beide. Wir standen weiter von der Küste als erwartet ab, und es gab auch eine

Differenz zwischen unserem gegißten und dem wahren Standort.

»Hätte ich nicht gedacht, Herr Kaleu. Eine Versetzung nach Südsüdwest. Offensichtlich eine starke Strömung, die uns von Antigua abdrängt.«

Ich griff nach dem Segelhandbuch und suchte die Angaben über die karibischen Inseln heraus. »Da haben wir es ja! Die Gezeiten werden durch die zwischen den Inseln in die Karibische See drängenden Äquatorialströmungen beeinflußt. Warum haben wir daran nicht schon früher gedacht? Zu deutsch: Sie machen uns jetzt schleunigst 'ne Gezeitenberechnung für Antigua, Obersteuermann.«

»Schon dabei, Herr Kaleu.«

Während er die Tabellen wälzte, prägte ich mir das Kartenbild ein. Bis Johnsons Point gab es keine nautischen Schwierigkeiten. Von dort an aber mußten wir uns von der Cades Bay freisteuern, die war nicht nur flach, sondern auch mit gefährlichen Korallenriffen gespickt.

Bei ihrem Anblick lief es mir eiskalt über den Rücken, denn sie bildeten eine Barriere, die weit in die See herausreichte. Wenn wir dort hineingerieten, schlitzten wir uns an den scharfkantigen Korallen den Rumpf auf. Zu helfen war uns dann nicht mehr. Ich legte das Kursdreieck an und kontrollierte den Kurs, den Obersteuermann Schneider während seiner Wache ab Fullerton Point schon als dünne gestrichelte Linie vorgezeichnet hatte.

Mit Lineal und Kursdreieck korrigierte ich seine Eintragung, um die Stromversetzung auszugleichen.

»Neuer Kurs eins-acht-null, Obersteuermann. Horchrunde jeweils alle zwanzig Minuten. Sobald wir

Johnsons Point querab haben, möchte ich gewahrschaut werden. Ich bin in meiner Kammer. Informieren Sie den I WO entsprechend.«

»Jawohl, Herr Kaleu!« Obersteuermann Weiß reichte mir den Zettel mit seiner Gezeitenberechnung. »Die Tide für die nächsten vier Tage.«

»Mmmm, das paßt wie die Faust aufs Auge. Auflaufend Wasser genau zur richtigen Zeit.« Aber nicht nur die Flut war günstig, die Ebbe ebenfalls. Wenn es darum ging, möglichst schnell an Bord zurückzukehren und von der Insel wegzukommen, half der Ebbstrom gehörig nach. »Prima, besser können wir's uns gar nicht wünschen.«

Nun müssen wir uns nur noch ein Ablenkungsmanöver einfallen lassen, setzte ich in Gedanken hinzu, dann wird das 'ne runde Sache. Ich dachte an die Spezialkarte in meiner Kammer. Vielleicht fiel bei mir der Groschen, wenn ich sie nur lange genug betrachtete.

Doch der fiel nicht. Als der Zentralemaat am Schott erschien, um mich zu wahrschauen, brütete ich noch immer vergeblich über der Karte.

»Meldung von der Brücke: Johnsons Point querab, Herr Kaleu.«

»Danke, Neubert, ich komme!«

Ich knöpfte meine Jacke zu und verfluchte dabei im stillen dieses verdammte Ablenkungsmanöver, das mir nicht einfallen wollte. Mißmutig nahm ich die Karte mit in die Zentrale und deponierte sie wieder auf dem Kartentisch, ehe ich den Fuß auf die Leitersprossen setzte.

»Na, Mensch, wozu brauchste det denn überhaupt?« hörte ich den Tiefenrudergänger Krüger den

Zentralemaat fragen. »Det jeht doch bestimmt ooch ohne det Brimborium.«

Diese aufgeschnappte Bemerkung »Det jeht doch bestimmt ooch ohne det Brimborium.« hatte eine seltsame Wirkung auf mich. Ich blieb wie angewurzelt auf der untersten Leitersprosse stehen. Worum es bei den beiden ging, wußte ich nicht. Aber ich begann mich auf einmal ebenfalls zu fragen, wozu wir überhaupt ein Ablenkungsmanöver brauchten, wenn wir den Ziegenpfad benutzten.

Der Gedanke faszinierte mich so, daß ich zurück an den Kartentisch ging und mir die Karte erneut vornahm, um das Für und Wider abzuwägen. Auf dem Ziegenpfad brauchten wir eine Entdeckung nur zu fürchten, wenn etwas Unvorhergesehenes geschah. Wenn ihn zum Beispiel irgendwer als Abstieg benutzte. Aber war das in der Nacht wahrscheinlich?

Wohl kaum. Wenn überhaupt, dann wählte ja der, der während der Dunkelheit unterwegs war, garantiert die bequeme Straße, auch wenn der Weg dadurch etwas länger wurde. Also wozu dann »det Brimborium«?

Ich atmete erleichtert auf und wollte zur Leiter. Doch schon stockte mein Fuß erneut, das Pendel schlug wieder zurück. Wir brauchten doch ein Ablenkungsmanöver! Und zwar für den Abstieg! Aber um Himmels willen nicht in der Bucht von English Harbour. Wir mußten die Wachen zur anderen Seite locken. Aber wie?

Ich prüfte den Küstensaum unterhalb des steil abfallenden Plateauhanges. Zu schmal. Außerdem sah der auch noch so aus, als fiele er nur bei Hohlebbe trocken. Nach der Gezeitenberechnung haute aber gerade das nicht hin. Also wieder nichts?

Ganz wollte ich die Hoffnung doch noch nicht aufgeben. Im Auge konnte ich das ja behalten. Vielleicht sah das bei Tageslicht ganz anders aus? Nachdenklich kaute ich auf meiner Unterlippe herum, und dabei fiel nun endlich doch der Groschen. Das war genau der richtige Ort! Warum waren Kruse und ich nicht schon früher darauf gekommen?

Wir brauchten gar keinen Extratrupp dafür! Das konnte Kienzle mit seinen Männern allein erledigen. Eine paar Handgranaten oder ein paar zusammengebundene Dynamitstangen mit ’ner Handgranate als Zünder genügten vollauf. Auf dieser Seite in die Tiefe geworfen, wirkte ihre Explosion garantiert wie der berühmte Stich ins Wespennest. Während die Wachen den Hang hektisch nach der Ursache absuchten, konnte sich das Sprengkommando auf der anderen Seite unbemerkt aus dem Staube machen.

Ein Stein fiel mir vom Herzen. Ich mußte auf die Brücke und hören, was mein I WO dazu sagte.

»Fehlanzeige, Herr Kaleu«, sagte Kruse niedergeschlagen. »Ich hab’ mir die ganze Zeit den Kopf zerbrochen, herausgekommen ist dabei nichts. Schade, wir werden eine der anderen Varianten nehmen müssen.«

»Müssen wir nicht, Herr Kruse.« Ich setzte ihm auseinander, auf welche Lösung ich inzwischen gekommen war. »Ich meine, das müßte klappen. Was sagen Sie?«

»Was für eine Frage! Natürlich klappt das, Herr Kaleu.« Kruse jubilierte regelrecht. Ich hatte das Gefühl, er hätte mir jetzt am liebsten anerkennend auf die Schulter geklopft. »Ehe die Yankees oder Tommies überhaupt begreifen, was da gelaufen ist, sind unsere Leute in Sicherheit.«

»Abwarten, I WO, keine voreiligen Lorbeeren«, bremste ich seinen Optimismus. »Mal sehen, wie das alles bei Tage aussieht.«

Ich lauschte in die Dunkelheit hinaus. Die Nacht war von einem auf- und abschwellenden Donnern, gurgelnden Bullern und zischenden Rauschen erfüllt, das mich einen Augenblick irritierte. Brecher, die über das Vorschiff brandeten, wenn der Bug in einen steilen Wellenberg schnitt? Quatsch, doch nicht bei dieser langen, zahmen Dünung. Das klang auch ganz anders, korrigierte ich mich. Es kam außerdem nicht von vorn, sondern von der Seite, von Backbord, und da lag Antigua.

»Die Cades Bay, was? Hört sich ja schaurig an, wie die Dünung über die Korallenriffe donnert!« Ich richtete mein Glas auf die Küste. Trotz des unzureichenden Lichtes hoben sich weißschäumend und brodelnd die überkippenden Wellen der gegen die Barriere donnernden Dünung ab. »Mein lieber Mann, da steht ja vielleicht 'ne Brandung! Ein wahrer Hexenkessel.«

»Wenn bei English Harbour auch so eine Brandung steht, dann müssen wir uns vielleicht doch was anderes einfallen lassen, Herr Kaleu. Dagegen kommt kein Schlauchboot an.«

»Langsam, Herr Kruse«, winkte ich ab, obwohl er das nicht sehen konnte. »Dann hätte Nelson dort nie im Leben seine Schiffe untergebracht, und für die Sportboote wäre das schon gar nichts. Nee, nee, mein Lieber, Sie werden sehen, nix Brandung.«

Die Brandung war nicht die einzige Unwägbarkeit

in unserer Planung, gestand ich mir trotz meiner optimistischen Worte im stillen ein. Wir hatten keine Ahnung, wie es oben auf dem Plateau aussah. Daran konnte auch das Tageslicht kaum etwas ändern.

Aus unserem Blickwinkel unter Wasser würden wir zwar die alles überragenden Masten und Antennen sehen, nicht aber die eigentliche Station und schon gar nicht die Unterkünfte der Mannschaft und die Verteilung der Wachen.

»Es gibt ein ganz anderes Handicap, I WO. Wir wissen, daß es bei Shirley Height diese Funk- und RADAR-Station geben soll. Das ist aber auch schon alles, denn die Karte sagt darüber gar nichts aus. Um es anders auszudrücken: Wir stürzen uns dort oben blindlings in ein Abenteuer, in dem wir nur improvisieren können. Das bedeutet, daß die andere Seite die besseren Karten hat, und das schmeckt mir gar nicht.« Ich schwieg und ließ meine Worte wirken, denn inzwischen zeichnete sich in meinem Kopf ein Ausweg ab. »Es sei denn...«

»Es sei denn...? Woran denken Sie? Wollen Sie etwa vorher einen Spähtrupp absetzen?« fragte er ungläubig.

»Genau diese Absicht habe ich, I WO. Oder sehen Sie einen anderen Ausweg aus diesem Dilemma?« Ich wartete seine Antwort nicht ab, sondern setzte noch eins drauf. »Ich muß wissen, wie es dort oben wirklich aussieht, darum werde ich den Spähtrupp anführen. Bedauerlich, daß mir diese Idee nicht schon vor St. John's gekommen ist. Dort stehen wir nämlich vor dem gleichen Problem.«

Meine Worte verschlugen ihm die Sprache. Völlig überrumpelt, kaute er auf meinem Vorsatz herum.

»Alle Wetter, ein Spähtrupp! Das muß ich erst einmal verdauen. Aber es scheint wohl tatsächlich die einzige Alternative zu sein. Nur... äh... daß Sie den unbedingt leiten wollen...«

»Stopp, Herr Kruse!« unterbrach ich ihn. »Wer sonst? Schön, der Franke ist der einzige von uns, der Erfahrungen im Erdkampf hat. Den möchte ich auch dabei haben. Bei allen anderen beschränken sich die infanteristischen Erfahrungen doch lediglich auf die mehr als unerfreuliche Episode in der Rekrutenkompanie, und die kann man vergessen. Außer sinnloser Schleiferei und Schikane nichts gewesen. Oder war das bei Ihnen anders?«

»Natürlich nicht! Aber für Sie als Kommandant ist das doch ein unnötiges Risiko. Sie können doch...«

»Falsch, es ist für alle ein Risiko! Ich werde mich nicht hinter meiner Stellung als Kommandant verschanzen, wenn ich so einen unerfahrenen Haufen in die Höhle des Löwen schicke. Haben Sie die *Flying Lady* vergessen? Da ist das selbstverständlich gewesen, daß ich den Handstreich anführte, und so wird es auch jetzt wieder sein.«

Erst jetzt wurde ich gewahr, daß es auf der Brücke mucksmäuschenstill geworden war. Die gesamte Brückenwache ließ sich kein Wort entgehen. Kunststück, aus dem Flüstern war ja ungewollt ein immer lauteres Gespräch geworden. Nach Wachwechsel würde der Bordfunk ganz schnell dankbare Zuhörer finden.

Kruse kannte mich lange genug. Gegen das Argument *Flying Lady* kam er auch nicht an. Er gab auf. »Und wie soll das laufen, Herr Kaleu?«

»Das werden wir besprechen, wenn Sie abgelöst

worden sind. Ich werd' mir mal vom Smadding bis dahin eines der Schlauchboote vorführen lassen und schicke Ihnen Franke oder Werda herauf. Die werden ja wohl noch nicht an der Matratze horchen.« Ich klopfte ihm kameradschaftlich auf die Schulter. »Wir werden das Kind schon schaukeln, I WO.«

Das Schlauchboot machte selbst in unaufgeblasenem Zustand einen zuverlässigen Eindruck, und das überraschte mich nicht. Es war amerikanischen Ursprungs, wie die aufgedruckte Gebrauchsanweisung und der Fabrikationsstempel *LEWIS & GREENSPAN, SAN FRANCISCO* verrieten.

»Das gleiche Fabrikat, das wir auf der letzten Feindfahrt für diese Agenten an Bord gehabt haben, Herr Kaleu«, versicherte mir Oberbootsmann Wörle. »Erstaunlich, erstaunlich! Ich hab' immer gedacht, das sei 'n Einzelstück gewesen, aber wie 's aussieht, müssen die in Brest davon 'n ganzen Schuppen voll haben. Wie sind die bloß an diese amerikanischen Dinger gekommen?«

Ich zuckte die Schultern. »Vermutlich genauso Beutegut aus Dünkirchen wie unsere graugrünen Bordpäckchen. Die Tommies haben ja im Frankreichfeldzug dort so schnell Fersengeld gegeben, daß unseren Truppen riesige Warenlager in die Hände gefallen sind.«

»Ehrlich? Unsere Bordpäckchen auch?«

»Die jetzt vielleicht nicht mehr, aber die ersten unter Garantie.« Ich besah mir das Boot genauer. »Das sieht größer aus, als ich es in Erinnerung habe, aber sonst…«

»Ist es auch. Wir haben es ja schon in Brest mal aus

der Hülle geholt und aufgeblasen. Da passen bequem acht Leute rein. Der Motor ist aber derselbe geblieben. Wollen Sie den auch sehen?«

»Gott bewahre!« Ich winkte ab, denn ich war vollauf zufrieden. »Sind Paddel dabei?«

»Alles da, Herr Kaleu. Darauf habe ich besonders geachtet.«

Ich grinste, denn das konnte ich mir lebhaft vorstellen. Vermutlich hatte er die Magazinverwalter mit seiner Pingeligkeit dabei bis zur Weißglut gebracht. Ich war froh, einen so zuverlässigen Smadding an Bord zu haben, auch wenn er mitunter ein harter Kommißknüppel mit den recht unkonventionellen Methoden eines Rekrutenkorporals war.

»Wir werden das Ding und den Motor schon morgen nacht brauchen, Nummer Eins. Deshalb stauen Sie das Boot man gar nicht erst so weit weg. Das war 's dann auch schon.«

Ich nahm aus der Zentrale wieder die Karte mit, um in meiner Kammer den Spähtruppeinsatz vorzubereiten. Im Offizierslogis waren Franke und Werda noch wach. Sie hatten sich Oberbootsmann Kienzle hinzugeholt und spielten Skat.

»Entschuldigen Sie, meine Herren, wenn ich das Spiel störe. Ich brauche den I WO für 'ne Stunde. Könnte einer von…«

»Kein Problem, Herr Kaleu!« unterbrach mich der II WO. Er warf die Karten auf die Back und stand auf. »Ich bin ohnehin am Verlieren. Diese beiden Halsabschneider haben keine Hemmungen, mir das Fell über die Ohren zu ziehen.«

»Danke, Herr Werda.«

Ich ging in meine Kammer, während er zur Brücke

aufenterte. Wenig später kam Kruse herunter und ließ sich mit einem Seufzer auf die Backskiste sinken.

»Seufzen Sie nicht, I WO. Ich weiß auch so, daß Sie meinen Entschluß nicht billigen. Kaffee? Dann bedienen Sie sich. Die Kekse sind auch nicht bloß zur Ansicht gedacht. Der Smut' hat offenbar Angst, daß wir alle vom Fleische fallen. Langen Sie zu.«

Wir brachten es schneller über die Bühne, als ich gedacht hatte. Nach einer Stunde hatten wir tatsächlich alles unter Dach und Fach. Der Spähtrupp war zusammengestellt und unsere Vorgehen waren bis in alle Einzelheiten durchgesprochen.

»Wir haben morgen den ganzen Tag Zeit, die Männer einzuweisen und die Ausrüstung zusammenzustellen, I WO, so daß wir uns damit jetzt nicht auch noch belasten müssen.« Ich prägte mir die Wassertiefen vor English Harbour ein und stand auf. »Wichtiger ist, daß wir die notwendigen Peilungen vornehmen, um unseren Liegeplatz für die morgige Nacht festzulegen. Ich meine, wir müßten jetzt eigentlich schon English Harbour vor dem Bug haben.«

Meine Annahme stimmte beinahe. Als wir die Nasen in den Wind steckten, hatten wir bereits an Backbord fast querab die Richtfeuer von Falmouth Harbour, der großen Nachbarbucht English Harbours. Der II WO war schon mit der Fahrt herunter und dichter unter Land gegangen, da wir genügend Wasser unter dem Kiel hatten und Untiefen nicht fürchten mußten.

Ich war wieder einmal überrascht, wie weit der warme Wind Geräusche von Land hinaus auf die stille See verwehte. Trotz der fortgeschrittenen Stunde drangen aus der Bucht Musikfetzen, das Durcheinander lauter

Stimmen und fröhliches Gelächter zu uns heraus. Neugierig richtete ich mein Glas auf Falmouth Harbour und war erneut erstaunt.

Auf den Booten, die ich sehen konnte, pendelten Lampions. Über die Toppen der größeren spannten sich sogar bunte Lichterketten. An Deck und in den Cockpits ging es ausgelassen zu. Dort schienen sich Männlein und Weiblein vor allem tüchtig an den karibischen Rum zu halten, wie wir aus dem lauten Gesang »*He is a very good fellow*...!« schließen konnten, der mißstimmig durch die Nacht klang.

»Mein lieber Mann, da ist ja noch allerhand los, und das an einem Freitag!«

»Weekend, Herr Kaleu! Vielleicht sogar ein langes Weekend, wenn am Montag auch noch Bankers Holyday sein sollte«, erinnerte mich Kruse, der sich mit den britischen Gewohnheiten auskannte. »Und dann karibischer Karneval, wobei die vielen hübschen farbigen Mädchen meist nur recht spärlich kostümiert sind. Da geht bei so manchem Tommy die Post ab.«

»Oben auf Shirley Hights feiern sie offensichtlich auch, Herr Kaleu«, meldete sich Obersteuermann Weiß hinter uns. »Jedenfalls gibt's dort oben ebenfalls bunte Lichterketten.«

Der Plural war übertrieben, denn mehr als eine vom Wind bewegte Kette vermochte ich nicht auszumachen. Daß aber auch dort gefeiert wurde, daran gab es keinen Zweifel. Die schmissigen Rhythmen einer Jazzband übertönten ja ab und an sogar den Krawall aus Falmouth Harbour.

»So ausgelassenen Karneval hätte ich den stocksteifen Briten niemals zugetraut. Bisher hab' ich die immer für moralinsaure Stockfische gehalten.«

Kruse lachte laut auf. »Der Alkohol, Herr Kaleu! Der bewirkt eben auch bei denen manchmal Wunder. Möglicherweise sind das dort oben aber gar keine Tommies, sondern Yankees? Vielleicht Südstaatler, die den Karneval von zu Hause kennen? Dort geht es in diesen Tagen ebenfalls ganz feuchtfröhlich zu.«

»Ob Tommies oder Yankees, Hauptsache, die feiern auch morgen noch, I WO«, brummte ich und suchte weiter den Hang ab, während wir uns langsam English Harbour näherten. »Die Straße zur Festung ist jedenfalls nicht beleuchtet, und das ist günstig.«

»Hmmm!« machte sich der Obersteuermann bemerkbar. »Falmouth Harbour grün peilt zwo-neunneun, Herr Oberleutnant!«

»Ruder Steuerbord fünf! Beide Maschinen Umdrehungen für drei Knoten!« befahl Kruse und wartete, bis wir Nelson's Dockyard an Backbord voraus hatten. »Recht so, komm auf! Fähnrich Brückner, Sie lassen sich vom Echolot laufend die Wassertiefe melden. Bei zwanzig Meter Tiefe peilen Sie und der Steuermannsgast die grünen Richtfeuer von Falmouth Harbour, English Harbour und Nelson's Dockyard und halten diesen Punkt in der Karte fest. Das wird morgen unser Liegeplatz.«

»Jawohl, Herr Oberleutnant!« antworteten die beiden wie aus einem Mund.

»Mist, daß das Licht so schlecht ist. Obersteuermann, wann kommt der Mond herauf?«

»Zwo Uhr zwanzig, Herr Kaleu, letztes Viertel. Das wird auch nicht viel bringen.«

»Wir werden sehen. Schade«, sagte ich zum I WO und ließ mein Glas sinken, »der Ziegenpfad ist natürlich nicht zu sehen. Einziger Anhaltspunkt ist die

Baumgruppe am Strand. Dahinter müßte er eigentlich beginnen.«

Langsam rückte das Ufer immer näher. Absolute Stille herrschte auf der Brücke, nur der BÜ sang leise die Wassertiefen aus: »Zwoundzwanzig Meter... Achtung! Zwanzig Meter!«

»Beide Maschinen stopp! Kleine Fahrt zurück!« Der I WO und wartete, bis die Fahrt aus dem Boot war. »Beide Maschinen stopp!«

»Achtung... Null!« Das Signal für die Peilung. Sie selbst war für die beiden ein Kinderspiel. Der BÜ gab die Werte nach unten. »Alles klar! Ab in den Keller!«

Sie verschwanden im Turm. Ich war sicher, daß man uns von Land aus nicht ausmachen konnte. Trotzdem wollte ich es nicht darauf ankommen lassen. »Zeit, wieder nach See zu verschwinden, Herr Kruse. Runden wir Cape Shirley und suchen uns ein ruhiges Plätzchen für die Nacht.«

Viel blieb uns nicht mehr von der Nacht. Auf der Ostseite Antiguas boten sich zwar eine Menge Buchten an, in die wir hätten hineinschlüpfen können, doch die waren uns zu seicht. Dort hätten wir gefangen wie ein Fisch in der Reuse gesessen. Außerdem gab es auf dieser Seite eine ganze Reihe scharfzackiger Korallenriffe, um die wir lieber einen großen Bogen machten.

Als wir endlich vor der York Isle genügend Tiefe und sandigen Grund fanden, war die Nacht schon fast vorbei. Aber was machte das schon, wir hatten ja viel Zeit. Die Batterien hatten wieder ihre volle Kapazität, und das beruhigte nicht nur den LI.

Erst nach Beginn der Vormittagswache lösten wir uns vom Grund und steuerten Cape Shirley an. Hier erlebten wir eine angenehme Überraschung. Im Sehrohr zeichneten sich die Masten und Antennen der Funk- und der RADAR-Station nicht in der Festung Shirley Heights ab, sondern standen etwas abseits außerhalb der dicken Mauern auf dem Plateau. Daneben wehte das Sternenbanner.

»Es sind Yankees, I WO. Und der Krempel steht außerhalb und abseits der Festung. Das paßt genau in unseren Plan.«

»Aber das ist doch völlig klar«, plusterte sich der LI auf. »Nur so steht dem RADAR-Sender kein Hindernis im Wege, und die Strahlen werden nicht abgelenkt. Es gibt keine Geisterechos.«

Du meine Güte, welcher Teufel ritt denn ausgerechnet jetzt den Hitlerjungen Quex? Der tat ja gerade so, als wären wir alle blöd und könnten zwei und zwei nicht zusammenzählen.

Für den I WO war das ein gefundenes Fressen, der fühlte sich prompt provoziert. »Ah ja, Herr Trautmann? Darauf wären wir ja von allein nie gekommen, nicht wahr, Herr Werda?«

»Nun, nun, meine Herren!« bremste ich den II WO, der bereits feixend zu einem Hieb in die gleiche Kerbe ausholte. »Darüber wollen wir doch wohl jetzt nicht diskutieren! I WO, veranlassen Sie bitte, daß sich die Männer des Spähtrupps im Offizierslogis einfinden, damit wir den Einsatz besprechen können.«

Kruse nickte wortlos und stand auf, um die Männer zu holen.

Ich wandte mich an den wachhabenden II WO: »Herr Werda, runden Sie indessen Cape Shirley mit einem weiten Kreuzschlag nach Südwesten, bevor wir Nelson's Dockyard ansteuern. Wir brauchen das Mittags- oder Nachmittagslicht, um den Ziegenpfad zu finden. Sie haben also Zeit.«

Die sechs Männer, die Kruse und ich für den Spähtrupp ausgewählt hatten, sahen mich erwartungsvoll an. Das war die beste Gelegenheit, um alle Katzen sofort aus dem Sack zu lassen.

»Um es gleich vorab zu sagen, ich werde an dem Kommandounternehmen teilnehmen.« Das war die erste Katze. »Ich sehe, es überrascht Sie nicht. Der Bordfunk hat also wieder einmal funktioniert. Gut, dann haben Sie auch mitgekriegt, daß es ursprünglich nur ein Spähtrupp sein sollte. Ich habe umdisponiert. Wir werden zwar die Lage dort oben zunächst erkunden, aber dann zuschlagen, sobald es sich ergibt. Und das wird sich ergeben, denn die feiern auf der ganzen Insel Karneval. Außerdem rechnet mit uns keiner.«

Ich machte eine Pause, um meine Worte wirken zu lassen. Das war die zweite Katze, die ich aus dem Sack ließ. Mit der hatte nicht einmal der I WO gerechnet, sein überraschtes Gesicht war daher sehenswert. Dagegen dachte Oberbootsmann Kienzle gleich an die praktische Seite. Der Mann gefiel mir.

»Das heißt, wir nehmen Sprengstoff und Zünder gleich mit rauf, Herr Kaleu? Und wer hilft mir dabei?«

»Das heißt es, Oberbootsmann. Sie sind unser Sprengmeister. Sie stellen eine so geballte Ladung zusammen, daß der ganze Plunder dort oben vom Plateau gefegt wird. Es muß aber so viel Zeit bleiben, daß wir uns in Sicherheit bringen können, klar? Helfen wird Ihnen dabei Torpedomaat Binder, der kann auch mit Sprengstoff umgehen. Weisen Sie ihn entsprechend ein.« Ich blickte Franke an. »Wenn es dort Wachen gibt, werden wir die ausschalten müssen. Aber keine Knallerei, lautlos mit dem Pistolenkolben, mit der Handkante oder mit dem Bordmesser. Diese Aktion werden Sie leiten, III WO. Sie haben Erfahrung im Erdkampf, wir nicht.«

Jetzt blieben noch die beiden Fähnriche, der Gefechtsrudergänger Schubert und ich. Kruse hatte vorgeschlagen, Schubert beim Schlauchboot zurückzulassen, der konnte mit dem Ding umgehen. Mir kamen auf einmal Bedenken. Das Boot war unsere einzige Fluchtmöglichkeit. Schubert mochte ein guter Rudergänger und Bootssteuerer sein, aber er hatte bisher immer nur auf Befehl gehandelt. War der in der Lage, richtige Entscheidungen selbstständig zu treffen, falls etwas Unvorhergesehenes geschah? Drehte der durch, waren wir alle verloren.

Ich entschied mich anders. »Fähnrich Brückner, Sie und der Schubert bleiben am Strand und sichern das Boot. Ziehen Sie es so weit rauf, daß es nicht durch Zufall entdeckt und auch von der Flut nicht mitgenommen werden kann. Fähnrich Teichmann, Sie kommen mit mir.«

Franke hob die Hand. »Bewaffnung?«

»Kienzle, Binder und Schubert Pistolen, alle anderen Maschinenpistolen. Dazu jeder eine Eierhandgranate für den äußersten Notfall, um Verwirrung zu stiften. Ich wiederhole, keine Knallerei! Schußwaffengebrauch nur im alleräußersten Notfall, klar? Alles muß absolut lautlos ablaufen, sonst sind wir verratzt.«

»Kontrollieren Sie daher Ihre Kleidung!« setzte Franke hinzu. »Dunkler Troyer, dunkle Hose, keine Schlüssel oder was sonst klappern kann. Bordmesser griffbereit im Hosenbund und von den Waffen getrennt.«

»Und wenn wir verfolgt werden?« fragte mich Teichmann. Jetzt wußte ich, daß ich mich richtig entschieden hatte.

»Gute Frage. Dann wird nur auf Befehl gehandelt, nicht anders. Niemand wird auf Anhieb vermuten, daß wir über den Ziegenpfad gekommen sind und wieder verschwinden. Man wird uns, wenn wir vorzeitig entdeckt werden sollten, zuerst auf der Straße suchen. Das ist unsere Chance, die wir uns nicht durch Lärm vermasseln dürfen. Noch Fragen?«

Ich breitete die Karte auf der Back aus und wartete. Doch niemand fragte. »Schön, dann sehen wir uns mal die Karte und den Ziegenpfad an.«

Das war der leichteste Teil der Einweisung, weil keiner von uns eine Ahnung hatte, wie es um den Ziegenpfad bestellt war.

Ich grinste. »Ich bin kein Ziegenhirt, obwohl ich mir hier manchmal so vorkomme. Oberstes Gebot: Wenn Sie auf eine Ziege treffen, die im Weg liegt, fluchen Sie nicht, treten Sie der nicht etwa in den Arsch und reden Sie der auch nicht gut zu, sondern steigen Sie einfach drüber weg.«

Das kam an, die Gesichter entspannten sich. Ein Lächeln huschte über ihre Mienen. Ich konnte mit der Besprechung zufrieden sein. Alles andere hatte Zeit, bis wir vor Nelson's Dockyard angekommen waren.

Meine Berechnung ging auf. Im harten Mittagslicht hob sich der ausgetretene Ziegenpfad deutlich im Sehrohr ab. Das heißt, weniger insgesamt als in einzelnen Abschnitten, die sich anhand der Karte mühelos vom Strand bis zu seinem oberen Ende zusammensetzen ließen. Dazu trugen vor allen Dingen die zahlreichen Ziegen bei, die auf diesem Hang wie eh und je weideten.

Wir suchten den Strand nach Punkten ab, an denen wir uns orientieren konnten, um den Beginn des Pfades in der Dunkelheit zu finden. Das war nicht schwer. Der kleine Weg begann tatsächlich an der auffallenden Baumgruppe in Strandnähe, die wir schon in der Nacht trotz des unzulänglichen Lichts ausgemacht hatten. Die bestand eigentlich nur noch aus langen weißleuchtenden, kahlen Stämmen mit flachen schirmartigen Kronen.

In ihrem Schatten entdeckte ich so etwas wie einen stallartigen Unterstand, primitiv zusammengezimmert und überwuchert von kahlgefressenem Gestrüpp. Vielleicht waren es aber auch die Reste einer jämmerlichen Hütte, deren schiefes Dach längst keinen Schutz mehr bot und nur noch darauf herumkletternden Ziegen dazu diente, sich vergeblich nach den unerreichbaren Blättern der Baumkronen auszurecken.

»Eine ernstzunehmende Warnung, auch wenn keine Menschen oder menschliche Behausungen am Fuße oder auf dem Hang zu entdecken sind, Herr Kaleu«, Kruse überließ mir wieder das Sehrohr, »die Ziegen sind zwar sich selbst überlassen, aber irgendwann kreuzt bestimmt ihr Besitzer auf, um sie zu melken.«

Das war richtig. Die meisten Ziegen in Strandnähe waren Geißen, zu erkennen an den gewaltigen prallen Eutern. Allerdings tollten um sie auch zahlreiche Zicklein herum. Das machte mich skeptisch.

»Wir werden sehen. Aber wenn überhaupt, dann wird der sich ja wohl dafür kaum die Dunkelheit aussuchen.« Ich schwenkte das Sehrohr langsam weiter. Das Fadenkreuz erfaßte die Bucht von English Harbour. Aus der Einfahrt lief gerade ein piekfeines Schiff unter vollen Segeln aus. »Ein prächtiger Zweimastschoner unter vollem Zeug, I WO. Wenn der jetzt über Stag geht, um von Legerwall freizukommen, kommt der uns verdammt nahe, und das paßt mir gar nicht. Wir haben zwar noch genügend Spielraum nach unten, aber bei dem klaren Wasser gehen wir ihm lieber aus dem Weg.«

Das war vor Falmouth und English Harbour überhaupt das Problem. Hatten uns im Norden die Fischerboote immer wieder zu Ausweichmanövern gezwungen, so mußten wir hier vor den vielen Sportseglern auf der Hut sein, die vor der Küste kreuzten.

»Ruder Steuerbord zwanzig.« Ich ließ den Spargel vorsichtshalber in seinen Schacht gleiten und beobachtete den Kompaß. Damit gingen wir dem Schoner nicht nur aus dem Weg, wir kamen auch in tieferes Wasser. »Recht so, Ruder komm auf! Neuer Kurs einsacht-null. Wir haben genug gesehen.«

Als sich die Sonne glutrot der Kimm näherte, nahmen wir wieder Kurs auf English Harbour und Nelson's Dockyard. Vor uns strebten die Sportboote den Buchten der Insel zu. Sie hatten es eilig, wollten noch vor Einbruch der Dunkelheit ihre Liegeplätze erreichen. Wir dagegen gingen es ruhiger an.

Dennoch war es nur die Ruhe vor dem Sturm. Wir hatten die Männer noch einmal zusammengeholt, um ihnen die letzten Informationen zu geben und alle

Anweisungen nochmals einzuhämmern. Franke musterte kritisch die Kleidung und kontrollierte Waffen und Munition. Inzwischen verpackten Kienzle und Binder die Zünder, den Sprengstoff und die geballten Ladungen für ein eventuell notwendig werdendes Ablenkungsmanöver. Einen der zu Rucksäcken umfunktionierten Mehlsäcke übernahm Kienzle, den anderen Binder.

»Haben wir was vergessen, Herr Kruse?«

»Das hier, Herr Kaleu!« Der LI, der unseren Vorbereitungen bisher schweigend zugesehen hatte, kam der Antwort des I WO zuvor. »Ich glaube, das hier werden Sie brauchen.«

Er wickelte eine wachsgetränkte Leinwand auf. Zu unserer Überraschung kamen zwei massive Bolzenschneider zum Vorschein, mit denen man sogar dicke Stahltrossen kappen konnte. »Damit kommen Sie oben durch jeden Zaun. Notfalls ist das auch eine nicht zu verachtende Waffe, lautlos und von einschläfernder Wirkung.«

Kruse erholte sich von seiner Überraschung. Er nahm einen der schweren Bolzenschneider auf und wog ihn in der Hand, ehe er ihn wieder zurücklegte. »Mein lieber Mann, wirklich nicht zu verachten! Wer das Ding an die Birne bekommt, der steht nicht mehr auf. Vielen Dank, daß Sie daran gedacht haben, Herr Trautmann. Wir haben die Zäune schlichtweg vergessen.«

Der LI quittierte den Dank mit einer angedeuteten Verbeugung und drückte Kienzle den einen und Binder den anderen in die Hände. »Möge es nutzen. Ich möchte die Dinger aber wieder zurück haben, klar?«

»Völlig klar, LI«, sagte ich und stand auf. »Ein

Glück, daß Sie uns auf die Sprünge geholfen haben, vielen Dank. Das war's dann ja wohl. Bis nachher.«

Die Männer nahmen ihre Sachen auf und schoben ab.

Als der I WO ihnen folgen wollte, hielt ich ihn auf und zog ihn in meine Kammer. »Wie sieht 's mit dem Schlauchboot aus, Herr Kruse?«

»Der Smadding bereitet achtern schon alles vor. Sobald wir aufgetaucht sind, will er das Schlauchboot und den Motor durch das achtere Versorgungsluk an Deck geben. Wir haben ja damit langsam schon Erfahrung.« Er setzte ein gequältes Lächeln auf. »Mir ist bei dem Gedanken allerdings gar nicht wohl, daß Sie mit dem Trupp...«

»Hören Sie auf damit, I WO!« schnitt ich ihm das Wort ab. »Der Zug ist abgefahren! Sie übernehmen das Boot und sorgen dafür, daß Sie rechtzeitig zur Stelle sind, wenn wir zurückkommen. Es wird allerlei Rummel geben. Für 'ne Karnevalsveranstaltung werden die den Feuerzauber dort oben nämlich kaum halten. Deshalb nehmen wir das Schlauchboot zunächst in Schlepp, bis wir weit genug von Land ab sind.«

»Und wenn man Sie auf dem Rückweg schnappt? Ich meine, das ist doch auch drin.«

»Das kriegen Sie garantiert mit, dafür werde ich sorgen. Ich hab' 'ne Leuchtpistole mit. Gibt's ein Feuergefecht, will das noch nichts besagen. Aber überschreiten wir unseren Zeitplan um eine Stunde und sind dann noch nicht zurück oder Sie sehen 'ne rote Leuchtkugel, kommen Brückner und Schubert mit dem Boot zurück. Sie kratzen sofort die Kurve. Ich glaube nämlich nicht, daß es lange dauert, bis bei den

Yankees der Groschen fällt.« Ich grinste. »Dann sind Sie schlechter als wir dran. Wir sind in Gefangenschaft, aber auf Sie wird man Jagd machen.«

»Gefangenschaft?« Kruse war schockiert. »Mit Verlaub gesagt, die Vorstellung finde ich aber gar nicht so lustig, Herr Kaleu. Einen Teufel werde ich tun und die Kurve krat...«

»Sie werden meine Befehle ausführen, Herr Oberleutnant Kruse!« fuhr ich ihm grob dazwischen. »Kommen Sie gar nicht auf die blöde Idee, uns dort rausholen zu wollen! Schnappt man uns wider Erwarten, nehmen Sie mit Höchstfahrt Kurs auf Saint John's. Ehe die erfahren, was mit Shirley Heights passiert ist, schießen Sie die Station auf Fort James in Klump, klar?«

Ich sah in Kruses unglückliches Gesicht. Jetzt tat mir meine Grobheit direkt leid; aber es mußte sein. »Behalten Sie dabei ja die Hafenausfahrt im Auge, damit Sie jeder Korvette, die den Hafen verlassen will, einen Torpedo verplätten können. Ist der Hafen blokkiert, führen Sie den Auftrag aus, für den man uns in die Karibik geschickt hat, verstanden? Sie haben das Zeug dazu!«

»Jawohl, Herr Kaleu«, murmelte er mit gesenktem Kopf. »Es geht ja auch gar nicht um mich, aber...«

Ich legte ihm den Arm um die Schultern. »Das weiß ich doch, Mensch! Meinen Sie denn, es ginge mir in Ihrem Falle anders? Keine Sorge, es wird schon alles klappen.«

Als sich das Schlauchboot langsam dem dunklen Strand näherte, war von meinem naßforschen Optimismus nicht mehr viel übrig. Es gab zu viele Unbekannte in unserer Rechnung. Darunter war möglicherweise auch das eine oder andere, an das wir, wie an die Zäune, nicht gedacht hatten. Doch das durfte ich mir nicht anmerken lassen.

Das Boot glitt mit der letzten Welle lautlos auf den feinsandigen Strand. Teichmann sprang an Land und hielt das Boot fest, um uns das Aussteigen über den dicken Wulst zu erleichtern. Brückner und Franke, die MPis schußbereit, eilten in die Deckung des Gestrüpps und sicherten uns nach beiden Seiten ab.

»Rüber zu den Stallresten und volle Deckung!« zischte ich den Männern zu.

Ein völlig überflüssiger Befehl, geboren durch meine innere Erregung. Jeder wußte doch, was zu tun war.

Ich warf mich in den noch warmen Sand und lauschte. Ziegen flüchteten aufgeschreckt in die Dunkelheit und brachen meckernd durch das Gesträuch. Übertönten damit den Lärm der fröhlich feiernden Insulaner in den Buchten und die Musik der Yankees auf Shirley Heights.

Langsam klang die Anspannung in mir ab. Wir waren an Land, und nichts war passiert. Ich nahm auf einmal den ekelerregenden und alles überlagernden Gestank nach Ziegenkot wahr, der uns umgab. Mir drehte es fast den Magen um.

»Verflucht, das ist kein Sand, das ist Ziegenscheiße!« wisperte mir Kienzle ins Ohr. »Ziegenscheiße, Herr Kaleu, und wir liegen mitten drin.«

»Mal 'ne ganz neue Duftnote, was?« kehrte meine Sicherheit wieder zurück. »Achtung, da kommt wer!«

Es war Brückner, dann kam auch Franke. Er schüttelte sich. »Nichts, Herr Kaleu. Keine Menschenseele weit und breit, nur penetrant stinkende Ziegen.«

Ich stand auf. »Brückner, drücken Sie uns die Daumen. Sie wissen, was Sie zu tun haben, wenn wir ausbleiben. Auf denn!«

Der Ziegenpfad war zwar verdammt schmal, aber wir kamen auf dem seit Jahrhunderten von den harten Hufen vieler Ziegengenerationen festgetretenen Trampelpfad viel besser als erwartet bergan. Immer wieder stoppten wir und horchten besorgt in die Nacht, wenn die von uns aufgescheuchte Tiere in wilder Flucht durch das trockene Buschwerk den Hang abwärts stoben.

Unsere Sorgen waren jedoch unbegründet. Mit jedem Schritt bergauf wurden die Jazzmusik, das Gelächter und das Gegröle trunkener Stimmen über uns lauter. Darin ging der Lärm der Ziegen glatt unter und nicht nur der. Längst hörten wir auch von dem fröhlichen Karnevalstreiben in English Harbour Town und auf den Booten in den Buchten unter uns nichts mehr.

Dafür bremste ein anderes Problem immer wieder unsere Schritte und ließ uns Pausen einlegen: Wir waren zu früh dran. Das war die Gelegenheit, auf die nachtschwarze See hinunterzublicken und nach U 112 Ausschau zu halten. Vergeblich, der dunkle Anstrich verschmolz mit der See und machte das Boot praktisch unsichtbar.

»Ungemein beruhigend«, sagte ich irgendwann zu Franke. »Wir wissen, daß U 112 dort unten irgendwo sein muß, und sehen doch nichts. Also sehen die besoffenen Yankees erst recht nischt.«

Franke deutete zum Himmel und sah auf das Leuchtzifferblatt seiner Uhr. »Schlieren, Herr Kaleu, ziehen von Osten auf. Da brauchen wir wohl den Mondaufgang nicht zu fürchten.«

»Bis dahin sollten wir es ohnehin hinter uns haben.« Über uns schwoll der Lärm noch mehr an. Irgendwer hatte sich dort oben eine Trompete gegriffen und übertönte damit gekonnt die übrigen Instrumente. Ich lachte. »Nach Zapfenstreich klingt das nicht, was?«

»Nicht schlecht, genau die Lärmkulisse, die wir für das letzte Stück brauchen.«

»Dann los! Worauf warten wir noch?«

Unbemerkt erreichten wir die unbeleuchtete Straße, die in die Festung führte. Auch die Funk- und RADAR-Station lag im Dunkeln, das überraschte mich. Jetzt kam das schwierigste Stück, wir mußten die Straße überqueren. Die unbekümmert feiernden Soldaten in der Festung brauchten wir nicht zu fürchten, wohl aber die Wachen. Ich war absolut sicher, daß es die gab. Wir mußten herausfinden, wo sie postiert waren.

Wir, Franke und ich, ließen uns auf den Boden nieder und robbten, gedeckt durch die Mauer, bis an die abschüssige Straße vor. Vorsichtig spähten wir in die Festung hinein.

»Mann, die sind ja voll motorisiert!« entfuhr es Franke leise beim Anblick der vielen nahe am Tor abgestellten Lastwagen und kleinen kastenförmigen Geländewagen. »Da, zwei Posten an der Einfahrt, Herr Kaleu.«

Sie lehnten in lässiger Haltung an der Mauer und hatten nur Augen für das, was sich im hinteren Teil tat. Und da war was los! Eine Bühne war dort aufgebaut, auf der leichtbekleidete Mädchen zur Musik umherhüpften, begleitet von den Pfiffen und dem lauten

Gejohle der vor der Bühne sitzenden Soldaten. Rauch stieg seitlich davon auf, es roch nach gebratenem Fleisch und Fettgebackenem.

»Offenbar sind das die einzigen Posten«, raunte mir Franke zu. »Leichter kann man es uns ja gar nicht machen.«

»Abwarten, vielleicht ist da noch 'ne Streife unterwegs«, flüsterte ich zurück. »Wenn wir die abschüssige Straße weiter unten überqueren, sieht uns keine Sau. Sie können schon vorrobben, ich hole die anderen.« Ich kroch zurück. »Herhören! Wir überqueren die Straße weiter unten. Bis jetzt haben wir nur zwei Posten in der Festung ausgemacht, und die sind durch den Krawall abgelenkt. Aber trotzdem Vorsicht, es können auch noch welche im Gelände umhergeistern! Fähnrich Teichmann, Sie bleiben hier und decken unseren Rückzug. Aber kein übereiltes Geballere! Erst müssen wir wieder hier drüben sein, klar? Und nun auf in den Kampf.«

Ein Stück weiter unten nahm uns Franke in Empfang. »Die Station ist genau gegenüber, Herr Kaleu. Die ist anscheinend noch nicht fertig, sonst wäre da bestimmt Betrieb. Posten habe ich auch noch nicht entdeckt. Wir brauchen nicht zu kriechen, uns kann man von der Festung aus nicht sehen.«

»Dann los, rüber!«

Wir richteten uns auf und huschten hinüber. Auf der anderen Seite knirschte Kies unter meinen Sohlen.

»Klingt wie frisch aufgeschüttet, III WO.«

»Wird ein Abzweig auf das Plateau sein, noch nicht asphaltiert. Sehen Sie die Masten? Die sind direkt vor uns.«

Tatsächlich, ihre Umrisse zeichneten sich schemenhaft gegen den schlierigen Sternenhimmel ab. »Bestens, dann sind wir ja am Ziel unserer Träume.«

Franke ging forsch darauf zu. Nach wenigen Schritten durch die Dunkelheit blieb er jedoch abrupt stehen. »Scheiße, ein Zaun! Fehlt bloß noch, daß der verschlossen ist.«

»Damit brauchen wir uns doch nicht aufzuhalten, Herr Leutnant«, sagte Kienzle und setzte den Bolzenschneider an. »Los, Binder, Sie 'n Stück weiter rechts. Breit genug, daß wir nicht hängenbleiben, wenn die Zünder aktiviert sind.«

Für die Bolzenschneider war der dünne Stacheldraht ein Kinderspiel. Die herausgeschnittenen Stücke flogen weit genug zur Seite, so daß sie uns bei der Flucht nicht zwischen die Beine geraten konnten. Kienzle übergab Franke das schwere Werkzeug und streifte den Rucksack ab.

»Damit das Ding nicht verlorengeht, Herr Leutnant, sonst macht uns der LI zur Schnecke. Außerdem brauche ich jetzt beide Hände. Los, Binder, keine Müdigkeit vorgeschützt! Papa will so schnell wie möglich nach Hause!«

»Geben Sie den Schneider her, Binder, und dann ran an die Arbeit, helfen Sie dem Oberbootsmann.«

Ich nahm das schwere Ding und hockte mich neben Franke schweigend auf die Erde. Von den beiden an den Masten werkelnden Männern drang kein Laut zu uns, es schien also keine Schwierigkeiten zu geben.

Franke brach plötzlich das Schweigen. »Ich weiß nicht, Herr Kaleu, aber das geht mir alles irgendwie zu glatt. Wir sind zu siegessicher. Hoffentlich kommt das dicke Ende nicht noch oder jagen uns die beiden

Sprengstoffakrobaten zum Schluß nicht mit in die Luft.«

»Mann Gottes, malen Sie bloß nicht den Teufel an die Wand!« Seine Worte lösten in meinem Magen ein ganz flaues Gefühl aus. Ich stand auf. »Aber Sie haben recht. Zaun hin, Zaun her, die Yank's werden so eine Station bestimmt nicht unbeaufsichtigt lassen. Und wenn sie nur ab und an 'ne Streife runterschicken. Ich lass' mich nicht gern überraschen. Darum werde ich sehen, was sich dort oben tut.«

»Dann sollte ich wohl besser mitkommen.«

»Nein, Herr Franke, Sie bleiben hier. Der Kienzle braucht etwa zwanzig Minuten, hat er mir gesagt. Er soll erst zünden, wenn ich zurück bin und die Luft rein ist. Dann machen wir uns im Schweinsgalopp auf die Socken.« Meine MPi und den schweren Bolzenschneider legte ich bei ihm ab. »Die behindern mich nur.«

Ich schlich die Straße empor, bis ich die Festung einsehen konnte. Dort hatte sich die Situation kaum geändert. Auf der Bühne hampelte jetzt ein Sänger herum und versuchte vergeblich, gegen die laute Musik und den Krawall anzukommen. Die beiden Posten lümmelten sich immer noch gegen die Mauer und änderten ihre Haltung auch nicht, als zwei weitere Soldaten zu ihnen stießen.

Komisches Militär, dachte ich, richtige Schlipssoldaten. Klönen da mit den beiden anderen herum, als stünden sie nicht auf Wache. Wäre bei uns gar nicht möglich. Die hätten längst ihre drei Tage verschärften Arrest wegen Wachvergehens weg, aber hier kümmerte sich anscheinend kein Vorgesetzter darum.

Ich sah auf meine Uhr, um die Zeit für die Rückkehr nicht zu verpassen. In diesem Augenblick trat genau das ein, was ich befürchtet hatte. Die zwei Soldaten lösten sich von den Posten und kamen langsam die Straße herunter. Eine Zwei-Mann-Streife!

Das heißt, genau genommen war es nur einer. Der andere blieb zurück, lehnte sein Gewehr an die Mauer, hinter der Teichmann hockte, und pinkelte gegen das Mauerwerk. Beide trugen keinen Stahlhelm, sondern nur so ein albernes »Krätzchen«.

Blitzschnell robbte ich zurück, bis mich der nahende Posten in der Dunkelheit nicht mehr sehen konnte, und eilte dann gebückt zu Franke zurück. »Achtung, Herr Franke, 'ne Streife! Zwei Mann, den ersten schalte ich aus, bevor der zweite heran ist. Der wässert nämlich noch die Landschaft. Sie müssen mir helfen, den ersten von der Straße zu schaffen.«

Franke begriff sofort. Er huschte durch das Loch im Zaun, um Kienzle und Binder zu warnen, und war im nächsten Augenblick wieder zurück. Ich schlich dem ahnungslosen Posten etwas entgegen und legte mich flach auf den Boden. Er oder ich, schoß es mir durch den Kopf. Aber wie? Es mußte schnell gehen, und er durfte keinen Mucks von sich geben, sonst war der zweite Mann gewarnt. Ich zog mein Bordmesser aus dem Hosenbund.

Ohne auch nur rechts oder links zu sehen, näherte sich der Yankee und schlenderte selbstvergessen an mir vorbei. In diesem Augenblick tat er mir leid. Ich schob das Messer wieder in die Scheide. Es war blöd, aber ich konnte ihn nicht töten.

Jetzt! Mit einem Sprung war ich auf den Beinen und hinter ihm. Meine Handkante traf ihn zwischen den Schulterblättern. Der Schrei blieb ihm in der Kehle stecken, er bekam keinen Ton heraus. Nach Luft schnappend, taumelte er noch ein, zwei Schritte vorwärts. Die Waffe entglitt seinen Händen und fiel polternd zu Boden. Wie ein gefällter Baum stürzte er seitwärts in den Kies. Ich ergriff sein Gewehr und zerrte ihn mit Frankes Hilfe in das Zaunloch hinein.

»Schalten Sie den anderen aus, III WO! Der hier ist nur bewußtlos. Ich bleib' bei ihm, damit er nicht zu schreien anfängt.«

Der zweite tappte in der Dunkelheit genauso arglos heran und tastete nach seiner Taschenlampe. »*Hei, fuckin' Joe, wher''re yee?*«

Bevor er sie einschalten konnte, wuchs Franke vor ihm in die Höhe. »*Here I'm!*«

Er knallte ihm den Bolzenschneider mit solcher Wucht gegen den Schädel, daß ich den Knochen laut krachen hörte und der Schwung den Yankee von der Straße schleuderte.

»Binder und Kienzle müßten jetzt fertig sein, Herr Kaleu«, sagte Franke. Ungerührt nahm er seine MPi und den zweiten Bolzenschneider auf. »Sollen sie zünden?«

Donnerwetter, der hatte doch bessere Nerven, als ich gedacht hatte.

»Sofort!«

Während er zu den beiden eilte und den Befehl weitergab, hängte ich mir meine MPi um den Hals und zog mein Opfer an seinem Leibgurt auf die andere Straßenseite. Wenn er Glück hatte, kam er hier vielleicht mit dem Leben davon, wenn die Ladungen hochgingen.

Die Ladungen gingen ohrenbetäubend hinter uns hoch, als wir man gerade knapp ein Drittel des Pfades zurückgelegt hatten. Es war eine so gewaltige Detonation, daß der ganze Hang unter unseren Füßen bebte.

»Mensch, Kienzle, haben Sie die Festung auch noch mit in die Luft gejagt?«

Der lachte. »Sie haben gesagt, ich soll den ganzen Plunder vom Plateau fegen, Herr Kaleu. Gute Arbeit hört sich nun mal so an!«

Über uns schmetterte eine Trompete los, blies wohl das amerikanische Alarmsignal in den nächtlichen Himmel. Ohne Halt hasteten wir bergab, verpaßten den zurückgekehrten Ziegen einen Tritt, wenn sie nicht schnell genug in die Büsche sprangen, und triumphierten laut lachend.

Obwohl mit der Detonation der Karnevalslärm unter uns verstummt war, brauchten wir uns keinen Zwang aufzuerlegen. Alles ging in dem Krawall unter, den die Yankees über uns fabrizierten. Sie vermuteten uns – wie wir das erwartet hatten – auf der Straße und feuerten aus ihren Handfeuerwaffen auf gut Glück in die Dunkelheit.

Aufheulende Motore machten dem sinnlosen Geballer ein Ende. Autoscheinwerfer erhellten oben die Straße und geisterten durch die Kurven hinunter nach English Harbour Town. Prompt regten sich wieder Zweifel in mir. Was, wenn Jungs nach dieser vergeblichen Suche auf die Idee kamen, von dort aus den Strand zu kontrollieren? Oder sich vielleicht ein heller Kopf an den Ziegenpfad erinnerte?

Der Gedanke beschleunigte meine Schritte. Sicher vor aller Verfolgung waren wir erst an Bord. Wir mußten einen Zahn zulegen.

»Verflucht, nimmt denn dieser Scheißpfad überhaupt kein Ende?« schimpfte Franke hinter mir, den offensichtlich die gleiche Sorge quälte. »Ich hab' den viel kürzer in Erinnerung!«

»Endlich!« Brückner kam über den Strand geeilt. »Die Schießerei nach der Detonation, Herr Kaleu! Wir haben schon gefürchtet, man habe Sie oben geschnappt!«

»Wenn wir uns nicht beeilen, schnappen Sie uns am Ende noch hier unten, Fähnrich. Ist das Boot klar? Gut!« Ich sah mich nach Franke um. »Alle da? Egal, ob 's jetzt beim Einsteigen nasse Stiefel gibt, runter mit dem Boot vom Strand, bis es keine Grundberührung mehr hat! Wir haben keine Zeit zu verlieren!«

Ich sprach so laut, daß es alle hörten. Sie begriffen sofort. Gemeinsam schoben wir das Boot vom Strand, bis es frei aufschwamm und wir hineinjumpen konnten. Brückner gab dem Boot noch einen kräftigen Stoß, ehe auch er zu uns hineingezogen wurde.

»Keinen Lärm, Schubert!« Ich hinderte ihn daran, den Motor anzuwerfen. »Erst wenn wir weit genug ab sind! Wir haben ablaufend Wasser, da genügen die Paddel!«

Sie genügten natürlich nicht. Der Sog war so kräftig, daß wir nicht dagegen ankamen. Die Ankerlaterne, die Kruse klugerweise gesetzt hatte, tanzte für uns unerreichbar im Rhythmus der Dünung.

»Werfen Sie Ihren Spritkocher an, Schubert!« Mir saß die Sorge noch immer im Nacken, obwohl sich am Strand nichts rührte. »Auch wenn man uns hört – wir müssen hier verschwinden.«

Von diesem Augenblick an ging es ganz schnell. Kruse hatte das Boot mit dem Bug schon nach See hinaus gedreht und achtern geflutet. Wörle stand mit dem Leinenkommando bereit und holte uns an das überflutete Achterdeck. Er versuchte sogar, so etwas wie eine militärische Ehrenbezeigung zustande zu bringen, als er mir aus dem Boot half.

»Gratuliere, Herr Kaleu! War ja ein prächtiges Feuerwerk, das Sie da den Yank's vor die Nase gesetzt haben!«

»Danke, Nummer Eins! Sie haben mehr als wir gesehen. Wir hatten gar keine Zeit dazu, uns umzugucken. Zurren Sie das Boot an Deck fest. Wir holen es rein, wenn wir weiter von Land ab sind.« Ich ging zum Turm und enterte auf. »Melde mich mit dem Sprengkommando zurück an Bord, Herr Kruse!«

»Mir fällt ein Stein vom Herzen, Herr Kaleu!« Wir schüttelten uns die Hände. »Achterschiff anblasen! Ankerlaterne einholen! Beide E-Maschinen Kleine Fahrt voraus!«

»Mir auch, mein Lieber! Aber es ging leichter als gedacht. Das reinste Kinderspiel. Der Franke hat sich übrigens gut gemacht.« Ich hörte, wie Kruse schnupperte. »Ja, ich weiß, wir stinken wie die Ziegenböcke. Jetzt wäre 'n heißes Bad angebracht, aber...«

Kruse lachte. »Ein Wäschewechsel tut's vielleicht auch schon.«

Der Wäschewechsel tat es selbstverständlich nicht, obwohl ich mich bis auf die nackte Haut auszog und den stinkenden Krempel zusammengerollt in den Wäschesack steckte. Den anderen Teilnehmern an unserem Kommandounternehmen erging es nicht anders. Der hartnäckige Gestank des Ziegenkots verdrängte selbst den allgegenwärtigen Dieselmief.

Kruse machte darüber natürlich wieder seine Witze, wie sollte es auch anders sein. Ich lieferte ja selbst den Stoff dazu, während ich ihm und dem LI den gelungenen Handstreich schilderte. Immer wieder reckte ich die Nase in die Luft und schnüffelte.

»Der Teufel soll diese verdammten Ziegen holen! Ich kriege ihren penetranten Gestank einfach nicht aus der Nase.«

Kruse grinste süffisant. »Ich weiß gar nicht, was Sie dagegen haben. Ich habe mir sagen lassen, daß diese aparte Duftnote die Frauen geradezu mannstoll machen soll, Herr Kaleu. Was für eine bahnbrechende Entdeckung! *Zicke, das betörende Herrenparfum für jeden heimkehrenden verheirateten Seeoffizier, wirksamer als Ambra.* Dazu das Bild eines schneidigen Kapitänleutnants mit dem Ritterkreuz. Wenn das keine Werbung ist!«

»So, finden Sie? Dann soll Ihnen diese betörende Duftnote nicht länger vorenthalten bleiben. Morgen ist Fort James dran, da übernehmen Sie dann den Sprengtrupp, ja?«

»Aber, Herr Kaleu! Ich bin doch weder verheiratet noch Kapitänleutnant, und an das Ritterkreuz wage ich schon gar nicht zu denken«, zog er den Kopf geschickt aus der eigenen Schlinge. »Sonst selbstverständlich gern.«

Ich lachte. »Sie Schlitzohr! Aber jetzt mal im Ernst. Das ist heute so gut gelaufen, daß wir morgen genau die gleiche Masche abziehen. Es hat vor allen Dingen bestätigt, daß wir uns auf die nachträglich in unsere Spezialkarte eingezeichneten Ziegenpfade absolut verlassen können.«

»Dieselben Leute, Herr Kaleu?«

»Mit einer kleinen Änderung. Der III WO ist der richtige Mann für die Leitung eines solchen Unternehmens, da muß ich nicht auch noch mitdackeln. Auch die anderen haben sich rundum bewährt. Lassen Sie an meiner Stelle einen zuverlässigen Mann aus Ihrer Freiwilligenliste nachrücken, der unerschrocken ist und Grips hat.«

»Mmmmm, da wäre der Berger, Richtschütze an der Zehn-Komma-fünf, genau der richtige Mann. Der ist vom gleichen Schlag wie der Smadding. Oder der Kowalski vom Leinenkommando, der ist ebenfalls unerschrocken und hat das Zeug zu einem guten Bootsmannsmaat.«

»Dann lieber den Kowalski, Herr Kruse. Eine reine Vorsichtsmaßnahme. Ich weiß nicht, ob wir die Zehn-Komma-fünf nicht am Ende noch brauchen werden, wenn es auf Fort James oder am Strand irgendwelche Komplikationen gibt. Aber das hat Zeit bis morgen.« Ich ging hinüber zur Turmleiter. »Jetzt möchte ich mal sehen, ob die Yankees sich inzwischen beruhigt haben.«

Der II WO baute Männchen, als ich aus dem Turmluk kroch.

»Das Schlauchboot ist eingeholt und verstaut, Herr Kaleu. Wir sind soeben auf die Diesel umgestiegen und mit Umdrehungen für acht Knoten auf Kurs null-neun-sieben gegangen. Auf Shirley Heights und der Straße dort oben ist noch allerlei los. Ansonsten keine besonderen Vorkommnisse.«

»Danke, Herr Werda!« Ich trat an das Schanzkleid. »Wir haben die Kerle ganz schön aus ihren Karnevalsträumen gerissen, was?«

Werda lachte laut auf. »Das kann man wohl sagen! War ja auch ein deftiger Donnerschlag. Wir dachten schon, Sie hätten auch die Festung mit hochgejagt.«

Wir standen weit genug von Land ab, und so bot sich meinem Blick das ganze Panorama von Falmouth Harbour bis Cape Shirley. Ich richtete mein Glas auf die Festung, die sich deutlich vom Nachthimmel abhob. Zahlreiche Autoscheinwerfer erhellten das Festungsinnere, die Straße und die Umgebung des von uns verwüsteten Plateaus. Das Plateau selbst konnte ich aus unserer Perspektive nicht einsehen, ich mußte meine Neugier noch zügeln. Aber U 112 lag ja schon auf Kurs, um Cape Shirley zu runden.

Trupps in Schützenkette suchten mit Handleuchten das Gestrüpp entlang der Straße ab, vermutlich mit der Hoffnung, dort irgendwo den oder die Übeltäter aufstöbern zu können, nachdem die motorisierte Verfolgung ergebnislos geblieben war. Ein Anblick, über den ich mich köstlich amüsierte.

»Spurensuche, II WO. Die rätseln noch immer herum, wo wir so schnell abgeblieben sind.«

»Da können Sie lange suchen«, kicherte Franke, der vermutlich ebenfalls auf den Turm gestiegen war, um den fürchterlichen Ziegengestank in der frischen Seeluft los zu werden. »Selbst wenn die den Pfad entdecken, kommen die gar nicht auf die Idee, daß wir den benutzt haben könnten.«

»Irrtum, Herr Franke, sie haben ihn entdeckt. Auf dem halben Weg ist schon ein Trupp nach unten unterwegs.« Ich verließ die Lichtpunkte und suchte den Strand ab. »Erstaunlich, erstaunlich! Am Strand streifen doch tatsächlich auch welche entlang! Da hat ja einer bei den Yankees direkt mitgedacht!«

»Schade, daß wir den Brüdern dort mit der Zehn-Komma-fünf nicht noch ein paar Liebesgrüße verpassen können, Herr Kaleu«, bedauerte Obersteuermann

Winkler. »Die Suche würde denen ganz schnell vergehen.«

»Alles zu seiner Zeit, Obersteuermann. Wenn die Anlagen von Fort James weggeputzt sind, läßt sich darüber reden, vorher nicht.« Ich ließ das Glas sinken. »Bin gespannt, wie das Plateau aussieht. Kienzle hat hoffentlich ganze Arbeit geleistet.«

Das hatte er. Das Plateau war so leergefegt, als habe es dort nie eine RADAR- und Funkstation gegeben. Auch dort war man noch auf der Suche. In dem steilen Abhang unterhalb des Plateaus, krebste ein Trupp herum, und zur Willoughby Bay hin durchkämmten ebenfalls Soldaten das Gelände.

»Oha! Da haben wir ja direkt Schwein gehabt, daß wir den Ziegenpfad gewählt haben«, sagte ich zu Kruse, der den II WO inzwischen abgelöst hatte. »Auf dem Steilhang hätten sie uns vermutlich nicht geschnappt. Dafür wär' uns allerdings der ganze Mist auf den Kopf gefallen, und an der Willoughby Bay hätten wir früher oder später in der Falle gesessen. Nichts gegen Amerika, das würde ich ja ganz gerne mal kennenlernen, aber nicht als Kriegsgefangner.«

»Ooch, wenn ich wählen könnte, wäre mir das immer noch lieber als der Heldentod für Führer, Volk und Vaterland auf dem sogenannten Feld der Ehre. Ihnen nicht, Herr Kaleu?«

Einen Augenblick war ich sprachlos. Das meinte der doch nicht im Ernst – oder? Andererseits klang das nicht nach einer seiner üblichen Spötteleien.

»Wenn Sie 's auf so einen knappen Nenner bringen, haben Sie natürlich recht. Aber warum kommen Sie ausgerechnet jetzt darauf?«

»Die Phrasendrescherei unseres LI, als die Schießerei oben losging und der II WO und ich befürchteten, es könnte Sie und die Männer erwischt haben. Der hat dieses ganze verlogene Parteichinesisch drauf, und das dann auch noch vor der Mannschaft! Zum Kotzen! Wer stirbt denn schon gern freudigen Herzens? Ich wette, daß der selbst ganz klein mit Hut wird, wenn Freund Hein mit seiner Sense bei uns an die Außenhaut klopft.«

War der Hitlerjunge Quex denn von allen guten Geistern verlassen, in einer solchen Situation das Tabu zu brechen und vor der Mannschaft solchen verklärenden Propagandascheiß über den Tod daherzureden? Kein Wunder, daß Kruse so reagierte. Das durfte und wollte ich dem Trautmann nicht durchgehen lassen. Ich nahm mir vor, ihm wegen dieser Instinktlosigkeit diesmal noch gründlicher den Marsch zu blasen.

»Wollen wir hoffen, daß es dazu nicht kommt, I WO«, würgte ich dieses Thema ab. »Weshalb sind Sie eigentlich schon wieder auf der Brücke? Ich dachte, der III WO sei jetzt mit der Brückenwache an der Reihe.«

»Wäre er auch, Herr Kaleu. Es geht ein bißchen durcheinander. Ich teile mir seine Wachen mit dem II WO. Wir fanden nämlich, ihm täte 'ne längere Freiwache nach dem Abenteuer auf Shirley Heights ganz gut. Ihnen übrigens auch, wenn Sie mir diese Bemerkung gestatten. Können Sie sich denn überhaupt noch daran erinnern, wann Sie das letzte Mal 'ne längere Nachtruhe gehabt haben?«

Ich lachte. »Danke, das war deutlich! Nee, kann ich nicht. Vermutlich das letzte Mal im Urlaub.«

»Ich habe vor Wachantritt Ihre Anweisungen gelesen und die Karte eingesehen, und wie es aussieht, wird es eine ruhige Nacht werden. Was steht also dann entgegen, wenn auch Sie jetzt mal an der Matratze horchen?«

»Demnach nichts, Herr Kruse. Ich beuge mich also dem Diktat meines I WO, ohne zu protestieren. Aber lassen Sie es nicht etwa zu Ihrer Gewohnheit werden, mein Lieber!«

»*Wait and see,* Herr Kaleu! War Ihr Lieblingsspruch nicht so?«

»Schlitzohr!« Ich klappte das Turmluk auf. »Gute Wache! Wahrschau! Ein Mann von Brücke in Zentrale!«

Ich hatte versagt, gestand ich mir ein, als ich in der Koje lag und einzuschlafen versuchte. Ein Berufsoffizier und Ritterkreuzträger, der es nicht über sich brachte, einen bewaffneten Feind mit dem Messer auszuschalten! Ich schüttelte über mich selbst den Kopf. Franke hatte diese Hemmungen nicht gehabt, der hatte kaltblütig und äußerst brutal zugeschlagen. Was war da plötzlich mit mir los gewesen? Das paßte doch gar nicht zusammen. Ich hatte bisher nicht die geringsten Skrupel gehabt, ein feindliches Kriegsschiff mit mehr als hundert Menschen darauf zu torpedieren oder einen Tanker mit der gesamten ahnungslosen Besatzung in den Tod zu schicken. Heute sie, morgen ich, das diente mir nicht nur anfangs als Entschuldigung vor mir selbst.

In fast drei Kriegsjahren war daraus längst eine Gewohnheit geworden. Hinterher verschwendete ich kaum noch einen Gedanken an meine Opfer. Lag es daran, daß Schiffe und die Menschen darauf für mich nach wie vor anonym blieben? Hatte ich dort oben gezögert, weil ich zum ersten Mal in meinem Leben einen Menschen direkt vor mir hatte, den ich töten mußte, damit er keinen Alarm auslösen konnte? Ich hatte mich anders entschieden, aber warum?

Vergeblich versuchte ich meine Gefühle zu analysieren. Er hatte mir leid getan, deshalb hatte ich ihn geschont. Das mußte ich mir nicht einreden, das stimmte. Aber da war noch mehr: Ich hatte den Bewußlosen später auch noch auf die andere Straßenseite gezerrt, und das verstand ich nun gar nicht. Was hatte mich dazu bewegt?

Ich war offenbar völlig mit den Nerven fertig. Anders konnte ich mir auch meine Reaktion auf Kruses Frage wegen der Kriegsgefangenschaft nicht erklären. Die hatte mich überrumpelt, und ich hatte zu meiner Überraschung ehrlich geantwortet. Dabei hatte ich den Gedanken daran bisher immer erfolgreich zu verdrängen gewußt. Vermutlich deshalb, weil uns die Befreiung aus der Gefangenschaft auf der britischen U-Bootfalle *Flying Lady* gelungen war. Er dagegen schien das Trauma noch immer mit sich herumzuschleppen.

Verdammt, warum zerbrach ich mir ausgerechnet jetzt noch den Kopf darüber? Es war eben geschehen, basta!

An diesem Punkt meiner Überlegungen angekommen, hätte ich mich am liebsten sinnlos besoffen, um davon loszukommen. Aber gleich fragte ich mich wieder, was das genutzt hätte.

Kruse war es selbst, der mich kurz vor dem Mittagswachwechsel weckte. Er beobachtete amüsiert, wie ich aus dem Tiefschlaf mit seinen komischen Träumen in die rauhe Wirklichkeit zurückzufinden versuchte.

»Tut mir leid, Herr Kaleu, aber wir haben Kundschaft im Laden. Zwei dicke fette Frachter, ein Yankee und ein Brite, haben uns vor kurzem passiert und sind in Saint John's eingelaufen. Beide sind armiert. Der Ami kam von Westen, der Tommy von Süden, hat vermutlich die Guadeloupe Passage benutzt, denn Huber bekam ihn zunächst nur verdeckt in seine Zauberkiste.«

»Danke, Herr Kruse!« Ich rieb mir den Kopf. »Junge, Junge, mir brummt der Schädel, als hätte ich mich gestern tatsächlich bis zur Halskrause vollaufen lassen.«

Kruse schnüffelte und grinste. »Haben Sie? Der Ziegenmief ist jedenfalls nicht schuld daran, der ist weg. Dafür stinkt's wieder ganz normal nach Diesel. Weiß der Teufel, warum die Stoker die blanken Außenteile der Maschinen und die Flurplatten mit dem Mistzeug einschmieren. War 's denn wenigstens 'n schöner Traum?«

»Wenn ich das noch wüßte!« wich ich aus und blickte auf die Uhr. »Mensch, über acht Stunden! Hab' ich was versäumt?«

»Eigentlich nur das Frühstück, sonst keine besonderen Vorkommnisse. Wir kreuzen in Sehrohrtiefe mit Kleiner Fahrt im West Channel, Abstand zur Küste etwa sieben Seemeilen.«

Ich schwenkte die Beine aus der Koje. »Keine Fischerboote?«

»Ein paar nur, denen wir bisher bequem aus dem Weg gehen konnten.« Kruse holte das Blatt mit meinen Anweisungen hervor. »In der Nacht haben wir vor der Nordostseite Antiguas einen munteren Schiffsverkehr festgestellt. Überwiegend Frachter, die Positionslaternen führten, kamen von Süden und Südosten oder von Norden auf.«

»Süden und Südosten?« sagte ich nachdenklich. »Venezuela und Brasilien also. Neutrale darunter?«

»Zwei Spanier und ein Portugiese, sonst keine Außenbordmaling, die sie als Neutrale ausgewiesen hätte. Fuhren alle ohne Geleit.«

»Mmmm, die aus Venezuela haben Glück gehabt, Wildenow hat sie noch passieren lassen. Das wird morgen anders. Irgendwelcher Funkverkehr?«

»Das Übliche. Die Aufforderung der Flottille, wir sollen den Treibstoffbedarf rechtzeitig melden. Ich habe übrigens in der Morgendämmerung die Lage in Saint John's gepeilt. Der Tanker ist weg, aber der Truppentransporter und die drei Korvetten liegen noch drin. Von diesem uralten M-Bock weiterhin keine Spur. Hoffentlich kommt der uns heute nacht nicht in die Quere.«

»Wird er schon nicht, und wenn doch, dann gibt's kein Pardon.« Ich schlüpfte in meine Stiefel und stand auf. »Teufel, knurrt mir der Magen!«

Verblüfft lauschte ich meinen eigenen Worten nach. Es war schon schizoid. Gestern hatte ich mich noch mit Selbstvorwürfen zerfleischt, und jetzt rutschte es mir so selbstverständlich heraus, als hätte es meine Gewissensbisse vor dem Einschlafen nie gegeben.

Die Aufforderung der Flottille, rechtzeitig unseren Treibstoffbedarf zu melden, war die willkommene Gelegenheit, mir den LI in meiner Kammer zur Brust zu nehmen.

»Hier, Herr Trautmann, ein Mahnruf der Flottille.« Ich reichte ihm den Funkspruch über die Back. »Sie wissen, was da auf Sie zukommt?«

Er überflog den kurzen Text und gab ihn mir zurück. »Nicht so direkt, Herr Kaleu. Wir sollen vermutlich aufgetankt werden. Aber wo?« Er sah mich unsicher an.

Bei mir kräuselten sich die Haare auf der Kopfhaut. »Auf See selbstverständlich! Was dachten Sie denn? Haben Sie überhaupt schon mal 'ne Ölübernahme auf See von einer U-Boot-Milchkuh oder einem Versorger durchgeführt?«

Ich brauchte nur auf seine gepflegten Finger zu sehen, die er ineinander verknotete, als wringe er einen Feudel aus. Das sagte mir alles. Ich hatte einen LI an Bord, der in diesem Fall von Tuten und Blasen keine Ahnung hatte. Unwillkürlich blickte ich auf meine Finger. Warum sahen die eigentlich gegenüber den seinen vernachlässigt aus?

»Ich bin bisher nur auf VIIC-Booten gefahren, da...«

»Danach habe ich nicht gefragt«, fuhr ich ihn an. »Haben Sie nun oder haben Sie nicht? Ich warte nicht gern!«

»Wir sind nie so lange auf See gewesen, daß wir...«

»Warum sagen Sie das nicht gleich? Sie haben also keine Ahnung, richtig?« Er nickte. »Dann sollten Sie sich schleunigst von Ihrem Chief auf die Sprünge helfen lassen. Das heißt, wir haben ja jetzt sogar zwei Obermaschinisten an Bord, die sich auskennen. Und dann üben Sie mit Ihren Stokern die Ölübernahme, Herr Trautmann!«

Ich verschwieg ihm wohlweislich, daß seine Stoker

mit diesem wahrlich nicht leichten Manöver bereits vertraut waren. Der sollte gefälligst selber Erfahrungen sammeln und sich nicht auf den Lorbeeren seiner Stoker ausruhen können.

»Jawohl, Herr Kaleu. Steht schon fest, wo die Übernahme erfolgen soll?«

»Ich vermute auf dem Heimmarsch im Mittelatlantik. Dann muß es schnell gehen, jeder Handgriff muß sitzen, falls sich feindliche U-Jagdgruppen in dem Seegebiet befinden oder wir rauhe See haben. Und noch etwas: Es kann immer irgendwelche zeitlichen Komplikationen geben. Sorgen Sie bei Ihren Meldungen dafür, daß wir nicht auf dem letzten Loch pfeifen. Wir verstehen uns?«

Das war es, was jeder LI gerne hörte, so auch er. Er atmete hörbar auf und lächelte. »Selbstverständlich, Herr Kaleu!«

»Da ist noch ein Punkt, Herr Trautmann. Sie haben eine seltsame Gabe, von einem Fettnapf gleich in den nächsten zu springen.« Ich funkelte ihn verärgert an. »Auf U 112 gibt es ein ungeschriebenes Gesetz. Wir alle wissen nur zu gut, daß uns jeden Augenblick der Tod auf See oder bei solchen Kommandounternehmen ereilen kann, möchten aber durch nichts und niemand daran erinnert werden. Das untergräbt die Kampfmoral der Besatzung und damit die Einsatz- und Kampfbereitschaft des Bootes. Solche Propagandaphrasen, wie ›Heldentod für Führer, Volk und Vaterland auf dem Feld der Ehre‹, sind daher hier an Bord absolut unangebracht. Sie sind darum auch oder gerade für uns Offiziere tabu. Habe ich mich für Sie deutlich genug ausgedrückt?«

Der Schlag traf den Hitlerjungen Quex aus heiterem Himmel. Er starrte mich fassungslos an. Ich zerstörte damit offenbar sein liebgewonnenes Leitbild, das ihm HJ und Schule eingetrichtert hatten.

»Pro...Propagandaphrasen?« stotterte er ungläubig. Doch dann zeichnete sich in seiner Miene Auflehnung ab. »Das hat mir noch keiner meiner Kommandanten an den Kopf ge...«

»Wie es die Kommandanten auf Ihren bisherigen Feindfahrten damit gehalten haben, ist mir völlig wurscht, Herr Oberleutnant Trautmann!« schnitt ich ihm brutal das Wort ab. »Das ist ein Befehl! Sie haben sich hier an meine Befehle zu halten! Gnade Ihnen Gott, wenn Sie das nicht tun! Ich bringe Sie in Brest glatt wegen Befehlsverweigerung vor dem Feind, Untergrabung der Kampfmoral und Einsatzbereitschaft vors Kriegsgericht!«

Diese Drohung fuhr ihm in die Knochen.

»Entschuldigen Sie, Herr Kaleu, das habe ich gar nicht so gesehen.«

»Dann lassen Sie 's gefälligst in Zukunft.« Ich setzte noch eins drauf: »Vergessen Sie nicht, daß Sie schon einmal meine Autorität als Kommandant durch Ihre unqualifizierte Kritik vor der Mannschaft untergraben haben. Das kommt dann noch dazu.«

Schritte näherten sich auf dem Gang meiner Kammer.

Der I WO schaute zu uns herein. »Störe ich, Herr Kaleu?«

»Überhaupt nicht, Herr Kruse.« Mit einer Handbewegung forderte ich den LI zum Gehen auf. »Wir sind fertig. Kommen Sie rein.«

Wir sahen dem LI hinterher, der fluchtartig meine Kammer verließ.

Kruse schnitt eine Grimasse. »Sieht aus, als habe der Hitlerjunge Quex gerade 'ne gewaltige Abreibung bezogen.«

»Hat er, und die wird er hoffentlich nicht wieder so schnell vergessen.« Ich lehnte mich in meine Ecke zurück. »Ich will offen zu Ihnen sein, I WO. Abgesehen von dem HJ-Klimbim, den er zu seinen Orden zählt, dem Fimmel mit dem bunten Halstuch und der dicken, goldenen Armkette, der völlig überflüssigen Rasur und seinen überaus gepflegten Händen, beginne ich mich zu fragen, was seine bisherigen Kommandanten bewogen hat, ihn nach jeder Feindfahrt von einem Boot zu einem anderen weiterzureichen.«

»Ich hab' mich das auch schon gefragt. Ausgefressen hat er jedenfalls nichts. Oder sagen wir so, in seinem Führungsbuch sind keine schwarzen Flecken zu entdecken, nur das übliche Blabla.«

Ich starrte ihn verblüfft an. »Führungsbuch? Wie sind Sie denn daran gekommen?«

Kruse grinste. »Nun ja, es gibt auch im Flottillenstab ganz hübsche Marinehelferinnen. Vergessen Sie nicht, ich bin schon früher aus dem Urlaub zurück gewesen. Da habe ich halt mal meine Fühler ausgestreckt. War sehr informativ.«

Ich lachte. »Und vermutlich nicht bloß das, was? Aber deshalb sind Sie jetzt bestimmt nicht zu mir gekommen – oder?«

»Nein. Der Truppentransporter ist mit einer Korvette als Geleitschutz nach Westen ausgelaufen. Das wird den Hagen freuen, wenn die ihm in der Mona Passage vor die Rohre laufen Die beiden anderen Korvetten liegen noch im Hafen, wo sie hoffentlich bleiben werden, bis wir mit Fort James fertig sind.«

»Richtig!« Ich sah auf die Uhr. »Das sollten wir mit Franke und seinen Männern noch einmal durchsprechen.«

Wir begannen unsere Aktion gegen Fort James viel später als gegen Shirley Heights. Zwar tauchten wir auch hier nach Einbruch der Dunkelheit auf und kreuzten vor St. John's, um die Batterien aufzuladen, doch die Situation war eine völlig andere.

Es war Sonntag, und es blieben nur noch drei Tage bis zum Aschermittwoch. Mithin strebte der Karneval in der Stadt seinem turbulenten Höhepunkt entgegen. Bis zu uns heraus trug der Wind das blecherne Hämmern der Steelbands und den Lärm aus den Gassen und Plätzen. Die gesamte Bevölkerung schien auf den Beinen zu sein und ausgelassen zu feiern, und das nicht nur in der Stadt. Auch im Hafenbereich dröhnten die Trommeln und schmetterten die Trompeten. Sicher lockte der nachtdunkle warme Strand, an dem Frankes Truppe landen wollte, auch noch das eine oder andere verliebte Pärchen zum lustvollen Tun hinaus.

So gesehen stand unser Unternehmen unter keinem guten Stern. Doch wir hatten Zeit. Je später es wurde, desto weniger würden ein paar dunkle Gestalten am Strand auffallen, die sich um das Liebesspiel der Pärchen nicht kümmerten. Außerdem war der Aufstieg nach Fort James erheblich kürzer und leichter zu bewältigen als der Ziegenpfad von Nelson's Dockyard.

Unendlich langsam verstrich die Zeit. Das Schlauchboot lag einsatzbereit auf dem Achterdeck. Das Sprengkommando saß auf dem Wintergarten, lauschte in die warme Nacht hinaus und ließ die Beine baumeln. Von irgendeinem Kirchturm der Stadt schlug es Mitternacht, doch der laute Trubel in der Stadt nahm kein Ende. Im Gegenteil, er schien sogar noch zuzunehmen.

Immer wieder ging der Blick des III WO zum bedeckten Himmel. »Den Mond brauchen wir nicht zu fürchten. Aber so ein richtiger saftiger Guß wär' mir lieber. Dann wär' der Rummel ganz schnell vorbei, und die lästige Warterei hätte endlich ein Ende.«

Es sah wirklich nach Regen aus. Als habe Petrus zugehört, öffnete der Himmel keine zwanzig Minuten später tatsächlich seine Schleusen. Aber nicht etwa zu einem sanft einsetzenden Regen, wie er unseren heimatlichen Vorstellungen entsprochen hätte, sondern zu der kompakt herabstürzenden Wassermasse eines tropischen Wolkenbruchs. Schlagartig verschwanden die Lichter der Stadt hinter dieser Wasserwand aus großen, schweren Tropfen, als zöge jemand einen dichten Vorhang zu. In Sekundenbruchteilen waren wir naß bis auf die Haut.

»Da haben Sie Ihren Regen, Herr Franke!« überschrie ich das wütende Trommeln der riesigen Tropfen auf dem Schanzkleid. »Achterschiff fluten! Schlauchboot klar zum Aussetzen! Auf denn, Männer! Viel Glück!«

Die Männer kletterten an Deck und hasteten nach achtern. Wenige Minuten später sprang der Motor an und kam auf Touren.

»Achtern alles klar! Schlauchboot ist frei!« meldete der BÜ.

»Signalmaat, setzen Sie weißes Licht! Ruder Backbord zwanzig, beide E-Maschinen Umdrehungen für drei Knoten!« Ich setzte zu einem Kreis an, damit uns die Männer fanden, wenn sie zurückkamen. »Wer uns bei diesem Sauwetter doch sehen sollte, hält uns für Fischer, die vor ihrem Netz treiben. Wer sitzt am GHG, Herr Kruse?«

»Huber selbst, Herr Kaleu! Ich bin sicher, der hört jetzt sogar die Wasserflöhe husten.«

Ich lachte. »Vorausgesetzt, es gibt sie im Salzwasser. Bitte, übernehmen Sie wieder, I WO.«

Wir lauschten in die Nacht hinaus. Wir sahen nichts. Bald verschlang der prasselnde Regen auch das schwache Tuckern des Motors. Im stillen begann ich zu rechnen. Gleich mußten sie den Strand erreicht haben, Aufstieg normalerweise etwa eine Stunde, bei Regen vielleicht eine halbe Stunde mehr, die Vorbereitungszeit dazu. Das ergab...

»In zwo Stunden dürfte Kienzle die Ladungen zünden und Fersengeld geben.« Ich sah auf die Uhr. »Gibt es keine Probleme, müßten sie gegen fünf Uhr wieder zurück sein.«

»Meldung vom GHG: Motorgeräusch ist verstummt, Herr Kaleu!« kam es vom BÜ. »Sonst keine weiteren Schraubengeräusche.«

»Na bitte, dann habe ich ja richtig geschätzt!« Ich trat neben Kruse. »Wir sollten die Brückenwache nacheinander nach unten schicken, damit sie das nasse Zeug wechseln und Ölzeug überziehen kann. Fast vier Stunden in den nassen Klamotten hält ja keiner aus. Wollen Sie anfangen? Ich vertrete Sie hier oben.«

Der tropische Wolkenbruch ließ etwas nach. Aber das war ein schwacher Trost, unsere Geduld wurde auf eine harte Probe gestellt. Die von mir errechneten zwei Stunden verstrichen, nichts rührte sich auf Fort James. Ich wurde unruhig.

»Ist das ein positives oder negatives Zeichen? Was meinen Sie, I WO?«

Ich sah es nicht, aber ich spürte, daß er schmunzelte. »Vor Shirley Heights haben wir uns das auch dauernd gefragt, als dort oben alles ruhig blieb. Der Regen, Herr Kaleu. Vielleicht ist der Pfad nach Fort James jetzt glitschig? Das kostet Zeit.«

»Das wird 's sein«, beruhigte ich mich, trotzdem rumorte es in meinem Schädel.

Es waren Tommies dort oben, wie uns der *Union Jack* verraten hatte. Weithin sichtbar hatte er auf Fort James herausfordernd im Abendlicht geweht. Das waren harte Burschen, keine verweichlichten Schlipssoldaten, vergleichbar den Fremdenlegionären der Franzosen. Galt es doch auch hier wie in allen britischen Kolonien *»Britannia rules the waves«* mit aller Härte zu demonstrieren, damit niemand auf dumme Gedanken kam.

Wieder sah ich auf die Uhr. Schon eine halbe Stunde über der Karenzzeit, und es geschah nichts. Wenn das so weiterging, kamen wir in Schwierigkeiten. Setzte erst einmal die Dämmerung ein, mußten wir verschwinden und weiter draußen im tiefen Wasser sein, sonst war unsere ganze Tarnung futsch. Dann wußte in Kürze die ganze Karibik, daß deutsche U-Boote militärische Anlagen auf den Inseln in die Luft jagten und davor auf Beute lauerten.

Der Regen ließ immer mehr nach, sofort blinzelten wieder die Lichter der Stadt durch die Nacht. Meine mühsam zur Schau getragene Ruhe bröckelte ab, wich ernster Sorge. Fragen über Fragen schwirrten durch meinen Kopf. Was hatten wir falsch gemacht? Hatten die Briten, durch den Handstreich gegen Shirley Heights gewarnt, unseren Männern eine Falle gestellt, in die sie ahnungslos hineingetappt waren?

Auch Kruse wurde zunehmend unruhig. Er hielt sein Glas ebenfalls auf den Hügel mit Fort James gerichtet, suchte mit seinem Blick die Festung, den Hang darunter und den Strand nach irgendwelchen verdächtigen Anzeichen ab.

Da, ein Blitz zuckte an der Festung auf! Der Knall eines Gewehrschusses hallte über das Wasser. Die Salve aus einer MPi antwortete und löste eine wilde Schießerei aus.

»Verdammt, sie sind entdeckt worden!« fluchte Kruse. »Wenn die Tommies…«

Eine Detonation unterbrach ihn. Sie erhellte die Bergkuppe und hob für Sekundenbruchteile die Umrisse der alten Festung und die Masten aus der Dunkelheit. Von den Hügeln rings um die Stadt vielfach gebrochen, wurde der Donner zurückgeworfen. Dennoch, zu schwach. Das war nicht Kienzles gewaltige Sprengladung, wie ich sie vom Plateau noch im Ohr hatte, aber sie brachte die Schießerei zum Verstummen.

»Das war die geballte Ladung, I WO! Sie haben sich damit Luft verschafft!«

Doch nur für kurze Zeit. Einzelne Gewehrschüsse lösten eine Handgranatendetonation aus. Erneut belferte eine MPi im Dauerfeuer los, lieferte sich mit dem Gewehrschützen ein kurzes Duell, bis sie in der donnernden Explosion unterging, mit der die ganze Kuppe in die Luft zu fliegen schien. In ihrem Feuerschein stürzten die Masten in das Dunkel. Die Brückenwache jubelte laut auf.

»Ruhe! Behaltet den Hafen und die See im Auge!« überschrie ich den Jubel. »Ruder komm auf! Recht so! Beide Maschinen stopp! Leinenkommando an Deck! Oberbootsmann auf die Brücke!«

Der Bug kam langsam herum, visierte die Hafenausfahrt an. Kienzle hatte die Station weggeputzt, jetzt mußten wir mit allem rechnen. Die Schießerei und die Explosionen hatten die Stadt aus dem Schlaf geholt und nicht nur die Stadt. Auf den Korvetten schrillten mit Sicherheit die Alarmglocken und scheuchten die Amis auf ihre Stationen. Es wurde vermutlich seeklar gemacht.

Das konnte dauern, aber reichte diese Zeit, bis meine Männer wieder an Bord waren? Wenn nicht, dann wußte ich, was ich zu tun hatte. Unsere Torpedos würden die Korvetten daran hindern, den Hafen zu verlassen. Wenn ich Glück hatte, konnte ich mit ihnen sogar die Hafenausfahrt für alle Schiffe blockieren, zwar nicht auf Dauer, aber zumindest für eine gewisse Zeit.

Der Smadding turnte über die Reling des Wintergartens. »Wie befohlen zur Stelle, Herr Kaleu!«

»Wir verzichten auf jedes Bergungsmanöver, Nummer Eins! Das Schlauchboot brauchen wir nicht mehr. Sobald die Männer an Bord sind, weg damit! Stoßen Sie es mit laufendem Motor ab. Der knatternde Motor wird eventuelle Verfolger zumindest für kurze Zeit in die falsche Richtung locken. Diese Zeit müssen wir zur Flucht nutzen, klar?«

»Alles klar, Herr Kaleu!« Wörle kletterte an Deck zurück.

Mein Blick ging zurück zur Festung. Dort herrschte Ruhe. Eine trügerische Ruhe, wie ich mir sagte. Nicht mehr lange, dann überwanden die Tommies den

Schock, dann ging die Jagd auf das Sprengkommando los. Trotzdem war es merkwürdig. Hatte unser Trupp die ganze Besatzung ausgeschaltet? Oder war die Station noch gar nicht voll besetzt gewesen, weil sie noch im Bau war? Das würde natürlich manches erklären. Dann hätten sie es nur mit einer kleinen Wachmannschaft zu tun gehabt.

Die Stadt erwachte zum Leben. Eine Trompete schmetterte los, blies ein Alarmsignal. Weithin schallte es über Stadt und Hafen. Die Festung diente also tatsächlich nicht als Garnison, denn dort rührte sich noch immer nichts. Dann lag ich mit meinen Vermutungen vielleicht gar nicht so falsch?

»Jetzt wird es für unsere Leute bald eng«, unkte Kruse, der die Vorgänge in der Stadt beobachtete. »Sehen Sie die Scheinwerfer dort? Das sind Mannschaftswagen mit Infanterie, die kacheln jetzt die Straße zum Fort hoch.«

Natürlich sah ich die. Die ersten geisterten ja schon durch die Kurven der bergauf führenden Straße. Nicht mehr lange, dann schwärmte die Infanterie oben aus und suchte bestimmt nicht bloß die Straße ab. Ich sah wieder auf die Uhr. Mein Gott, rannte die Zeit! Ich wurde ganz kribbelig. Verflucht, wo blieben unsere Männer?

Im stillen verfluchte ich mich selber. Diese Ungewißheit hätte ich mir erspart, wenn ich mit der Truppe aufgestiegen wäre. Kruse wäre mit U 112 auch ohne mich zurechtgekommen, der hatte längst das Zeug zu einem guten Kommandanten. Jetzt stand ich hier unten wie auf glühenden Kohlen.

»Na bitte, da sind schon die ersten Tommies, Herr Kaleu. Und die haben sogar Scheinwerfer dabei.«

Ich hörte nur mit halbem Ohr, was Kruse sagte. Meine ganze Aufmerksamkeit richtete sich auf den Strand. Mir war so, als hätte ich das Stottern eines Motors gehört, ehe er rund lief. Du lieber Himmel, war jetzt schon mein Wunsch der Vater meiner Gedanken? Nein, ich irrte mich nicht, da tuckerte tatsächlich ein Motor, kam auf Touren.

»Meldung vom GHG, Herr Kaleu!« rief der BÜ. »Motorgeräusch in drei-null-drei, kein Schiff, ein kleineres Boot, das schnell näher kommt.«

Drei-null-drei? Die Richtung stimmte. Jetzt hörten wir nicht nur den hochtourigen Motor, sondern auch das für Schlauchboote typische klatschende Geräusch, wenn sie die kurzen Wellen mit hoher Fahrt nahmen. Mir fiel ein Stein vom Herzen. Das konnte nur unser Boot sein.

»Oberbootsmann, Achtung! Wir fluten das Achterschiff! Das Schlauchboot kommt zurück!« reagierte Kruse sofort.

Das Boot sackte spürbar achtern ab. Mich zerriß die Neugier. Am liebsten wäre ich jetzt von der Brücke nach achtern geeilt. Aber dem Leinenkommando reichte das Wasser bestimmt fast bis zum Seestiefeloberrand, deshalb verkniff ich mir das lieber.

»Da sind Sie, Herr Kaleu!« meldete der Ausguck. »Haben einen ganz schönen Zahn drauf.«

Aus dem Dunkeln kam das Boot mit einer weißen Bugwelle auf uns zugeschossen. Schubert saß am Heck und steuerte es in einen Bogen, ehe er das Gas wegnahm. Mit der auslaufenden Geschwindigkeit schor das Boot sanft an das Achterschiff.

»Dalli, dalli, Leute!« feuerte Wörle das Leinenkommando an. »Helft den Kameraden mal an Bord! Schubert, lassen Sie den Motor laufen! Sie steigen als letzter aus und geben dabei noch einmal ordentlich Vollgas. Keine Angst, wir halten das Boot fest!«

»Mensch, passen Sie doch auf!« Das war Fähnrich Brückner. »Sehen Sie denn nicht, daß der was abgekriegt hat?«

»Alles klar jetzt?« vergewisserte sich Wörle. »Haltet das Boot fest, und helft dem Schubert raus! Los, Schubert, hau rin!«

Der Motor heulte auf, übertönte alle anderen Geräusche. Als Wörle die Leinen slippen ließ, preschte das leere Schlauchboot mit einem Irrsinnstempo an uns vorbei und nahm, über die Wellen springend, Kurs auf Fullerton Point. Lautes Fluchen und Gelächter ertönten achtern. Das Leinenkommando polterte über das Deck heran und hantierte am achteren Versorgungsluk. Das war der leichteste Weg, um schnell unter Deck zu kommen.

»Bitte achtern anblasen!« rief eine Stimme.

»Achterschiff anblasen!« befahl Kruse. »Ruder Steuerbord zehn, beide Maschinen Kleine Fahrt voraus, bis das Leinenkommando unter Deck ist.«

Der Smadding enterte zur Brücke auf. »Schlauchbootbesatzung an Bord, Herr Kaleu. Der Schubert ist dabei in den Bach gefallen. Kienzle und Binger fehlen, der III WO und der Fähnrich Teichmann sind verletzt. Wir lassen sie durch das Versorgungsluk unter Deck gleiten.«

Seine Worte versetzten mir einen heftigen Schock. Kienzle und Binger fehlten, vermutlich tot oder in Gefangenschaft, und zwei waren verletzt!

»Danke, Nummer Eins! Zwei fehlen und zwei sind verletzt – wie schwer?«

»Keine Ahnung, es ging jetzt zu schnell.«

»Jetzt nichts wie weg hier, I WO! Kurs zwo-siebennull, bis wir genügend Wasser unter dem Kiel haben, dann zwo-zwo-null!« Ich klappte das Turmluk auf. »Ich muß hören, was da passiert ist.«

Den zweiten Schock bekam ich im Offizierslogis, dort lag Franke bäuchlings auf der Back. Der II WO war bereits dabei, ihm die blutbesudelte Kleidung vom Leib zu schneiden. Unmittelbar daneben hockte Fähnrich Teichmann auf dem Kojenrand, ein blutdurchtränktes Verbandspäckchen schlampig um den Kopf gewickelt. Das sah nicht ganz so schlimm aus. Ich drückte ihn auf die Koje zurück, als er aufzustehen versuchte.

»Du meine Fresse, das sieht ja wie im Schlachthaus aus!« entfuhr es mir ungewollt. »Schlimm, II WO?«

»Wie man's nimmt, Herr Kaleu. Dem Teichmann brummt die Birne, das vergeht bald wieder. Aber Herr Franke wird für einige Zeit auf dem Bauch liegen müssen.« Er sah grinsend auf. »Der hat unvorsichtigerweise sein Hinterteil genau im falschen Augenblick in die Luft gereckt, fast wie 'n Homo. Jetzt ist das im wahrsten Sinne des Wortes im Arsch.«

Er wischte ihm mit einem dicken jodgetränkten Mulltupfer das Blut von Rücken und Gesäß. Eine Schmarre lief über den Rücken und endete in einer heftiger blutenden Wunde in einer der Gesäßbacken. Franke zuckte zusammen und stöhnte laut auf, als das Jod in die Verletzungen drang.

»Liegen Sie ruhig, Herr Franke, das muß sein!« Ungerührt tupfte Werda weiter, griff nach einer Sonde und stocherte damit in der Gesäßwunde herum. »Beißen Sie die Zähne zusammen! Ich muß die Wunde säubern, sonst gibt's 'ne Infektion. Ihr Glück, daß die Wunden schon tüchtig ausgeblutet haben.« Er richtete sich auf. »Ein Streifschuß oder ein Querschläger, schätze ich, Herr Kaleu. Schmerzhaft, aber mit Bordmitteln zu versorgen.«

Das hörte ich gern. Der II WO war zwar kein Mediziner, hatte aber schon auf unserer letzten Feindfahrt seine medizinischen Kenntnisse unter Beweis gestellt, die er sich bei seinem Vater, einem Landarzt, erworben hatte. Ich deutete auf die Fleischwunde.

»Muß das genäht werden, Herr Werda?«

»Besser wär's schon. Ein Druckverband bringt an dieser exponierten Stelle gar nichts. Dabei brauche ich allerdings Hilfe.«

Er sah mich dabei an, als erwarte er die von mir.

»Ich? Nicht ums Verrecken, II WO! Oder wollen Sie, daß ich hier ins Logis kotze?« Ich trat den Rückzug an. »Ich schicke Ihnen den Brümmer, der hat Ahnung in Erster Hilfe.«

Auch der Fähnrich stand auf. »Darf ich mich nach nebenan setzen? Mir wird dabei bestimmt auch schlecht.«

»Sie dürfen«, sagte ich. »Setzen Sie sich in mein Kabuff. Ich habe da ein paar Fragen.«

»Nähen?« Frankes Stimme hielt mich auf. Er richtete sich auf den Ellbogen auf. »Und mich fragt dieser blutgierige Quacksalber nicht, ob ich das überhaupt will?«

»Ob Sie das wollen?« Werda fletschte die Zähne wie ein beutelüsternes Krokodil. Er holte eine Spritze und eine Ampulle aus unserer Rote-Kreuz-Kiste. »Machen Sie nicht soviel Wind wegen so 'ner kleinen Schönheitsreparatur, mit der Sie im Brester Puff vor den

Nutten protzen können! Der blutgierige Quacksalber verpaßt Ihnen jetzt ein hübsches Spritzchen in Ihre ramponierte Kaffeebohne. Das hebt Ihr seelisches Allgemeinbefinden, und Sie merken davon überhaupt nischt!«

Ich musterte den Fähnrich Teichmann. Er sah zwar blaß aus, aber trotz der durchgebluteten Binde schien er noch ganz gut beieinander zu sein.

»Fühlen Sie sich in der Lage, mir kurz zu berichten, was dort oben passiert ist?«

»Aber ja, Herr Kaleu! Das ist ja bloß 'n Streifschuß, und mir brummt davon ein bißchen der Kopf«, spielte er die Verwundung mannhaft herunter. »Es ging anfangs alles glatt. Wir kamen unentdeckt nach oben. Der Oberbootsmann Kienzle und Maat Binder konnten die Ladungen ungestört anbringen. Als sie zünden wollten, kreuzte plötzlich dieser Wachposten auf, der hatte sich wohl wegen des dichten Regens an ein trockenes Plätzchen verholt. Gehört und gesehen hat der uns garantiert nicht, aber er schoß ohne Anruf genau in unsere Richtung. Der Binder war sofort tot, Kopfschuß. Der III WO putzte den Posten postwendend mit 'ner MPi-Salve weg. Der war jedoch nicht allein unterwegs gewesen, wir bekamen Feuer von zwei Seiten, daher mein Streifschuß. Die geballte Ladung brachte die schnell zum Verstummen. Der Oberbootsmann konnte zünden. Aber dann kamen auf einmal aus irgend so einer Hütte noch mehr Tommies und schossen wild in die Gegend, daß die Querschläger jaulten. Wir krochen in Deckung und gaben dem Oberbootsmann Feuerschutz. Als er aufsprang, war es zu spät, die Ladung ging hoch. Die Tommies und er wurden von den Stahlsplittern regelrecht in Stücke gehackt.« Teichmann griff in die Tasche und holte zwei Erkennungsmarken heraus. »Ich habe sie Binder und Kienzle abgenommen, damit die Tommies sie nicht als Deutsche identifizieren können. Und dann haben wir uns den III WO abwechselnd auf den Rücken geladen und sind abgestiegen.«

Das war kurz und knapp, ich sah aber die Ereignisse trotzdem bildhaft vor mir. »Das war richtig, Fähnrich. Ich werde das in meinem Bericht besonders...«

»Der Kommandant bitte auf die Brücke!« unterbrach mich die Lautsprecherdurchsage. »Ich wiederhole: Der Kommandant bitte auf die Brücke.«

Noch bevor sich meine Augen wieder an die Dunkelheit gewöhnt hatten, hörte ich es: das gebieterische Jaulen der Dampfpfeife, mit dem Zerstörer und Fregatten ihr Wegerecht durchzusetzen und alle anderen Schiffe aus ihrem Kurs zu jagen pflegten, die ihnen im Wege waren. Ein widerlich aggressiver Ton, den ich bei Überwasserangriffen auf feindliche Konvois so oft gehört hatte, daß mir bei der Erinnerung daran auch jetzt wieder ein kalter Schauer über den Rücken lief.

»Die Korvetten, Herr Kaleu! Jaulen sich damit den Weg aus dem Hafen frei. Wußte gar nicht, daß die auch solche Scheißdinger haben. Spielen sich damit wie Zerstörer auf.«

»Sind die auch schon aufgewacht?« Ich richtete mein Glas auf die Hafenausfahrt. »Die meinen uns, was? Höfliche Leute, melden sich rechtzeitig bei ihrem Schlachter an.«

Kruse lachte laut auf. »Das hab' ich mir schon gedacht, Herr Kaleu. Aber alle beide?«

»*Wait and see, Sir!* Was sagen GHG und FuMB?«

»Beide haben Kontakt. Bis jetzt läßt sich noch nicht sagen, ob die uns wirklich in ihrem RADAR als U-Boot ausgemacht haben. Die sind ja kaum aus dem Hafen heraus. Wir könnten auch ein harmloser Fischer sein. Sollen wir Positionslichter setzen? Vielleicht gehen die uns auf den Leim? Haben wir doch schon ein paarmal erfolgreich praktiziert.«

Kruse dachte an Kanada und an die Azoren, er vergaß nichts.

»Das ist einen Versuch wert. Geben Sie trotzdem stillen Alarm. Man kann nie wissen. Es tut mir übrigens leid, daß der II WO Sie noch nicht ablösen kann. Der verarztet den Franke und den Teichmann und hat dabei reichlich frivole Sprüche drauf. Einen blutgierigen Quacksalber hat ihn der Franke genannt.«

»Und?«

»Der hat ihm 'ne deftige Spritze verpaßt und näht ihm jetzt den Hintern zu.«

Kruse erschrak. »Sagen Sie bloß! Den Hintern, so schlimm?«

»Ach wo, den Franke hat's an der einen Arschbacke erwischt, der kann die nächste Zeit...«

»Meldung vom GHG: Objekte aus eins-sieben-zwo ändern Kurs, scheren auseinander nach eins-sechs-acht und eins-acht-fünf. Objekt in eins-acht-fünf erhöht die Fahrt. Meldung vom FuMB: RADAR-Kontakte aus eins-sechs-acht und eins-acht-fünf.«

»Hört sich an, als wollten die uns in die Zange nehmen.« Ich richtete mein Glas auf die Küste und suchte vergeblich die Korvetten. »Nicht eine. Die führen keine Positionslaternen. Was haben die vor? Frage an GHG und FuMB: Entfernungen?«

Beide Rückmeldungen stimmten überein: Der Trick mit dem vorgetäuschten Fischerboot schien wieder zu klappen. Die Korvetten, um die konnte es sich ja nur handeln, schenkten unseren Positionslichtern keine Beachtung. Eine entfernte sich mit hoher Fahrt nach Süden, die andere lief mit nördlichem Kurs gemächlich vom Hafen ab.

Kruse kicherte in sich hinein. »Der Ami mit Südkurs jagt offensichtlich unserem Schlauchboot hinterher, der andere sucht die Küste unterhalb der Festung ab. Wen nehmen wir uns zuerst vor?«

Ich schmunzelte. Irgendwer von uns hatte den Begriff »Ami« für die Yankees aufgebracht, er war sofort aufgenommen worden. Mein besorgter Blick ging zum bedeckten Himmel, der sich langsam zu verfärben begann. Der Morgen brach an.

»Die Dämmerung setzt ein. Zu einem Überwasserangriff auf den Ami vor der Festung ist es zu spät. Getaucht haben wir zuwenig Wasser unter dem Kiel. Also bleibt nur der zweite. Der ist schon jetzt im tieferen Wasser. Die Positionslichter weg und mit AK auf Südkurs, I WO. Wir müssen diesen Ami zu den Fischen schicken, damit wir den Rücken frei haben.«

»Der hat RADAR, Herr Kaleu«, warnte Kruse, während er das Boot auf Südkurs brachte und die Verfolgung aufnahm. »Ein Fischerboot mit achtzehn Knoten? Irgendwann wird der mißtrauisch werden.«

»Das soll er ja! Wir müssen sowieso in Kürze tauchen, dann verschwinden wir aus seinem RADAR-Strahl. Das wird ihn noch mißtrauischer machen. Er dreht um, und wir kriegen ihn vor die Flinte.«

Vielleicht war das falsch, aber ich traute diesen Amerikanern militärisch nicht viel zu. Sie bezogen von den Japanern im Pazifik eine Niederlage nach der anderen, weil die militärisch besser ausgebildet waren und Erfahrungen aus dem Chinakrieg hatten. Hier in der Karibik hatten die Amis bisher überhaupt keine Erfahrung mit deutschen U-Booten sammeln können. Sie rechneten allem Anschein nach auch gar nicht mit ihnen, und das war unser Trumpf.

Meine Rechnung ging auf. Hatten die Amis das Schlauchboot erwischt, weil dem der Sprit ausgegangen war? Dann rätselten sie angesichts des Herkunftsaufdrucks herum, wer das Ding aufgegeben haben könnte. Auf ein deutsches U-Boot kamen sie nie. Oder hatte sie die RADAR-Ortung mißtrauisch gemacht?

Gegen letzteres sprach eigentlich alles. Sie zockelten wie auf einer Urlaubsreise durch die Gegend und liefen nicht auf ihrer letzten RADAR-Ortung zurück, um uns mit dem ASDIC aufzustöbern. Daß die Korvette ASDIC hatte, dessen war ich mir absolut sicher. Das hatten selbst ältere amerikanische Kriegsschiffe im Nordatlantik gehabt. Warum sollte es hier bei diesen modernen Korvetten anders sein?

Uns war das jedoch egal. Die Korvette kam zurück, das war wichtig. Wir legten uns in einem so günstigen Winkel zu ihrem Kurs auf die Lauer, daß ihr selbst das ASDIC nichts mehr nutzte, wenn es uns erfaßte.

»Rohr eins bis vier klar zum Unterwasserschuß!« Obwohl die See ruhig war, ging ich kein Risiko ein. War wieder ein Oberflächenläufer dabei, mußte ich sofort einen Torpedo nachsetzen, sonst war der Ami gewarnt. »Rohre wässern, Mündungsklappen öffnen!«

Im Boot herrschte atemlose Spannung, keiner wagte laut zu sprechen. Nur Huber meldete laufend die

Peilung der Schraubengeräusche. Kein Zick, kein Zack. Es war wie beim Übungsschießen. Der Amerikaner lief mit konstanter Fahrt ahnungslos in mein Fadenkreuz.

Jetzt kam es darauf an. Die Korvette hatte weniger Tiefgang als ein Zerstörer. Dem mußte ich Rechnung tragen, sonst liefen die Torpedos unter ihr durch. Ich diktierte Kruse die Werte, der sie ins Zielgerät eingab.

»Komm ruhig noch ein bißchen näher, mein Freund, gleich verpasse ich dir ein Paar wunderschöne Flügel!«

Meine Männer grinsten. Solche schnodderigen Redensarten liebten sie vor einem Angriff. Das gab ihnen Sicherheit und Selbstvertrauen. Dabei reagierte ich damit nur meine innere Anspannung ab.

»Achtung, Rohr eins und zwei klar!«

Meine Worte waren kaum verklungen, da klopfte der Tod an unsere Außenhaut. Alle zuckten zusammen. Ein ASDIC-Strahl griff mit seinem widerlich nachhallenden Geräusch nach uns, strich über das Boot erschreckend laut hinweg und kehrte Sekundenbruchteile später wieder zu uns zurück, um uns festzuhalten. Jetzt mußte ich handeln.

»Rohr eins – Achtung!«

Noch ein vorsichtiger Blick durchs Periskop. Gott sei Dank, der Ami behielt Kurs.

»Rohr eins los!«

Ein kaum spürbarer Ruck.

»Rohr eins ist los!«

Der Zeiger der Stoppuhr in der Hand des II WO fraß die Sekunden. Sie tickte so laut, daß wir alle im stillen mitzählten. Ich wagte erneut einen Blick durch das Sehrohr und atmete auf. Die Korvette hielt unverändert Kurs, lief ihrem Untergang ahnungslos entgegen. Vor unserem Torpedo konnte sie jetzt nur noch ein Wunder retten. Doch das blieb aus.

»Jetzt!« schrie ich mit überschnappender Stimme.

Mit einer hohen Wassersäule detonierte der Torpedo mittschiffs und riß mit einer ohrenbetäubenden Explosion knapp hinter der Brücke ein gewaltiges Loch in die stählerne Bordwand. Der durch das Boot brandende Jubel ging in ihrem Donnerschlag unter. Zugleich wusch die Druckwelle über den Periskopkopf und nahm mir sekundenlang die Sicht.

»Volltreffer mittschiffs, Männer!« berichtete ich, noch bevor der Sehrohrkopf wieder aus dem Wasser freikam. »Der ist auf dem Weg zu den Fischen!«

Das war nicht übertrieben. Der Treffer war tödlich. Die Korvette trieb mit Schlagseite in der langen Dünung und lief mit rasender Geschwindigkeit voll. Sie krängte immer mehr nach Backbord und sackte achtern tiefer. Schon leckte die See in die Speigatts und spülte über das Achterdeck. Auf dem schrägen Deck herrschte ein kopfloses Durcheinander. Während sich einige Männer um die schief in den Davits hängenden Rettungsboote drängten, warfen andere Rettungsflöße über Bord und sprangen hinterher, eilig davonstrebend, um dem Sog des sinkenden Schiffes zu entkommen, das kurz vor dem Kentern stand.

»Deutliche Sinkgeräusche, Herr Kaleu!« meldete Huber vom GHG. »Die Querschotts brechen!«

Aber sie schwamm noch. Dennoch war sie verloren, auch wenn von der Brücke ein Mann mit einer Flüstertüte noch immer irgendwelche Anweisungen zu den Männern hinunter schrie, die sich unverständlicherweise an den völlig nutzlosen Davits abmühten.

Ich war fassungslos. »Das gibt's doch nicht! Der Pott kann jeden Augenblick kentern, und da murksen so ein paar Idioten noch an den Davits herum, anstatt sich schleunigst in Sicherheit zu bringen! Und dann haben die nicht mal Schwimmwesten um!«

»Tatsächlich?« fragte der II WO kopfschüttelnd. »Unverantwortlich! Die schicken die Männer auf See, ohne so einen Seenotfall zu üben! Kein Wunder, wenn die Japse die Amis so in die Pfanne hauen!«

»Vielleicht sind die überhaupt noch in der Ausbildung?« vermutete Kruse. Er horchte auf. Ein Bullern lief durch die See. »Das Ende!«

Tatsächlich, die Korvette kenterte. Als die Aufbauten in die See tauchten, wurde das laute Brausen und Blubbern der entweichenden Luft vom Wasser bis zu uns übertragen. Sie verschwand in einem aufbrodelnden Strudel von der Oberfläche und riß die Männer mit in die Tiefe, die sich auf den Decks befunden hatten.

»Aus! Sie ist weg und hat auch den Haufen kopfloser Hampelmänner mit nach unten genommen!« Ich schwenkte das Sehrohr herum. Köpfe tanzten in der Dünung um die zahlreichen Rettungsflöße herum. »Die anderen haben Glück. Sie haben genügend Flöße, und zur Küste ist es nicht weit. Da muß nur einer das Kommando übernehmen, dann ist das überhaupt kein Problem.«

»Kein Problem, Herr Kaleu?« fragte Kruse zweifelnd. »Nach dieser blamablen Vorstellung?«

»Da werden doch nicht nur unfähige Offiziere an Bord gewesen sein«, meinte der II WO. »Sie werden außerdem gefunkt haben. Da wird die andere Korvette hier in Kürze erscheinen.«

»Glauben Sie?« blieb ich ebenfalls skeptisch. »Da bin ich mir nicht so sicher. Aber möglich ist ja alles. Rohr eins nachladen. Alarm beendet, Freiwache abtreten. Gehen Sie auf Gegenkurs, Herr Werda. Wenn Ihre optimistische Annahme zutrifft, müßten wir ja bald den anderen Ami vor die Flinte kriegen.«

Sie traf zu. Huber hatte die andere Korvette keine zwanzig Minuten später schon im Ohr, während wir uns noch den Kopf darüber zerbrachen, warum unser Opfer weder die RADAR-Ortung noch den ASDIC-Kontakt beachtet hatte.

»Dafür gibt's nur eine Erklärung«, behauptete der I WO. »Die waren schlecht ausgebildet.«

»Vier gibt es, Herr Kruse«, widersprach ich. »Sie können wählen: schlechte Ausbildung, Schlamperei, laxe Dienstauffassung der verantwortlichen Offiziere oder ein Kommandant, der seiner Aufgabe nicht gewachsen war. Das kann bei der zweiten Korvette ganz anders sein.«

Und das war es tatsächlich. Sie kam mit Höchstfahrt herangerauscht und bot schon so einen ganz anderen Anblick. Vermutlich waren auch ihre sämtlichen Gefechtsstationen besetzt, weil ihr Kommandant nach dem Notschrei seines Kameraden mit allem rechnete. Bekam der uns in sein ASDIC, ging er der Sache garantiert auf den Grund. Aber auch dagegen gab es ein Mittel.

»Wir müssen ihr ASDIC von uns ablenken, II WO. Noch haben wir genügend Zeit dazu. Legen wir der Korvette einen Bold vor die Nase. Wenn die Jungs damit beschäftigt sind, nehmen wir sie auf die Hörner. Ich übernehme.«

Ich legte das Boot auf Gegenkurs und löste Alarm aus. »Huber, wie peilt die Korvette?«

»Korvette peilt eins-acht-null, Herr Kaleu! Entfernung schnell abnehmend! Hat etwa achtzehn Knoten drauf.«

»Na bestens! Achterer Torpedoraum – Achtung! Klar bei Bold! Rohr fünf klar zum Unterwasserschuß! Herr Trautmann, sobald der Bold raus ist, gehen Sie auf dreimal AK voraus. Ich möchte genügend Abstand haben, um 'nen Haken zu schlagen, klar?«

»Klar, Herr Kaleu!«

Vorsichtig fuhr ich das Sehrohr aus. Die Korvette hielt Kurs, sie folgte uns genau in unserem Kielwasser. Achtzehn Knoten, ich rechnete. Nicht mehr lange, dann mußte sie uns in ihrer ASDIC-Reichweite haben.

»Achterer Torpedoraum ist klar!« kam die Meldung. »Bold klar, Rohr fünf klar!«

Kruse stand am Zielgerät und wartete auf meine Angaben. »Tiefensteuerung wie bei der anderen Korvette, I WO.«

Er lächelte. »Schon drin, Herr Kaleu! Viel Glück!«

»Danke, werde mich bemühen. Sie wissen doch: Glück ist die Kunst, kein Pech zu haben. Ich hoffe, wir haben keins.« Ein erneuter Blick durch das Sehrohr. Die Entfernung schmolz zusammen. Ich durfte nicht zu lange warten. »Achterer Torpedoraum, klar bei Bold!«

Ein ASDIC-Strahl packte uns von achtern und glitt weiter. Der kam garantiert zurück. Jetzt hieß es, die Nerven zu behalten. Der Bold tat nur seine Pflicht, wenn der Mann am ASDIC-Gerät uns nicht mehr aus den Krallen ließ. Und da war er auch schon und hielt uns fest.

»Achterer Torpedoraum ... Achtung! Bold ... raus!«

»Bold ist raus!«

Der LI gab unseren E-Maschinen die Sporen. In meinem Kopf formte sich ein neuer Gedanke. Mensch, na klar! Wir brauchten gar keinen Haken zu schlagen. Wenn der Ami den Bold überlief und ihn mit Wasserbomben eindeckte, mußte er für den zweiten Anlauf drehen! Dabei verlor er Fahrt und bot mir seine Breitseite, das war der richtige Augenblick! Glück mußte ich haben, sonst blieb uns nur die Flucht in die Tiefe!

Das ASDIC verstummte, der Bold tat seine Schuldigkeit. Ich beobachtete den Zeiger meiner Uhr, schätzte die Entfernung zu unserem Bold und die Geschwindigkeit des Amis. Noch zu kurz.

»Die Korvette verliert Fahrt, Herr Kaleu!« schrie Huber. »Kurs konstant!«

Jeder alte Hase wußte, was das hieß. Sie verminderte Fahrt, damit sie die Wasserbomben dichter setzen konnte. Der Kommandant kannte sich also aus. Uns schenkte das wertvolle Zeit und kostbare Meter. Die mußte ich nutzen, denn gleich ging's los.

»Herr Trautmann, runter mit der Fahrt! Beide Maschinen Umdrehungen für vier Knoten!«

Die Warterei zerrte an meinen Nerven und noch mehr die Ungewißheit. Ging mein Plan auf, oder ging er nicht auf? Kalter Schweiß trat mir auf die Stirn. Meine Hände wurden feucht, als ich das Sehrohr ausfuhr und die Entfernung schätzte.

»Auf denn! Ich schieße, wenn die Korvette zum zweiten Anlauf dreht, I WO! Rohr fünf klar!«

Das klang gut, war jedoch das reinste Pokerspiel.

Meine Gedanken überschlugen sich. Nach welcher Seite drehte die Korvette? Nach Steuer- oder Backbord? Was würdest du denn tun, fragte ich mich. Backsen und auf dem Teller drehen, was sonst! Aber wo würde sie drehen?

In diese Überlegung hinein fiel die erste Bombenlage. Der Kommandant war ein alter Hase. Also würde er höchstens sechs Lagen werfen lassen, mehr nicht, dann würde er drehen. Ich schätzte die Entfernung, während es achteraus Wabos regnete.Ich zählte mit. Sechs! Jetzt mußte sie gleich drehen.

»Rohr fünf ... Achtung!« Sie verlor Fahrt und setzte zum Drehen an. »Rohr fünf... los!«

»Ist los!« kam sofort die Rückmeldung.

Ich hing am Sehrohr und zählte die Sekunden der Torpedolaufzeit. Unendlich langsam drehte die Korvette ein, wurde schneller und schneller. »Sie backst! Gott sei Dank, sie ba...«

Ein Donnerschlag fuhr in mein Stoßgebet. Der Torpedo traf die Korvette mitten in der Drehung. Das Vorschiff verschwand hinter einer Wassersäule. Als sie zusammenfiel, gähnte dort ein Loch in der Bordwand.

»Treffer!« schrie der II WO. »Wir haben sie...«

Seine Worte gingen in dem Freudengeheul unter. Auch ich atmete erleichtert auf, war aber zugleich auch enttäuscht. Das war kein tödlicher Treffer, ich hatte sie nur krankgeschossen! Ihr Vorschiff war nur geringfügig abgesunken. Hielten die Schotten, genügte ein über das Loch gezurrtes Lecksegel, und sie konnte mit eigener Kraft in den nächsten Hafen humpeln.

Noch rollte sie mit gestoppten Maschinen in der langen Dünung, die Geschütze gefechtsbereit besetzt.

Das bewies mir abermals, daß ihr Kommandant ein erfahrener Krieger war. Der hatte sein Schiff im Verschlußzustand in den Angriff geführt und handelte jetzt sofort. Schon erschienen Männer eines Lecksicherungstrupps auf der Back. Ich mußte die Korvette vor den Bug bekommen, bevor die ein Lecksegel ausbrachten.

»Wir backsen! Ruder hart Steuerbord, Backbordmaschine voll voraus, Steuerbordmaschine voll zurück! Vorderer Torpedoraum klar zum Unterwasserangriff!« Ungeduldig beobachtete ich die Korvette, während das Boot unter mir auf dem Teller drehte, bis wir sie recht voraus hatten. »Beide Maschinen stopp! Ruder komm auf! Rohr zwo und drei klar zum Unterwasserschuß!« Ich trat vom Sehrohr zurück. »Kommen Sie, Herr Kruse, bringen Sie das Boot in Schußposition. Verpassen Sie der Korvette den Fangschuß, sonst geht die uns noch mit eigener Kraft durch die Lappen. Ich habe sie leider nur verwundet. Die liegt wie auf dem Präsentierteller.«

Das war eine Auszeichnung, die sich jeder I WO wünschte. Normalerweise blieben nämlich Torpedoangriffe dem Kommandanten vorbehalten. Kruse hatte sie längst verdient. Sein Gesicht lief vor Freude rot an.

»Danke, Herr Kaleu!« Er übernahm das Sehrohr und blickte auf den Peilkranz. »Beide Maschinen Umdrehungen für zwei Knoten, Ruder Steuerbord zehn… Recht so! Komm auf! Torpedoraum, wo bleiben die Klarmeldungen!«

»Rohr zwo klar, Rohr drei klar! Rohre bewässert, Mündungsklappen geöffnet.«

Kruse war die Ruhe selbst. »Rohr zwo… Achtung! Rohr zwo… los!«

Diesmal drückte ich auf die Stoppuhr, obwohl das bei einem gestoppt liegenden Ziel überflüssig war.

»Torpedo läuft!« meldete der BÜ.

Erwartungsvolle Stille. Die Uhr in meiner Hand zählte die Sekunden. Endlich ein Knall! Jubel brach los. Ich schlug Kruse auf die Schulter.

»Gratuliere, I WO! Ihr erster Volltreffer!«

Kruse blieb ehrlich. Er grinste. »Voll ist übertrieben, Herr Kaleu. Das war ja schon fast Leichenfledderei. Die kommt jedenfalls nicht mehr mit eigener Kraft weg. Sehen Sie selbst.«

Er überließ mir das Periskop. Kruse hatte genau das getan, was auch ich getan hätte. Sein Torpedo hatte der Korvette Schrauben und Ruder wegrasiert und sie zu einem hilflosen Krüppel geschossen. Mit dem Leck im Vorschiff und dem zerschmetterten Achterschiff mußte sie, wenn überhaupt, für lange Zeit in die Werft. Viel wahrscheinlicher war aber, daß man sie abwrackte.

Ihr Kommandant schien jedoch anderer Meinung zu sein. Er hatte den Schock des zweiten Treffers schneller als erwartet überwunden und vertraute ganz offensichtlich auf die geschlossenen Schotten und die Männer der Lecksicherung. Die waren unter Deck sicher schon dabei, die Querschotten gegen den Wasserdruck noch zusätzlich abzustützen. Jedenfalls hatte man uns das für einen solchen Fall beigebracht und als Seekadetten auf dem Schulschiff immer wieder üben lassen.

So schwenkte die Korvette zwar die Rettungsboote aus, ließ sie aber nicht zu Wasser. Auf der Back war der Lecksicherungstrupp dabei, ein Lecksegel auszubringen, und auch über das Achterdeck turnten ein paar Männer mit allerlei Gerätschaften.

»Donnerwetter, da weht aber ein ganz anderer Wind! Der Mann hat seine Männer im Griff«, sagte ich anerkennend. »Das ist nicht so eine kopflose Horde wie unser erstes Opfer! Es wird ihm nur nichts nützen, das Heck sackt mehr und mehr ab.«

Das war ein denkbar schlechtes Zeichen, die Lecksicherung bekam das Achterschiff nicht in den Griff. Es lief voll. Irgendwann nahm der Wasserdruck so zu, daß auch das abgestützte Querschott brach, und das bahnte sich dort offenbar schon an.

»Achtung, Schraubengeräusche aus drei-vier-null!« meldete sich Huber aus dem GHG-Schapp. »Nähern sich schnell.«

»Das kommt aus Saint John's, Herr Kaleu«, sagte der II WO. »Der bekommt anscheinend Hilfe.«

Ich drehte das Periskop in die angegebene Peilung. Eine langgezogene dicke schwarze Wolke stieg hinter Fullerton Point auf. Noch verdeckte die vorspringende Landzunge das Schiff, von dem die Wolke stammte. »Ein Schiff mit Kohlefeuerung, vermutlich der Schlepper.«

Er war es tatsächlich. Mit schäumender Bugwelle bog er um die Landzunge und kam qualmend näher. Doch für die Korvette kam er zu spät. Das Querschott brach. Huber hörte das Krachen zuerst, dann übertrug das Wasser auch das Brausen, mit dem die Luft aus der Abteilung gedrückt wurde.

Ich drehte das Sehrohr zur Korvette zurück. Die See spülte bereits über das Achterdeck. Doch noch gelang es, die Rettungsboote zu fieren. Rettungsflöße flogen über Bord, Männer mit Schwimmwesten sprangen hinterher und strebten vom Schiff weg.

»Sie geben auf! Der Schlepper kommt zu spät, die Korvette ist nicht mehr zu halten.«

Laut krachte das nächste Querschott, kurz darauf drückte das Wasser das nächste ein. Dann ging es ganz schnell. Über den Achtersteven glitt die Korvette in die Tiefe, einen mächtigen Strudel entweichender Luft aufwerfend.

»Aus!« Ich trat vom Sehrohr zurück und ließ es in den Schacht gleiten. »Von nun an ist hier für uns nichts mehr zu holen, meine Herren. Es wird sich wie ein Lauffeuer verbreiten, daß hier ein deutsches U-Boot sein Unwesen treibt. Neuer Kurs zwo-sieben-null, Herr Werda. Sind wir weit genug von Land ab, tauchen wir auf. Hagen und Wildenow warten vermutlich schon auf unser Funksignal.«

U 114 und U 500 beantworteten unser Funksignal postwendend. Damit begann die zweite Phase der OPERATION TROMMELWIRBEL. Bisher hatte jeder seine vorgesehenen Einzelaktionen in weit voneinander entfernten Seegebieten durchgeführt, um die Alliierten über unsere wahren Absichten im unklaren zu lassen und ihre Abwehr zu zersplittern. Jetzt begann die koordinierte Jagd im Rudel in einem Seegebiet, das wir bis jetzt gemieden hatten.

»Ich weiß zwar nicht, wie erfolgreich die beiden bis jetzt gewesen sind, es spielt genaugenommen auch keine große Rolle«, erklärte ich den beiden Fähnrichen unsere Taktik anhand der Seekarte. »U 114 wird auf 15 Grad Nord, 68 Grad West zu uns stoßen. Vorher wird es noch vor Trinidad Grundminen legen. Das ist ’ne ziemlich kitzlige Sache. Warum?«

Der II WO stand hinter ihnen und schmunzelte. Vermutlich hatte er das mit den beiden schon im Taktikunterricht besprochen. Es konnte jedoch nicht schaden, wenn ich jetzt nachbohrte. Die beiden waren schließlich als Wachoffizierschüler bei uns eingestiegen.

Ich sah Brückner an. »Naaa?«

»Auf Trinidad existiert eine Marinebasis, von der aus das Seegebiet zwischen Grenada und Trinidad möglicherweise überwacht wird, Herr Kaleu. Wegen der RADAR-Stationen auf Trinidad, Grenada und Tobago kann die Operation nur getaucht erfolgen. Es ist aber verhältnismäßig flach, so daß bei einer Entdeckung nicht genügend Tauchtiefe vorhanden ist.«

»Gut, Brückner. Was würden Sie Kaleu Wildenow also raten, wenn er Sie als sein I WO fragte, Fähnrich Teichmann?«

»Sich Zeit zu lassen und die Lage gründlich zu peilen, Herr Kaleu. Das heißt, wie, wann, wie viele amerikanische Kriegsschiffe dort patrouillieren.«

Ich nickte zufrieden. »Dann sehen Sie man bei uns dem I WO und dem II WO weiter gründlich auf die Finger. Das war 's dann.«

Die beiden klappten die Hacken zusammen und enterten zur Brücke auf. Ich sah den II WO an. »Na, was sagen Sie zu den beiden, Herr Werda?«

»Die machen sich prächtig. Auch die Obersteuerleute und der Chief sind mit ihnen sehr zufrieden. Wenn ich dagegen an diese Pflaume, den Grafen Hardegg, denke, den man uns damals angedreht hatte, weil sein Onkel so ein hohes Tier in der Seekriegsleitung gewesen ist, ist das ein himmelweiter Unterschied.«

»Gott sei Dank! Wo steckt eigentlich der LI?«

Der II WO grinste, ehe er antwortete. »Der hat Freiwache. Der kümmert sich geradezu rührend um den

III WO und bemitleidet ihn, weil auch er glaubt, ich hätte den Franke zugenäht.«

»Wieso glaubt? Haben Sie nicht?«

Er lachte laut auf. »Ach wo, alles nur Theater! Ein bißchen Spaß muß sein, sonst taugt der ganze Ernst nischt! Ich hab' den zugepappt, und der glaubt, er sei genäht worden. Soll er ruhig, das heilt dann besser.«

Jetzt mußte auch ich lachen. »Sie sind mir vielleicht einer! Und die Spritze? War das auch Theater?«

»Nicht unbedingt, Herr Kaleu. Der Franke hielt sie für 'ne örtliche Betäubung. In Wirklichkeit war das 'ne Tetanusspritze, die hat mir mein alter Herr mitgegeben. Hätten wir die vor zwei Monaten mitgehabt, wär' der Brodersen vielleicht noch zu retten gewesen.«

»Vielleicht, wenn er früher damit hätte versorgt werden können«, sagte ich und maß die Entfernung zu dem verabredeten Treffpunkt. Es waren rund 389 Seemeilen, also etwa 33 Stunden Fahrzeit. »Also morgen abend gegen zwoundzwanzig Uhr, wenn uns nicht vorher jemand in die Quere kommt.«

Wir liefen den ganzen Tag und die ganze Nacht auf den verabredeten Treffpunkt zu, ohne einem Schiff zu begegnen oder ein Flugzeug zu sichten. Das Wetter war karibisch, und prompt holte sich die Brückenwache tagsüber einen deftigen Sonnenbrand, ich machte keine Ausnahme.

»Rot wie 'n Pavianarsch. Wär' da nicht die Nase, könnte man direkt meinen… na ja«, spottete Kruse beim Frühstück. »Nur gut, daß uns der liebe Gott mit einem kräftigen Bartwuchs gesegnet hat. Gibt 'ne ganz aparte Note. Was wird bloß ihre…«

»Mastspitzen in zwo-sieben-fünf!« meldete der BÜ

von der Brücke zu uns herunter. »Kommandant bitte auf die Brücke!«

»Da haben wir es wieder, keine Liebe mehr unter den Menschen!« moserte Kruse. »Nicht mal in Ruhe frühstücken kann man hier.«

»So ist das nun mal bei Pavianärschen, Herr Kruse!« Ich nahm mein Glas vom Haken und enterte auf.

Der II WO half mir aus dem Luk. »Der Mendel hat sie entdeckt, Herr Kaleu. Stehen ziemlich weit auseinander, scheint ein dicker Brocken zu sein. Kommt auch verhältnismäßig schnell auf.«

»Hmmm«, brummte ich und stellte mein Glas nach. »Kaum Rauchwolken, also ein modernes Schiff. Ein Einzelfahrer? Verkleinern wir unsere Silhouette. Lassen Sie vorfluten, II WO, damit wir länger oben bleiben können.«

Langsam stiegen die Aufbauten des Schiffes über die Kimm. Trotzdem war ich sicher, daß man uns noch nicht sehen konnte. Unser Turm war nur ein winziger Punkt in der weiten See.

»Tatsächlich ein Einzelfahrer. Nach seinem Kurs könnte er mit Bauxit oder Chemikalien vom Orinoco-Delta kommen, Trinidad passiert haben und zum Canal de la Mona wollen.«

Jetzt meldete sich auch Greinert vom GHG: »Schraubengeräusche aus zwo-neun-null! Kein Konvoi, ein Einzelfahrer.«

»Hört sich an, als läge er mit uns auf Kollisionskurs. Den sollten wir uns wohl doch etwas näher ansehen.« Ich blickte auf die Uhr. »Zwoeinhalb bis drei Stunden, dann wissen wir mehr. Verschwinden wir lieber von der Oberfläche.«

Er brauchte genau drei Stunden, bis ich ihn in seiner vollen Größe in der Sehrohroptik hatte. »Ein Amerikaner. Hat gut seine zehntausend Bruttoregistertonnen. Führt außer dem Sternenbanner unseren Stander ›Z‹ im Vortopp und ist bewaffnet.«

»Was denn, wieder so einer mit 'ner gefährlichen Ladung an Bord und dann bewaffnet?« Kruse erinnerte sich an den Frachter vor zweieinhalb Monaten. »Der fliegt doch mit allem Drum und Dran gleich in die Luft.«

»Ich weiß, woran Sie denken, I WO«, hatte doch der Anblick des Standers auch bei mir diese Erinnerungen wachgerufen. »Wäre er nicht bewaffnet, stoppte ich ihn und ließe die Besatzung aussteigen. Aber so? Neee!«

Die Zielansprache war denkbar einfach, der kam genau im richtigen Winkel auf. Nicht mehr lange, dann hatte ich ihn in Schußweite vor dem Bug. Die Männer hockten an den schußbereiten Torpedorohren und warteten nur noch auf mein Kommando. Ich zögerte. Sollte ich nicht vielleicht doch? Nein, zu gefährlich für uns. Ehe wir die Kanone besetzt hatten, konnte der uns schon ein paar Treffer verpaßt haben.

»Rohr eins und zwo...Achtung!« Jetzt hatte ich seinen Bug im Fadenkreuz. »Rohr eins...los!«

»Rohr eins ist los!«

Der Torpedo lief, raste auf den Frachter zu und ließ ihm keine Chance zu entkommen. Es war wie vor zweieinhalb Monaten nördlich des Orinoco-Deltas. Ich wußte, was jetzt kam.

»Festhalten!« schrie ich und klammerte mich an den Griffen des Spargels fest.

Der Torpedo traf den Frachter mittschiffs und detonierte. Eine ganz normale Wassersäule stieg an der

Bordwand empor. Aber noch ehe sie zusammenfiel, zuckte hinter ihr ein gewaltiger Blitz auf und verwandelte den Frachter in Sekundenbruchteilen in einen riesigen explodierenden Vulkan. Die feuerspeiende Eruption blies das Schiff mit seinen rund zehntausend oder mehr Bruttoregistertonnen regelrecht in die Luft.

Sekunden später übertrug das Wasser den ohrenbetäubenden Explosionsdonner. Der Jubelschrei erstickte den Männern in der Kehle, denn nur wenig später folgte die gefürchtete enorme Druckwelle. Sie traf das schwere Boot wie eine gewaltige Faust und drückte es überkippend aus seinem Kurs. Ihr Schwung riß mir fast die Arme aus den Gelenken. Oben war plötzlich unten und unten oben.

»Wir kentern!« schrie der LI hysterisch auf. »Der nimmt uns mit in die Tiefe!«

»Schnauze! Hier kentert keiner!« Das war Kruse. »Und niemand nimmt uns mit in die Tiefe!«

In den nachlaufenden Druckwellen taumelnd, richtete sich das Boot wieder auf, kam langsam auf ebenen Kiel. Aus den Abteilungen drang Geschrei.

Der II WO reagierte prompt, denn das war sein Bereich. »Ruhe im Boot! Schadensmeldung an Zentrale!«

Mein Blick ging zum Papenberg. Noch ein Minuspunkt für den Hitlerjungen Quex. »Was ist los, LI? Auf Sehrohrtiefe einpendeln, verdammt noch mal! Ich will wissen, was da oben los ist!«

Gar nichts war dort oben los. Der Frachter war weg, zerrissen von der Explosion seiner gefährlichen Ladung und spurlos verschwunden. Das heißt, nicht ganz spurlos. Weit verstreut trieben Holztrümmer und allerlei Reste auf der Wasseroberfläche.

»Alarm beendet! Klar zum Auftauchen! Brückenwache in den Turm!« Mein Blick suchte den LI vergeblich, den verdeckten die Männer auf der Leiter. »Anblasen!«

Der Turm kam frei. Blitzschnell enterte die Brückenwache auf, Kruse voran, und besetzte ihre Stationen. Ich folgte ihnen etwas langsamer, weil ich überlegte, ob ich den LI gleich oder später wegen seines hysterischen Geschreis zusammenstauchen sollte. Ich verschob es auf später.

»Nichts, Herr Kaleu, nicht mal aufsteigende Luftblasen. Genau wie beim letzten Mal.« Der I WO ließ sein Glas sinken und deutete auf die langgestreckte dunkle Wolke, die der Wind langsam von uns forttrug. »Auch die wird an den Pott nicht mehr lange erinnern. Möchte mal wissen, was der geladen hatte. Dynamit?«

»Möglich. Ich vermute eher leicht entzündliche Chemikalien für die Munitionsherstellung, Salpeter und so 'n anderes Zeug.« Ich zuckte die Schultern. »Chemie war in der Schule nicht meine starke Seite.«

»Meine auch nicht.« Er schüttelte sich. »Mit einem gewaltigen Knall von einer Sekunde zur anderen weg mit allem, was drauf war. Wir wissen nicht mal, wie dieser Pott hieß.«

»Kein Grund also, hier noch länger zu suchen, Herr Kruse. Gehen Sie wieder auf unseren Generalkurs. Marschgeschwindigkeit vierzehn Knoten, der Pott hat uns etwas aufgehalten.«

Ich suchte mit dem Glas die Kimm ab. Nichts, keine Mastspitzen, keine Rauchfahne und auch keine Flugzeuge. Wir waren mutterseelenallein in diesem Seegebiet. Besser konnten wir es uns gar nicht wünschen.

»Der Knall hatte noch eine entlarvende Nebenwirkung«, sagte ich so leise, daß nur der I WO es hören konnte. »Sie lagen mit Ihrer Beurteilung des LI genau richtig.«

»Vielleicht hat's solche beschämenden Ausfälle auch schon auf den anderen Booten gegeben?« flüsterte er zurück. »Das erklärt dann manches, den häufigen Kommandowechsel und den Klempnerladen zum Beispiel, auf den er so stolz ist.«

»Komischer Vogel«, brummte ich. »Faselt vom Heldentod für Führer, Volk und Vaterland auf dem Feld der Ehre und dann so was. Haben Sie die englischsprachigen Sender abgehört? Etwas von uns dabei?«

»Von uns noch nicht. Eine U-Bootwarnung allgemeiner Art war für die Seegebiete Puerto Rico und Barbados dabei. Unüblich jedoch, daß sie sich diesmal über Verluste ausschweigen. Hagen und Wildenow müssen also ganz schön zugeschlagen haben.«

»Und sonst?«

»Die Amis beziehen von den Japanern im Pazifik fürchterliche Dresche, ebenso die Tommies. Singapur hat kapituliert, siebzigtausend Mann sind in Gefangenschaft gewandert. Und in Niederländisch-Indien ist es nicht gelungen, die Japaner an der Eroberung Balis zu hindern.« Kruse stockte und sah mich von der Seite prüfend an. »Ist ein offenes Wort gestattet?«

»Nur zu! Warum fragen Sie?«

»Mich wundert, daß die Alliierten das so ohne weiteres zugeben. Ich meine... Im Vergleich zu uns sind die weit offener zu ihrer Bevölkerung als wir.«

Ich dachte an meinen Schwiegervater. »Ein besonderer Anlaß? Werden Sie konkret, Herr Kruse!«

»Nun, ich habe über Langwelle den Deutschlandsender gehört, gestört zwar, aber in den wesentlichen Teilen vollauf verständlich. Wir siegen darin an allen Fronten, vornehmlich in Rußland, und die Amerikaner sagen genau das Gegenteil. Wem kann man denn nun glauben?«

Lieber Himmel, mein Schwiegervater hörte BBC und stellte sich die gleiche Frage. »Nun ja, suum cuique, haben wir mal als preußischen Wahlspruch gelernt. Und so sollten wir es vielleicht auch sehen.«

Das war eine blöde Antwort, die alles offen ließ, aber Kruse lächelte. »Verstehe, suum cuique! Wir haben in der Penne ›Jedem das Seine und mir das meiste!‹ daraus gemacht, Herr Kaleu.«

Er schien irgendwie erleichtert zu sein, das machte mich stutzig.

»Mal eine genauso offene Frage, I WO: Hat sich irgendwer daran gestoßen, daß wir die sogenannten Feindsender hören, um für uns daraus Schlüsse zu ziehen?«

»Nun ja«, druckste er herum, »dem LI... äh... der hat das ja schon ein paarmal mitgekriegt und meinte... äh....«

Ich wurde ungeduldig. »Nun lassen Sie sich nicht die Würmer aus der Nase ziehen, Herr Kruse! Was meinte der LI?«

»Es klang fast wie eine versteckte Drohung. Das sei uns doch strengstens verboten und grenze an Wehrkraftzersetzung, sagte er. Wenn davon die Flottille erfahre, bekäme ich ganz schön was um die Ohren und Sie ebenfalls. Und die Gestapo kenne dabei überhaupt kein Pardon.«

»Was hat der...?« Mir blieb vor Empörung die Sprache weg. Das war tatsächlich eine Drohung. Nur mit

Mühe dämpfte ich meine Stimme. »Kann dieser Kerl nicht weiter denken, als ein Hund scheißt?«

»Er hat das zwar mit einem schiefen Grinsen zu entschärfen versucht, aber mir hat es doch einen ganz schönen Schock versetzt.«

Mir jetzt auch, gestand ich mir ein. Wir bewegten uns in dieser Beziehung auf hauchdünnem Eis. Bekam das die Geheime Staatspolizei mit, gab es für Kruse und mich tatsächlich schweren Ärger. Wie sollte man denn solchen engstirnig verbohrten Etappenhengsten auch klarmachen können, daß gerade die amerikanischen Radiosender durch ihre fast krankhafte Jagd nach sensationellen Neuigkeiten für uns wertvolle Informationsquellen darstellten?

Auf unserer vorherigen Feindfahrt hatten sie uns dadurch militärische Fakten verraten, die wir für unsere Operationen erfolgreich verwerten konnten.

»Ich Trottel!« sagte ich. »Das Goldene HJ-Mitgliedsabzeichen hätte mich warnen müssen. Dieser Trautmann ist ein ›Alter Kämpfer der HJ‹ und mehr Hitlerjunge als Offizier. Der hält offenbar unsere Feindfahrt noch immer für ein fröhliches HJ-Geländespiel und macht sich entsetzt in die Hosen, wenn's mal hart zur Sache geht. Den Zahn werde ich ihm ziehen!«

Kruse nickte, schwieg jedoch, weil der Kopf des Funkers Fenske im Turmluk auftauchte.

»Ein Funkspruch, Herr Kaleu, Offiziersschlüssel. Herr Leutnant Werda hat ihn schon entschlüsselt.«

»Danke!« Ich überflog den Text. Es war eine Fühlungshaltermeldung Wildenows: *Konvoi auf 13°40' N, 67°12' W, 30 Schiffe, geringe Sicherung, Generalkurs 360°, Marschgeschwindigkeit 10 Knoten, MOZ 10 Uhr.* »Es geht los. Wildenow hat einen Konvoi ausgemacht. Ich schicke Ihnen den Obersteuermann und einen der Fähnriche zu Ihrer Ablösung rauf. Kommen Sie dann bitte zur Offiziersbesprechung runter in meine Kammer.«

Der II WO stand in der Zentrale am Kartentisch. »Ich hab' die Standortmeldung schon in der Karte abgesetzt, Herr Kaleu.«

»Prima, Herr Werda. Dann kommen Sie bitte mit der Karte zur Besprechung in meine Kammer. Der I WO kommt auch gleich runter. Wo steckt der LI? Im Maschinenraum?«

Der II WO schüttelte den Kopf. »Nein, dafür hat er ja jetzt seine zwei Obermaschinisten, die halten die Stoker in Schwung. Er entwickelt neuerdings eine karitative Ader und leistet dem III WO Gesellschaft, wann immer es geht.«

Das kam in einem solchen Ton heraus, daß ich aufhorchte. »So, tut er das? Dann sollte ich da wohl auch noch schnell 'nen Krankenbesuch machen und ihn dann zur Offiziersbesprechung mitbringen, was? Der Smut' soll uns 'ne Kanne Kaffee bringen. Veranlassen Sie das bitte?«

Der Einfall mit dem LI war mir spontan gekommen. Das war die Gelegenheit, ihm in Gegenwart der anderen Offiziere den Zahn zu ziehen. Ich jumpte durch das Mannloch und prallte mit dem Funker zusammen.

Erschrocken fuhr er zurück. »'tschuldigung, Herr Kaleu. Wir haben noch einen zweiten Funkspruch aufgefangen.«

»Macht nichts, war meine Schuld. Geben Sie her!« Funkspruch war eigentlich auch wieder übertrieben.

Es war das gleiche Signal, mit dem ich Wildenows Fühlungshaltermeldung bestätigt hatte, und kam von U 500. Ich gab das Blatt zurück. »Das können Sie ablegen.«

Im Offizierslogis saß der LI auf der Backskiste. Er sprang sofort beflissen auf, als ich eintrat. Der III WO lag keineswegs auf dem Bauch, sondern aufgestützt auf der Seite, um sein Hinterviertel zu entlasten. Die Männer spielten Schach.

»Na, wie geht's, Herr Franke? Keine Beschwerden?«

»Danke, Herr Kaleu, die sind erträglich. Tut mir leid, daß ich ausfalle. Wenn die Fäden gezogen sind, kann ich bestimmt wieder Wache gehen.«

»Ah ja, richtig, die Fäden!« Ich hatte Mühe, ernst zu bleiben. »Wie viele Fäden hat er denn gesetzt?«

»Vier. Ist ja auch ein ziemliches Loch, hat der II WO gesagt.« Er deutete die Größe einer Faust an. »So weh hat's aber eigentlich gar nicht getan. So kann man sich täuschen.«

Und wie, mein Junge, hätte ich beinahe gesagt und laut losgelacht. Kruse, diese Spottdrossel, hatte in dem II WO einen gelehrigen Schüler gefunden.

Ich trat schleunigst den Rückzug an, sonst verplapperte ich mich am Ende noch. »Na, dann wünsche ich Ihnen weiterhin gute Besserung. Den LI muß ich Ihnen jetzt allerdings entführen, der wird gebraucht.«

Der LI folgte mir schweigend. In meiner Kammer studierten die beiden Wachoffiziere die Seekarte und rechneten bereits unseren Abfangkurs auf den Konvoi aus.

»Der Konvoi will ganz offensichtlich durch den Canal de la Mona in den Atlantik, Herr Kaleu«, meinte der I WO. »Wir brauchen uns nicht sonderlich zu beeilen, der läuft uns direkt in die Arme.«

»Schön, Herr Kruse. Bitte nehmen Sie Platz, meine Herren. Kaffee? Bitte bedienen Sie sich.« Der LI griff eilfertig zu und spielte wieder den Oberkellner. »Mir bitte auch eine Muck.«

Ich lehnte mich auf meinem Platz zurück. »Wie schon auf unserer vorigen Feindfahrt zahlt es sich auch hier wieder aus, daß wir die Feindsender abhören. Die Amis warnen vor U-Booten vor Barbados und Puerto Rico, von Antigua war bisher noch nichts in der Sendung. Aber sie fassen jetzt die Tanker und Transporter zu Konvois zusammen. Was nicht unbedingt heißt, daß sie mit unserem Rudel in der Karibischen See rechnen.«

Kruse hob die Hand. »Ich hab' noch was vergessen, Herr Kaleu. Auf den britischen und amerikanischen Inseln ist die totale Verdunkelung angeordnet worden. Außerdem haben sie alle Fischer zu besonderer Wachsamkeit aufgerufen.«

»Und ich hab' auch was vergessen. Sie sind ja neu hier an Bord, Herr Trautmann. Ich hab' Sie noch gar nicht gefragt, ob Sie Einwände dagegen haben, daß wir die Feindsender abhören, um daraus unsere taktischen Schlüsse zu ziehen. Haben Sie?«

Ich erwischte ihn wieder einmal auf dem falschen Fuß. Er sah uns der Reihe nach irritiert an und bekam einen roten Kopf. »Selbstverständlich nicht, Herr Kaleu! Es sind ja überaus wertvolle Informationen, die man da herausfiltern kann, wie ich jetzt höre. So eine Gelegenheit darf man sich doch nicht entgehen lassen!«

Ich nickte. »Nicht wahr? Dann sind wir uns ja einig!

Wir wollen den Brüdern schließlich nicht ins Messer laufen. Weshalb ich Sie zu der Besprechung hinzugebeten habe, LI, ist die Bestandsaufnahme. Angenommen, wir verschießen unsere restlichen Aale auf diesen Konvoi und müssen den Heimmarsch antreten. Wie weit reichen wir mit unserem Treibstoff?«

Er griff in seine Brusttasche und holte sein Notizbuch hervor. »Wir haben die Tanks heute morgen gepeilt, Herr Kaleu. Wir kämen theoretisch von hier noch bis Brest zurück, allerdings mit dem allerletzten Tropfen. Mit einem gewissen Sicherheitspolster, wie Sie es gefordert haben, kämen wir etwa dreitausendvierhundert Seemeilen zurück, dann sollten wir tanken.«

Donnerwetter, dachte ich, der hatte seine Lektion gelernt. Ich zog den Übersegler aus dem Kartenschapp und breitete ihn aus. »Das wäre etwa auf der Höhe von La Coruña. Unmöglich, dort wimmelt es von U-Jagdgruppen, das ist genau der Konvoiweg von England nach Gibraltar. Beim letzten Mal haben sie uns den Tanker ins Planquadrat CE 4 Mitte geschickt, das kommt schon eher hin. Ist das Polster auch größer, falls wir gejagt werden. Wir werden sehen, wie 's am Konvoi läuft. Ich danke Ihnen, LI.«

Kruse wartete, bis er außer Hörweite war. Er kicherte. »Sie haben ihn regelrecht festgenagelt, Herr Kaleu, und das vor Zeugen. Aus der Zwickmühle kommt er nicht mehr raus!«

Der II WO sah ihn fragend an. »Darf man erfahren, wie das gemeint ist? Irgendwie fehlt mir jetzt der Draht.«

»Sie dürfen, Herr Werda«, sagte ich lächelnd. »Es ging um das Abhören von Feindsendern. Trautmann war anfangs ganz anderer Meinung.«

»Ach das, das weiß ich. Danach hat er mich heute morgen auszuhorchen versucht. Wie ich das denn fände und so. Meine Antwort hat ihm gar nicht geschmeckt, das war nicht zu übersehen.«

»So wird man eben vom Saulus zum Paulus!« spottete Kruse. »Ein Glück, ich sah mich schon in Brest im Knast.«

»Quatsch, I WO, Sie haben doch auf meinen Befehl gehandelt.« Ich sah mir die Berechnungen an. »Wenn wir noch ein paar Kohlen auflegen, kriegen wir den Konvoi also noch mit etwas Büchsenlicht vor die Rohre. Gehen wir auf achtzehn Knoten, Herr Kruse. Der Hagen macht das bestimmt auch.«

»Das wollten wir auch vorschlagen, Herr Kaleu.« Kruse rollte die Karte zusammen und stand auf. »Ich hab' noch Wache.«

»Richtig! Ich hab' noch 'ne Frage: Haben Sie den III WO schon mal besucht?«

»Aber ja, erst heute morgen. Der hofft, daß er bald wieder Wache gehen kann.«

»Wenn erst die vier Fäden gezogen worden sind und das Loch, so groß wie 'ne Männerfaust, verheilt ist, was?«

»Genau, Herr Kaleu, das waren seine Worte.«

»Na, dann fragen Sie mal unseren Quacksalber, was das mit den vier Fäden auf sich hat.«

Der Quacksalber stand daneben und feixte. Das war Antwort genug.

Kruse vergewisserte sich trotzdem. »Was denn, hat der am Ende gar keine?«

Unser brüllendes Gelächter konnte man vermutlich selbst noch im achteren Torpedoraum hören.

»Ich fass' es nicht!« sagte Kruse und wischte sich die

Lachtränen aus den Augen. »Dieser Quacksalber ist mir glatt über!«

»Sagen Sie lieber so, I WO, er ist Ihr gelehriger Schüler.«

Wildenow war ein guter Fühlungshalter. Er hing dem Geleit an den Hacken, ohne anzugreifen, und ergänzte seinen Funkspruch noch.

»Keine Zerstörer oder Fregatten, nur sechs Korvetten und ein alter Minensucher als Sicherung für dreißig Frachter und Tanker? Das muß man sich mal auf der Zunge zergehen lassen, Herr Kaleu.« Der II WO gab mir das Blatt zurück. »Die fühlen sich sicher.«

»Oder sie rechnen überhaupt nicht mit uns. Mir soll's recht sein.«

»Vielleicht haben sie Flugzeuge dabei?« gab Kruse zu bedenken.

»Glaube ich nicht. Davor hätte Wildenow längst gewarnt«, entgegnete ich. »Wenn ich Minensucher lese, fällt mir prompt der Methusalem aus Saint John's ein. Der wird doch nicht etwa mit von der Partie sein?«

»Zumindest kommt er dann rechtzeitig zu seiner Beerdigung«, versetzte Kruse trocken und klopfte mit dem Kurslineal auf die Karte. »Sie machen kein Zick und kein Zack, da bekommen wir den Verein noch bei Tageslicht vor die Flinte. Es bleibt ja jetzt schon merklich länger heller.«

»Drei Reihen zu zehn Schiffen und nur sieben Bewacher gegen drei U-Boote, ein bißchen dünne. Jetzt bin ich sicher. Die wissen nichts von uns und haben noch nie was von Rudeltaktik gehört.« Ich schaute auf die Borduhr. »Jetzt fehlt bloß noch Hagen. Ist der vor uns oder hinter uns?«

Er war vor uns. Wir machten einander etwa zur gleichen Zeit aus. Er nahm die Fahrt weg, um uns aufschließen zu lassen. Uns blieb nicht viel Zeit, um uns zu verständigen, denn Huber hatte den Geleitzug bereits im Ohr. Es ging eigentlich nur noch darum, wer von wo angriff, damit wir uns nicht in die Quere kamen.

»Wildenow steht schon an Backbord am Geleit!« schrie Hagen herüber. »Wo beziehen Sie Position?«

Woher wußte der das? Hatte Wildenow gefunkt, und unsere Funker hatten gepennt?

Egal, ich schrie zurück: »Vor dem Geleit! Nehmen Sie sich die Steuerbordseite vor. Gute Jagd und fette Beute!«

Hagens Antwort verwehte im Fahrtwind, denn sein Boot driftete ab und nahm wieder Fahrt auf. Schnell vergrößerte sich der Abstand zwischen unseren Booten. Er winkte zum Abschied und hob grüßend die Hand an die Mütze.

»BÜ, fragen Sie nach, ob für uns noch ein Funkspruch eingegangen ist.«

Der I WO horchte auf. »Gibt's einen besonderen Grund, Herr Kaleu? Ich bin sicher, es ist kein weiterer eingegangen.«

»Ich zerbrech' mir den Kopf, woher der Hagen gewußt hat, daß der Wildenow an Backbord steht.«

»Hat der nicht bei der letzten Besprechung in Brest erklärt, er greife am liebsten von Backbord an, weil er Linkshänder sei?«

»Ja, schon. Aber ich hab' das eher für 'n Witz gehalten, laut genug hat er ja selber darüber gelacht. BÜ, belege die Nachfrage!« Ich suchte mit dem Glas die Kimm ab. Dunst verkürzte die Sichweite. »Sieht nach

’ner Wetteränderung aus. Horchgerät, was erzählen die Fische? Frage an FuMB: RADAR-Kontakte?«

»Geleit hält unverändert Kurs. Abstand noch schwer zu schätzen. FuMB fängt keine RADAR-Kontakte auf.«

»Nicht schlecht, was? Entweder haben die kein RADAR, oder wir sind noch außerhalb ihrer Reichweite. Wir werden sehen.«

Es war eine seltsame Geleitformation, die sich hinter dem Fadenkreuz des Sehrohrs im Abendlicht abzeichnete. Die beiden Feger an der Spitze des Konvois hielten nicht gleichmäßig Kurs. Verblüfft beobachtete ich, wie sie im Schlingerkurs wie ein wackelnder Lämmerschwanz vor den nachfolgenden Schiffen hin und her schlenkerten. Vermutlich hielten sie das für eine ganz besonders ausgebuffte Methode, um eventuelle U-Boote vor dem Geleit aufzustöbern. Ich lächelte erleichtert, das sprach nicht für Erfahrung im Geleitdienst.

Und noch etwas war anders als bei den Geleitzügen im Atlantik: Die beiden Feger hatten nur eine entfernte Ähnlichkeit mit den üblichen Korvetten. Die sahen eher wie Kanonenboote oder aufgemotzte Schnellboote aus. Gesehen hatte ich solche komischen Dinger schon einmal, aber wo?

Ich kramte in meinem Gedächtnis, während ich ihre Kampfkraft einzuschätzen versuchte. Die hatten sicher alles an Bord, was sie für die Geleitsicherung brauchten: Wasserbomben, ASDIC und Schnellfeuerkanonen. Schnellfeuerkanonen, das war’s! Das Wort löste blitzähnlich die Erinnerung an den amerikanischen Film *Kanonenboote auf dem Jangtsekiang* in mir aus. Gesehen hatte ich ihn irgendwann vor dem Krieg und war beeindruckt gewesen. Nicht nur wegen der aufwühlenden Liebesgeschichte, die meine damalige Freundin zu Tränen gerührt und uns beiden anschließend eine unvergeßliche Liebesnacht beschert hatte. Es war vielmehr die Feuerkraft und Wendigkeit dieser Boote gewesen.

Unbehagen beschlich mich, deshalb revidierte ich schleunigst meine optimistische Prognose. Es wäre jetzt ein enormer Fehler, sie wegen ihrer kuriosen U-Bootsuche und der fehlenden Geleiterfahrung zu unterschätzen. Die Feger waren also Amerikaner, wie auch die übergroßen Flaggen bewiesen, die herausfordernd selbstbewußt an ihren Hecks im Fahrtwind wehten.

Daß es ihnen an Erfahrung tatsächlich mangelte, daran gab es keinen Zweifel. Das Geleit war ein undisziplinierter Sauhaufen. Zugegeben, ein Sauhaufen von ganz respektablen Pötten, deren Rudergänger allerdings ganz offensichtlich alles daran setzten, mit dem Kielwasser ihre Namen hinter den Fegern in die Karibische See zu schreiben. Kein britischer Geleitführer hätte das im Atlantik geduldet.

»Von wegen drei Kolonnen!« sagte ich zu Kruse, der neben mir stand, um meine Zielansprache in das Zielgerät einzugeben. »Ich möchte mal wissen, wie der Wildenow auf diese Idee gekommen ist. Die Rudergänger tanzen so munter aus der Reihe, als hätte jeder von ihnen eine ganze Flasche Rum intus.«

»Die werden sie vermutlich bald brauchen!« spottete er. »Rohr eins bis vier sind klar zum Unterwasserschuß, Rohre bewässert, Mündungsklappen geöffnet. Tiefensteuerung?«

»Die Feger sind keine Korvetten, das sind amerikanische Kanonenboote mit verdammt wenig Tiefgang.« Ich zögerte. »Aber wir schießen ja mit Magnetgefechtsköpfen. Also flach, I WO, Mindesttiefe. Zuerst die Feger, dann haben wir freie Bahn.«

Die Feger schwänzelten in ihrem Rumbaschritt näher und näher. Ich legte das Boot auf Abfangkurs und brachte es in den richtigen Schußwinkel. Nicht zu nahe, damit uns ihr ASDIC nicht zu früh erfaßte und uns die Tour vermasselte. Ich diktierte dem I WO die Werte meiner Zielansprache. Nur ein Torpedo für jeden der Amis. Wir mußten sparsam mit den Aalen umgehen, denn wir hatten davon nur noch neun an Bord. Den restlichen Platz nahmen die Grundminen ein.

Blieben die Amis auf ihrem Generalkurs, dann konnte es keine Probleme für uns geben, wenn ich nur mit den Rohren eins und zwo schoß. Aber vielleicht war es gut, auch noch den achteren Torpedoraum *in petto* zu haben? Man konnte schließlich nicht wissen.

»Achterer Torpedoraum...Achtung! Rohr fünf und sechs klar zum Unterwasserschuß!« Es dauerte eine Weile, bis die Klarmeldung kam.

Plötzlich schraken wir zusammen. Ein ASDIC-Strahl griff nach uns, glitt jedoch über die Außenhaut hinweg. Als habe er etwas vergessen, kam er zurück, verharrte einen Augenblick und wanderte weiter. Auf dem von mir anvisierten Kanonenboot zeigte sich jedoch keine Reaktion. Trotzdem konnte es eng für uns werden, sobald er zurückkam und uns festhielt.

»Rohr eins und zwo... Achtung!« Da war er auch schon. »Rohr eins... los!«

»Rohr eins ist los! Torpedo läuft!«

Ich korrigierte unseren Kurs und schmunzelte. Zu dem Zusatz: »*Torpedo läuft!*« hatte Kruse die Torpedomixer verdonnert, und das fand ich gut. Der zweite Feger lief genauso ahnungslos in mein Fadenkreuz.

»Rohr zwo...los!«

»Rohr zwo ist los! Torpedo läuft!«

Ich schwenkte auf den ersten Feger zurück. Noch immer keine Reaktion auf seinen ASDIC-Kontakt. Konnte mir nur recht sein. Gleich war es sowieso für ihn zu spät.

»Die machen Teatime, was?« murmelte ich.

Kaum waren die Worte heraus, detonierte der Torpedo unter dem Kiel des Fegers. Es gab keine Wassersäule, dafür wölbte sich die See mittschiffs zu einem Buckel wie nach einer Wasserbombenexplosion auf. Der Druck war so stark, daß das leichte Kanonenboot von dem Schwell hoch aus dem Wasser gehoben wurde. Bug und Heck kamen sekundenlang frei und schienen schwerelos zu schweben. Hoch aufgischtend fiel das Boot in den Schwell zurück. Das brachte ihm den Tod. Es zerbrach in zwei Teile, Vor- und Achterschiff drifteten auseinander und sanken mit den unter Deck eingeschlossenen Männern.

Das Jubelgeschrei meiner Männer übertönte die Detonation des zweiten Torpedos. Ich fuhr mit dem Sehrohr zum anderen Kanonenboot herum. Auch das war verloren, wenn auch nicht so schnell. Offensichtlich hatte sein Kommandant, aufgeschreckt durch den ersten Treffer, noch eine Kursänderung versucht, um dem zweiten Aal zu entgehen. Zu spät und in die falsche Richtung. Der Torpedo hatte sein Boot am Achterschiff erwischt und ihm das Heck abgerissen.

Schon spülte die See über das Achterdeck, aber

noch schwamm es. Nur langsam entwich die Luft aus dem sinkenden Schiff und verschaffte der Besatzung die Zeit, um sich vor dem tödlichen Sog ihres Schiffes in Sicherheit zu bringen.

Wo eben noch die beiden Feger mit ihrem ASDIC dem Geleit den Weg freizumachen versucht hatten, war die See mit den Köpfen der Schwimmer bedeckt, die eiligst nach allen Seiten davonstrebten und auf Rettung durch das nahende Geleit hofften. Doch das war inzwischen selbst in Schwierigkeiten geraten.

Unsere Treffer hatten das Angriffssignal für die beiden anderen Boote gegeben. Detonationen scheuchten den Sauhaufen auseinander. »Rette sich, wer kann!« hieß die Devise. Die schlechteste, die es für ein Geleit geben konnte, und mit den schlimmsten Folgen. Damit verloren selbst erfahrene Sicherungseinheiten jede Chance, die angreifenden U-Boote zu jagen und zu vernichten. Das Heft glitt ihnen aus der Hand. Sie wurden, falls es sie überhaupt noch gab, zu Verfolgten, die sich vor den kopflos flüchtenden dicken Pötten selbst in Sicherheit bringen mußten, um nicht gerammt zu werden.

»Auf denn zum Schützenfest!« Ich hielt mitten in das Chaos hinein. »Rohr drei und vier... Achtung! Rohr drei los!... Rohr vier los!«

Beide Aale rasten los und fanden ihre Opfer, der eine einen tief liegenden Frachter, der andere einen Tanker. Während das Boot backste, um Rohr fünf und sechs zum Tragen zu bringen, traf der Aal den Frachter unter der Brücke. Dabei geriet sein Außenanstrich in Brand. Er verlor Fahrt und blieb mit Schlagseite liegen. Mit dem Brand konnte die Besatzung fertig werden, anders sah es mit der Schlagseite aus.

Der zweite traf den Tanker unter dem vorderen Mast und entzündete mit seiner Explosion die Ladung. Im Nu stand das Vorschiff in hellen Flammen. Die griffen sofort auf die aus dem Leck auslaufende Ladung über. Auf der Wasseroberfläche breitete sich eine wabernde Lohe aus und begann, den Tanker einzuhüllen. Seiner Besatzung blieb nur die Flucht in die Boote.

»Beide Maschinen stopp! Ruder komm auf!« Wieder brauchte ich nur eine kurze Zielansprache. »Rohr fünf...los!«

Rauch hüllte die wild umherkurvenden Schiffe ein, nahm mir für Rohr sechs die Sicht. Suchend schwenkte ich das Periskop ein kleines Stück weiter und erstarrte. Hinter meinem fünften Opfer, einem zweiten Tanker, an dem gerade die Wassersäule des Treffers in den Himmel stieg, kam eine Korvette hervor.

Kaum war sie von dem torpedierten Tanker frei, traf uns ihr ASDIC. Sie drehte sofort zum Angriff auf uns ein. Mir blieb nur noch die Flucht in die Tiefe.

»Alarmtauchen! Tiefenruder voll unten, beide Maschinen dreimal AK voraus! Achterer Torpedoraum klar bei Bold! Alle Mann voraus!«

Unter dem Druck der Schrauben und extrem gelegten Tiefenruder stieß U 112 steil in die Tiefe. Den Rest besorgte das Gewicht der nach vorn stürzenden Männer.

»Achtung!« Hubers Stimme überschlug sich. »Anlauf aus eins-acht-zwo! Kommt schnell näher!«

Als ob wir das nicht schon hörten! Aus der Kakophonie aus explodierenden Torpedos, donnernden Wasserbomben und dumpfem Mahlen der Frachterschrauben schälte sich das unverkennbare hohe Sirren der Schrauben eines angreifenden Kriegsschiffes heraus. Unerbittlich hielt uns der ASDIC-Strahl fest.

Mir krampfte sich der Magen zusammen. »Frage Tiefe!«

»Vierzig Meter gehen durch! Boot fällt schnell weiter!«

Verflucht, das reichte nicht! »Achterer Torpedoraum...Bold raus!«

Ein Kommando, das ich nur ungern gab. Es war unser vorletzter Bold, und ich wußte nicht, was uns noch auf dem Heimmarsch erwartete! Hoffentlich breitete er sich schnell genug aus, damit die Korvette darauf hereinfiel. Aber noch wurden wir ihren verfluchten ASDIC-Strahl nicht los.

»Bold ist raus!«

Achteraus ging die erste Wasserbombenlage hoch. Ihre Druckwelle hob aber nur das Heck an. Gott sei Dank, viel zu weitab! Schon fiel die nächste. Ich blickte in bleiche Gesichter, als das Heck in der Druckwelle zu tanzen anfing.

»Ein Anfänger, Männer. Kann 's gar nicht erwarten, uns zu erwischen.« Wumm, kam mir die nächte Lage dazwischen. Trotzdem horchte ich auf. »Das Scheiß-ASDIC ist weg! Der Bold narrt sie!«

In das Freudengeheul schlug die nächste Lage, blockierte das Horchgerät der Korvette genauso, wie es auch ihre hochtourigen Maschinen taten. Blieb nur noch das ASDIC, und das fing jetzt der Bold mit seinen aufsteigenden Gasblasen ab.

Trotzdem trieb mich die Sorge. »Frage Tiefe!«

»Achtzig Meter gehen durch! Boot fällt noch immer schnell weiter.«

Das sollte es auch. Hier reichte die See bis 5000 Meter in die Tiefe. Platz genug für uns, um dem ASDIC zu entkommen, wenn der Bold den Geist aufgab. Mit jedem Meter wurde der Winkel steiler, und damit wurde es für das Ortungsgerät schwieriger, uns zu erfassen. Kamen noch unterschiedlich dichte Salzwasserschichten hinzu, wie sie gerade hier für dieses karibische Verdunstungsbecken typisch waren, foppten die das ASDIC mit Geisterechos.

Kruse tippte auf seine Armbanduhr und grinste. »Die werden gleich aufgeben, Herr Kaleu. Es dürfte oben schon schön dunkel sein.«

Darauf wollte ich mich lieber nicht verlassen. Im Augenblick dachten die nämlich gar nicht daran. Voller Wut warfen sie eine Lage Wabos nach der anderen. Die mußten unendlich viele davon an Bord haben.

»Das wird sich rächen, wenn sie aufgeben und wir dem Konvoi nacheilen.« Das war jedenfalls meine Absicht. »Sollten sich lieber darum kümmern, das versprengte Geleit zu sammeln. Frage Tiefe!«

»Einhundertsechzig Meter, Boot fällt weiter!«

»Das sollte genügen. Stopp Tiefe, Tiefenruder komm auf, beide Maschinen stopp! Auf Schleichfahrt umkuppeln! Absolute Ruhe im Boot!«

Der Gefechtslärm in der Ferne bröckelte ab. Keine Torpedodetonationen mehr, nur noch vereinzelte Wasserbombenexplosionen. Plötzlich hörte auch der Wabo-Regen hinter uns auf.

»Aha, der Knabe kommt zur Vernunft!« murmelte der II WO. »Wurde ja auch langsam Zeit.«

»Korvette liegt gestoppt, Herr Kaleu!« meldete Huber leise. »Sucht vermutlich nach Trümmern.«

Und nicht nur das. Mit Sicherheit spitzten ihre Horcher jetzt die Ohren, um uns aufzustöbern. »Was macht der Rest des Geleits, Huber?«

»Scheint sich zu sammeln.«

Das war zu erwarten. Wie die entfernten Wabo-Explosionen bewiesen hatten, waren außer unserem Verfolger doch noch andere Korvetten oder Kanonenboote dem Gemetzel entgangen. Die trieben jetzt ihre Herde – oder was davon noch übrig war – wieder zusammen. Jedenfalls hörten sich die Schraubengeräusche so an.

Nur die Korvette über uns lag noch auf der Lauer. Vermutlich hatte der Bold sein Leben ausgehaucht, und sie waren sich nicht sicher, ob sie uns tatsächlich versenkt hatten. Kein Ölfleck, keine aufsteigenden Luftblasen, keine aufschwimmenden Trümmer, dafür jede Menge Geisterechos im ASDIC, so daß sie nicht recht wußten, was sie davon halten sollten.

»Huber, was erzählen die Fische?«

»Geleit nimmt in zwo-drei-null Fahrt auf, Herr Kaleu. Die Korvette ergänzt offenbar ihre Wabos an Deck, deutliche Rollgeräusche.«

»Gleich gibt sie auf!« schloß der II WO daraus. »Noch 'ne Schreckbombe als Abschiedsgeschenk, dann haut sie ab.«

Aber nicht einmal dazu raffte sie sich noch auf. Ihre Maschinen sprangen an, sie nahm Fahrt auf. In einem Bogen zog sie über uns hinweg und steuerte das Geleit an.

»Schleichfahrt aufgehoben! Torpedos nachladen! Beide Maschinen Umdrehungen für vier Knoten! Ruder Steuerbord zwanzig!«

Wir liefen dem Geleit nicht sofort hinterher, um noch einmal zum Schuß zu kommen. Das hatte Zeit.

Zunächst wollte ich wissen, wie es oben aussah, deshalb steuerten wir einen Bogen. Auftauchen konnten wir erst, wenn das Geleit weit genug entfernt war.

Erst dann konnten wir dem Konvoi mit Höchstfahrt nachjagen, um ihn zu überholen und uns vor ihn zu setzen.

»Gratuliere, Herr Kaleu! Keine schlechte Bilanz.« Kruse präsentierte mir strahlend seine Bestandsaufnahme. »Vierzehn Torpedos für zehn Schiffe, das sind schon jetzt zehn Siegeswimpel. Ziehen wir die beiden Oberflächenläufer ab, ist das Ergebnis noch besser. Vier Torpedos haben wir noch. Kommen wir noch einmal zum Schuß, dann verbessert sich die Bilanz noch mehr.«

Ich schmunzelte über seinen Eifer. »Langsam, langsam, I WO. Erst mal 'ne Richtigstellung: Es war nur ein Oberflächenläufer, der andere war ein Fehlschuß, wie er eben einmal vorkommen kann. Wir werden natürlich versuchen, noch einmal zum Schuß zu kommen. Hat da aber auch nur einer von den Brüdern RADAR, wird die Sache schwierig. Warten wir 's einfach mal ab.«

Ich sah auf die Borduhr. »Huber, was erzählen die Fische?«

»Nur die Schraubengeräusche des ablaufenden Geleits, Herr Kaleu. Entfernung etwa acht Seemeilen, Geschwindigkeit etwa zehn Knoten.«

»Na, das ist doch 'n Wort. Auf Sehrohrtiefe anblasen. Brückenwache klar zum Auftauchen!«

Wir waren zwar nicht mehr auf hundertsechzig Meter Tiefe, seit die Korvette aufgegeben hatte, aber es dauerte doch seine Zeit, bis das Boot auf Sehrohrtiefe einpendelte. Gespannt fuhr ich das Sehrohr aus. Ein schneller Rundblick.

Haushoch schlugen die Flammen aus den torpedierten Tankern. Ich zählte sie nicht, sondern suchte zunächst diesen Lichtkreis nach irgendwelchen verdächtigen Anzeichen ab. Zu oft hatte ich erlebt, daß plötzlich Zerstörer oder Fregatten aus dem Schatten auftauchten und das Feuer auf uns eröffneten. Aber keine Gefahr.

Dicht beieinander dümpelten die beiden anderen U-Boote am Rande des Lichtkreises, sie warteten ganz offensichtlich auf uns.

»Brückenwache in den Turm! Auftauchen!« Ich ließ den Spargel in den Schacht gleiten und griff nach meinem Glas. »Boot bleibt trotzdem klar zum Alarmtauchen.«

Ich konnte eben nicht aus meiner Haut. Die bitteren Erfahrungen aus sieben Feindfahrten ließen sich nicht so leicht aus dem Hinterkopf verdrängen. Entwarnung gab es bei mir immer erst, wenn ich ganz sicher sein konnte, daß dort in der Dunkelheit nicht doch noch einer auf uns lauerte. Sonst hätte ich die bisherigen Feindfahrten nicht überlebt oder säße längst in Gefangenschaft.

Unserem Rudel brannte die Zeit auf den Nägeln. Wir besprachen deshalb nur kurz unser weiteres Vorgehen gegen den Konvoi und tauschten ebenso kurz die Ergebnisse unseres Angriffs aus. Wir mußten so schnell wie möglich aus dem verräterischen Lichtkreis der abfackelnden Tanker verschwinden. Hatte die Eskorte gefunkt, wovon wir ausgingen, führte der Feuerschein eventuelle Helfer wie ein Leuchtturm zu uns.

Vier Tanker blieben hinter uns zurück, als wir mit Höchstfahrt die Verfolgung aufnahmen. Davon gingen zwei auf unser Konto, einer gehörte zu Wildenows und einer zu Hagens Beute. Ihre brennende Ladung beleuchtete auf gespenstische Weise weithin das Trümmerfeld, das die anderen torpedierten Schiffe hinterlassen hatten.

Wie viele davon tatsächlich gesunken waren, vermochte keiner von uns zu sagen. Insgesamt elf Torpedotreffer hatten wir anbringen können, die Beobachtung ihrer Wirkung hatte uns jedoch die angreifende Eskorte fast unmöglich gemacht. Als sicher versenkt galten darum lediglich die durch Wildenow torpedierte Korvette und unsere beiden Kanonenboote, übrigens die einzigen im Geleit.

»Der Hagen hat noch immer zehn Torpedos im Bauch, Herr Kaleu. Scheint nicht viel drauf zu haben, wenn ich mir diese Bemerkung erlauben darf«, zog Kruse kritisch Bilanz. »Torpediert einen Tanker und merkt nicht einmal, daß ihm eine der Korvetten schon im Nacken sitzt. Blamabel!«

»Sie dürfen, I WO, das finde ich nämlich auch. Seine übrige Ausbeute, sieben Torpedos für drei Schiffe, ist mehr als jämmerlich! Zieht man den einen Fehlschuß ab, kommen auf jedes seiner Opfer zwei Aale. Der Wildenow hat dagegen nur noch zwei Aale übrig, steht dafür aber viel besser da, obwohl er drei Oberflächenläufer dabei hatte.« Ich lehnte mich gegen das Schanzkleid und ließ mir den Fahrtwind um die Nase wehen. »Komisch diese Häufung von Oberflächenläufern, was?«

So eine Phase hatten wir schon einmal am Anfang des Krieges und vor Norwegen gehabt. Da hatten die

Magnetköpfe nicht funktioniert. Ein Konstruktionsfehler, hatte man den aufgebrachten Kommandanten schulterzuckend erklärt, die damit die britischen Zerstörer und Schlachtschiffe vor den norwegischen Fjorden vergeblich attackiert hatten. War jetzt die Steuerung dran?

»Sieht fast nach Sabotage aus, meinen Sie nicht?«

»Aber wo? Die Franzosen kommen doch mit den Aalen überhaupt nicht in Berührung, soweit ich weiß. Also, wo dann?«

»Fremdarbeiter in den Fabriken, Herr Kaleu. Und dann sollen ja jetzt sogar schon Kriminelle eingesetzt werden. Vielleicht wollen die sich rächen? Aber möglicherweise ist es auch bloß Pfusch? Und dann der Transport aus der Heimat durch Frankreich in die Atlantikstützpunkte, da gibt 's auch 'ne Menge Möglichkeiten.«

Das stimmte, es gab wirklich eine Menge Möglichkeiten, wenn man es darauf gezielt anlegte. Keiner der Züge fuhr in einem Schnitt direkt zu uns durch. Es gab überall Wartezeiten, und für ausgedehnte Zwischenstopps waren die französischen Bahnbediensteten Meister, wenn es um deutsche Transporte ging.

»Wir sollten das Geleit jetzt schon fast achterlicher als dwars haben«, sagte Kruse. »Zeit für 'ne kurze Horchrunde. Beide Maschinen stopp!«

Das Vibrieren der Gräting unter unseren Füßen erstarb. Der Schwung trieb das Boot jedoch noch weiter, ehe die Bugwelle nicht mehr sprühte.

Nur wenige Minuten vergingen. Der BÜ trat zu uns. »Meldung vom GHG, Herr Kaleu: Geleit in eins-null-vier. Der Greinert hat aber auch schwache Schraubengeräusche aus drei-null-sieben im GHG.«

»Und nun meint er, ich sollte mir die mal selber anhören, ja?«

»Klang so, Herr Kaleu!«

»Na dann... Wahrschau! Ein Mann von Brücke in Zentrale!«

Ich sauste hinunter und trat an den Kartentisch. Obersteuermann Weiß hatte die Peilung bereits an unseren Kurs angetragen.

»Kuba oder Jamaika, Herr Kaleu. Ich hab' den Huber purren lassen, damit der sich das mal anhört.«

»Gut, Obersteuermann. Dann werde ich mal hören, was dabei herauskommt.«

Huber hatte sich bereits das zweite Hörerpaar über die Ohren gestülpt und lauschte angespannt. »Die Peilung stimmt, Herr Kaleu. Das Geleit läuft in eins-null-vier, die anderen Schraubengeräusche kommen aus drei-null-sieben, sind aber sehr, sehr schwach. Erstaunlich, daß wir sie überhaupt hören. Die Schiffe, zu denen sie gehören, müssen noch unter der Kimm sein.«

»Ein Geleitzug?«

Huber verzog zweifelnd das Gesicht und zögerte. »Kann sein, kann nicht sein. Eher nicht, Herr Kaleu. In der kurzen Zeit, in der ich hineinhöre, sind die Geräusche deutlich stärker geworden. Müssen also sehr schnell sein, zu schnell für einen Geleitzug. Ich tippe auf Zerstörer oder Fregatten, die mit Höchstfahrt aufkommen.«

»Teufel, Zerstörer oder Fregatten mit Höchstfahrt – kein schöner Gedanke.« Das war noch sehr milde ausgedrückt. »In zwanzig Minuten die nächste Horchrunde. Der Konvoi läuft uns nicht weg, aber die Brüder da müssen wir im Ohr behalten. Die könnten uns die ganze Tour vermasseln.«

»Völlig klar, Herr Kaleu!«

Nachdenklich ging ich zur Zentrale zurück. »Beide Maschinen voll voraus, LI.«

Ich trat an den Kartentisch und besah mir noch einmal den Peilstrahl. Wenn Hubers vorsichtige Prognose stimmte, konnte der ganz schnell zu einem Abfangkurs werden. Womit dann genau das eintrat, was nicht ausbleiben konnte. Die Eskorte hatte gefunkt und bekam aus irgendwelchen Stützpunkten im Raum Kuba oder Jamaika Verstärkung. Oder hatte schon die Versenkung der beiden Korvetten vor Antigua den Alarm ausgelöst, und die kamen von den Bahamas?

Egal, woher auch immer, die Tommies und Amis waren aus ihrem Dornröschenschlaf jäh aufgescheucht worden. Deutsche U-Boote in der Karibik, ein Schock für die Alliierten! Und für uns wurde die Luft auf einmal merklich dünner.

Wir mußten uns mit dem Angriff beeilen. Die Eskorte hatte kein RADAR, sonst hätte sie uns längst entdeckt. Kamen jetzt Zerstörer oder Fregatten hinzu, konnte sich das Blatt blitzschnell wenden.

Zwanzig Minuten nach Wachwechsel hatten wir die Bestätigung, das Geleit bekam Verstärkung. Noch wußten wir nicht genau, woraus sie bestand. Vier waren es, das hatte Hubers feines Gehör inzwischen aus den verschiedenen Schraubengeräuschen herausgefiltert, und es waren schnelle Schiffe. Schnell genug, um U-Boote zu jagen, andererseits mit zweiundzwanzig Knoten nicht schnell genug für Zerstörer oder Fregatten, die brachten mehr auf ihre Schraubenwellen.

Ein gemischter Verband möglicherweise, zu dem Zerstörer oder Fregatten gehören mochten. Aber die mußten sich nach der Maschinenkapazität der anderen richten. Wenn unsere Berechnungen stimmten, kam die Verstärkung zu spät, um unseren Angriff zu verhindern. Sie lag mit dem Geleit auf einem konvergierenden Kurs und stand mit der Eskorte im regen Funkverkehr. Das war ein Fehler, denn es ersetzte uns die zeitraubenden Horchrunden.

Ahnungslos näherte sich das Geleit. Längst lag das Rudel auf seinen Angriffspositionen, diesmal alle auf der Backbordseite des Konvois, denn der Mond war inzwischen aufgegangen. Nur eine breite Mondsichel über der Ostkimm, aber für den Angriff als Büchsenlicht ausreichend. Gegen sein silbriges Licht konnten wir die Schiffe sehen, ohne von ihnen gesehen zu werden.

»Rohre eins bis drei klar zum Überwasserschuß, Herr Kaleu. Rohre bewässert, Mündungsklappen geöffnet. Rohr sechs ist in Bereitschaft.«

»Danke, II WO. Rohr sechs werden wir nicht brauchen.« Irgendeine plötzliche Eingebung veranlaßte mich, Rohr sechs auszusparen. War es der Gedanke an den langen Rückmarsch, den ich nicht wehrlos antreten wollte? »Lassen Sie vorfluten, Herr Werda. Klar zum Alarmtauchen.«

Die Brückenwache verschwand im Turm. Nur der BÜ, der II WO und ich blieben zurück auf der Brücke. Der Feger vor dem Konvoi kam in Torpedoschußweite, zeigte keinerlei außergewöhnliche Betriebsamkeit an Deck. Trotzdem erfaßte mich auf einmal eine unerklärliche Unruhe, ließ meine Hände feucht werden, die das Glas an die Augen preßten. Verdammt, was war mit mir los?

Es läuft doch alles prima, versuchte ich mich zu beruhigen. Es nutzte nichts, das Unbehagen wurde eher noch stärker. Irgend etwas saß mir im Nacken und machte mich nervös. Die ersten Transporter kamen in Schußweite. Ich mußte schießen und damit das Signal für den Angriff geben. Nur mühsam unterdrückte ich dieses saublöde Gefühl und machte meine Zielansprache auf einen fetten Tanker. Stimmte die Vorhalterechnung? Ich wurde plötzlich unsicher, fand das Mondlicht gar nicht mehr ausreichend für einen genauen Schuß. Da gab es nur eins.

»Rohr eins bis drei... Achtung! Rohr eins und zwo... los!«

Eine Dublette, um sicherzugehen.

»Rohr eins und zwo sind los!« meldete der BÜ. »Torpedos laufen!«

Ich wartete. »Und jetzt ist der Frachter dran! Rohr drei... los!«

»RADAR-Kontakt aus zwo-zwo-fünf!« schrie der BÜ. »Kontakt auch aus zwo-vier-drei!«

»Alarmtauchen!«

Wir stürzten uns auf das Turmluk, blitzschnell verschwanden der BÜ und der II WO darin. Granaten heulten über uns hinweg, als ich das Turmluk zuknallte und die Vorreiber vortrieb.

»Turmluk ist dicht!«

Die explodierenden Granaten um unseren Tauchwirbel übertönten alle anderen Geräusche. Ein wahres Trommelfeuer ging auf uns nieder und schüttelte das in die Tiefe scherende Boot mit seinen Druckwellen durch. Splittergranaten offenbar, die mit einem irren Splitterregen schon auf der Wasseroberfläche krepierten. Granaten, wie sie die Tommies gegen aufgetauchte U-Boote benutzten, um Flak und Brückenwache auszuschalten, ehe sie zu Sprenggranaten für den Fangschuß übergingen.

Ein Glück, daß wir vorgeflutet hatten! Das Alarmtauchen mit maximal gelegten Tiefenrudern und dreimal AK voraus brachte uns verhältnismäßig schnell in die Tiefe, doch das genügte nicht.

»Alle Mann voraus! Ruder hart Steuerbord!« Wir mußten aus dem Kurs und dem Beschuß heraus. »Neuer Kurs drei-drei-drei!«

Ein Befehl, der normalerweise sofort Kruses spöttischen Kommentar ausgelöst hätte. Mit dem Geballer über uns, das alle anderen Geräusche übertönte, verging selbst ihm seine sprichwörtliche gute Laune. Auch mich interessierte auf einmal überhaupt nicht mehr, ob unsere Torpedos getroffen hatten. Weg, war mein einziger Gedanke. Bloß weg, bevor uns ASDIC-Strahlen packen und uns nicht mehr aus ihren Krallen lassen.

Zugleich horchte ich überrascht in mich hinein. Meine innere Unruhe, dieses saublöde Gefühl im Unterbewußtsein, war wie weggeblasen! Verflogen mit dem Alarmschrei. Machte mich der Krieg langsam zum Spökenkieker?

»Das sind keine Anfänger, meine Herren! Die haben uns gegen das Mondlicht ausgemacht und das RADAR erst eingesetzt, als sie dicht genug am Geleit standen, um uns nicht zu warnen. Das wird jetzt kein Zuckerschlecken werden.«

»Achtung! Anlauf aus zwo-sieben-null!« überschrie Huber die Detonationen. »Klingt nach Zerstörer!«

Also doch! Mein Blick ging zum Tiefenmesser. Siebzig Meter, aber noch hatte uns der Angreifer nicht in seinem ASDIC, und das Boot fiel schnell.

Achtzig Meter gingen durch. Noch immer kein ASDIC. Bei hundert Meter Tiefe atmeten Kruse und Werda erleichtert auf. Nur der LI war käsebleich und wischte sich dauernd die Hände an den Hosenbeinen ab. Dabei gab es noch gar keinen Grund dafür.

Selbst wenn uns der Tommy jetzt ortete, verging noch genügend Zeit, ehe die ersten Wasserbomben auf uns fielen. Aber die waren meist zu flach eingestellt, wie uns die Erfahrung gelehrt hatte. Erst der zweite Anlauf konnte uns in Schwierigkeiten bringen. Aber bis dahin waren wir schon wieder ein ganzes Stück tiefer.

Ich sollte mich gründlich irren. Das war ein ganz durchtriebener Hund, der uns da ans Leben wollte. In hundertfünfundzwanzig Meter Tiefe griff sein Ortungsstrahl nach uns und ließ sich nicht abschütteln. Wir brauchten das GHG nicht mehr, um ihn zu hören. Seine Schrauben heulten auf und übertönten die fernen Wabo-Detonationen überlaut.

»Boot fällt weiter!« sagte der II WO, um keine Angst aufkommen zu lassen. »Hundertvierzig gehen durch.«

Ich wußte, was jetzt kam. Hatte der Bruder da oben uns erst einmal in der Mangel, dachte niemand mehr daran, daß er nach dem Bombardement stoppte, damit seine Horcher uns aufstöbern konnten.

»Beide Maschinen stopp! Auf Schleichfahrt umkuppeln!« Die Männer im Vorschiff fielen mir ein. »Alle Mann wieder auf Station. Absolute Ruhe im Boot!«

In diesem Augenblick fiel die erste Wabo-Serie, das Wasser übertrug ihren Abschuß. Die von den Abrolltischen hörten wir ja nicht. Es verging eine entnervend lange Zeit, bis sie ohrenbetäubend tief unter uns detonierten. Ihre Wirkung war demoralisierend. Sie katapultierte das Heck mit der Druckwelle in die Höhe und stellte das Boot fast auf den Kopf.

Ich flog durch die Zentrale und krachte gegen das Stahlschott, daß mir die Luft wegblieb. Unzählige Birnen knallten durch, uns umgab plötzlich tiefe Dunkelheit. Schon detonierte die nächste Serie, und dann ging es Schlag auf Schlag. Die See um uns herum schien nur noch aus donnernden Explosionen zu bestehen, die unaufhaltsam näher und näher kamen.

Ihre Druckwellen schleuderten das Boot von der einen in die nächste hinein und uns mit ihm. Zwecklos, irgendwo nach einem festen Halt zu suchen, den gab es in diesem Höllentanz nicht. Ich blieb am Boden liegen, stemmte mich mit den Füßen an irgend etwas ab und drückte meinen schmerzenden Rücken gegen das stählerne Schott.

Das übertrug zwar die Erschütterungen auf meinen Körper und beutelte ihn fürchterlich durch, ich wurde aber wenigstens nicht mehr mit aller Gewalt von der einen in die andere Ecke geworfen. Das schwere Boot war zu einem Spielball in einem teuflischen Spiel geworden. Gnadenlos schlugen die Wabo-Explosionen von allen Seiten auf uns ein.

Anfangs dröhnte der gequälte Bootskörper unter diesen Schlägen noch wie eine riesige Glocke, so daß einem fast der Schädel platzte, doch dann ging auch das in den alles übertönenden Detonationen unter. Mein Gleichgewichtssinn gab den Geist auf. Ich vermochte in diesem fürchterlichen Bombardement kaum noch zwischen oben und unten zu unterscheiden. Mein Gehör versagte jedoch nicht. Fast taub registrierte es dennoch, daß der Zerstörer uns überlaufen hatte und sich die Angriffswelle weiter und weiter von uns entfernte.

Plötzlich trat Stille ein. Das Boot kam in den nachlaufenden Druckwellen taumelnd zur Ruhe, pendelte nach schier endlosem Gedümpel auf ebenem Kiel ein. Jeder von uns wußte, was das bedeutete. Der Zerstörer stoppte und horchte in die Tiefe.

Ich rappelte mich aus meiner Ecke auf. »Licht, LI! Schadensmeldungen an Zentrale. Frage Tiefe!«

Eine blöde Frage, denn zu ihrer Beantwortung brauchte man Licht. Bevor noch die Handlampen aufleuchteten und durch die Zentrale geisterten, erübrigte sich meine Frage schon von selbst. Der Bootskörper gab meinen malträtierten Ohren die Antwort.

Er knackte und stöhnte unter dem Wasserdruck beängstigend in allen Verbänden, außerdem traf uns kein ASDIC-Strahl mehr. Die dichteren Salzwasserschichten, die uns umgaben, schützten uns vor seiner Suche. Beides ein Zeichen für mich, daß wir längst die 180-Meter-Marke unterschritten haben mußten.

Der Strahl einer Handleuchte fiel auf die Tiefenmesser. »Zwo-hundertzehn Meter gehen durch!« meldete der Tiefenrudergänger Schröder. »Boot gewinnt noch immer Tiefe.«

»Stopp Tiefe, auf zwohundertzwanzig Meter einpendeln!« Wir mußten aus dem Kurs des Zerstöres heraus, bevor der nächste Anlauf begann. »Neuer Kurs zwo-neun-null! Wo bleiben die Schadensmeldungen an die Zentrale?«

Obwohl der Zentralemaat und einer der Elektromixer im Schein der Handleuchten an den Sicherungs- und Reglerkästen herumwerkelten, umgab uns noch immer Dunkelheit. So war es jetzt in allen Abteilungen des Bootes. Ich war jedoch nicht deswegen beunruhigt.

Nach einer solchen Wasserbombenattacke war das eher normal. Da hauchten viele Birnen ihr Leben aus und knallten Sicherungen durch. Die Beleuchtung war nun einmal eine der Schwachstellen unserer Boote, die man nicht in den Griff bekam. Wenn es weiter nichts war! Das Boot schwamm jedenfalls und hatte offenbar an Funktionsfähigkeit nichts eingebüßt, das war die Hauptsache.

Ich lauschte nach oben, während wir uns aus dem Dunstkreis unseres Verfolgers davonschlichen. Keine Torpedodetonationen mehr, auch keine Wasserbombenwürfe, nur das entfernte Grummeln von Schraubengeräuschen. Auch über uns rührte sich nichts, das war aber nicht ungewöhnlich. Der Zerstörerkommandant ließ vermutlich die Wasseroberfläche mit einem Scheinwerfer nach den Anzeichen eines Versenkungserfolges absuchen, bevor er erneut angriff. Das taten sie alle.

»Verdammt, was treibt der raffinierte Halunke dort oben?« wurde Kruse ungeduldig. »Will der dort etwa übernachten?«

Ich lachte. »Bestimmt nicht, I WO! Der rätselt. Kein ASDIC-Echo mehr, aber auch kein Ölfleck, keine Trümmer, keine Luftblasen. Hat er uns nun erwischt oder nicht?«

Das Licht flammte auf, begleitet von einem lauten »Aaaah!«. Ich blinzelte in der plötzlichen Helligkeit und sah mich um. Mein Blick fiel auf den käsebleichen LI, der verschreckt noch immer neben dem achteren Mannloch auf den Flurplatten hockte, wohin ihn die bockenden Bewegungen des Bootes geschleudert hatten.

»Was ist, Herr Trautmann, haben Sie was abgekriegt?«

Seine leise Antwort verstand ich nicht, denn sie wurde von einem ohrenbetäubenden Donnerschlag über uns geschluckt. Vielfach stärker als alle Wabo-Detonationen vorher. Wir sahen uns erschrocken an.

»Was… was war das denn?« stotterte der II WO. »Eine neue Wasserbombe? So eine Art geballter Ladung aus mehreren Wabos?«

»Scheiße, dann können wir einpacken!« rang sich Kruse ab. »Dagegen ist kein Kraut gewachsen!«

Ich wartete auf die Druckwelle, doch die kam nicht. Statt dessen drang ein seltsames Krachen und Bullern bis in unsere Tiefe herunter, schwach zwar, aber unüberhörbar. Geräusche, die ich schon oft genug gehört hatte.

»Unsinn, keine Wasserbombe, die uns galt!« schrie ich laut, so sehr ging die Erleichterung mit mir durch. »Das war ein Torpedo, Mensch! Jemand von uns hat den lauernden Zerstörer torpediert, damit der uns nicht nochmals auf die Hörner nehmen kann! Hören Sie? Die Schotten brechen, der säuft ab! Beide Maschinen voll voraus, sonst fällt der uns noch auf den Kopf!«

Einen Augenblick herrschte verblüfftes Schweigen. Doch dann brach befreiender Jubel los. Dabei war das mit dem »Auf-den-Kopf-fallen« Unfug. Der hatte gar nicht direkt über uns gelegen, außerdem hatten wir einen Haken geschlagen. Aber der Zweck meiner Worte war erreicht. Ich sah überall nur fröhliche Gesichter. Sogar der LI rappelte sich von den Flurplatten auf und stimmte in den Jubel und das Gelächter ein.

Wir mußten uns dennoch schleunigst aus dem

Staub machen. Oben wurde es lebendig. Boote der Eskorte nahmen Kurs auf den sinkenden Zerstörer, um die Besatzung aufzufischen. Andere brausten auf die Stelle zu, wo sie den Angreifer vermuteten. Ihre Schraubengeräusche und Wabo-Würfe gaben uns die Deckung, die wir für unsere hochtourig laufenden Maschinen brauchten.

»Huber, was erzählen die Fische?«

»Noch gar nichts, Herr Kaleu! Bei diesem letzten Knall sind die gerade ausgewechselten Sicherungen wieder durchgeknallt. Aber das kriegen wir gleich wieder hin.«

»Noch mehr Schäden, Herr Werda?«

»Keine gravierenden Schäden, Herr Kaleu. Kleinkram, wie üblich, und der läßt sich mit Bordmitteln beheben!«

Ich atmete auf. »Auf denn, kratzen wir die Kurve!«

Das Geleit sammelte sich und nahm Fahrt auf. Mich zerfraß die Neugier. Hubers Meldungen klangen zwar zuversichtlich, aber die Verstärkung bestand nicht aus unerfahrenen Anfängern. Sie hatten möglicherweise alle RADAR und bestimmt auch allerlei Tricks drauf. Deshalb war an ein Auftauchen noch nicht zu denken. Einen vorsichtigen Rundblick konnte ich jedoch schon wagen, denn wir waren inzwischen außer ASDIC-Reichweite.

»Auf Sehrohrtiefe anblasen!« Ich verfolgte die Tiefenanzeige und erschrak. Zu schnell! Ich fuhr auf den LI los, der gähnend neben den Tiefenrudergängern stand und die Anzeige gar nicht beachtete. »Langsamer, Mensch! Wollen Sie uns oben wie einen Korken aus dem Wasser katapultieren?«

Er starrte mich vollkommen geistesabwesend an, begriff offensichtlich überhaupt nichts. Hilflos hob er die Hände und murmelte etwas Unverständliches, ohne zu handeln. Du lieber Himmel, der war ja völlig mit den Nerven fertig, stand noch immer schwer unter Schock. Was machte man mit so einem Nervenbündel?

Das Boot wurde immer schneller. Da griff der Chief ein. Ich hörte, wie er die Männer an den Tauchtanks anbrüllte: »Habt ihr nicht mehr alle Tassen im Schrank, ihr nachgemachten Menschen? Langsamer oder ich schlage euch mit 'nem Schraubenschlüssel die Birne ein! Lang...sa...mer, klar?«

Das war die Sprache, die seine Männer verstanden. Das Boot stieg langsamer auf, schwebte sanft nach oben. Erst jetzt wurde ich gewahr, daß in der Zentrale ein eisiges Schweigen herrschte. Alle starrten den LI an, der apathisch am Querschott lehnte und keinerlei Regungen erkennen ließ.

An den Gesichtern ließ sich mühelos ablesen, was die Männer in diesem Moment empfanden. Nicht minder empört waren die Wachoffiziere, Fähnriche und Deckoffiziere. Ein Offizier, den der Kommandant in einer so prekären Lage erst an seine Pflichten gegenüber dem Boot und der Besatzung erinnern mußte und der dann noch immer nichts tat! Ungeheuerlich! Das hatte es, seit ich das Kommando über U 112 übernommen hatte, selbst in den schwierigsten Situationen hier an Bord noch nicht gegeben. Eine ganze Skala von Gefühlen zeichnete sich in den Gesichtern ab, sie reichte von Unverständnis bis hin zur Ablehnung, wenn nicht gar Verachtung.

Das war eine gefährliche Stimmung, aus der sich

für die Kommandostruktur des Bootes leicht Komplikationen ergeben konnten. Dem mußte ich sofort begegnen, denn nach einem so langen Seetörn in dieser engen, primitiven Eisenröhre und den lebensgefährlichen Kampfeinsätzen lagen selbst bei den alten Hasen die Nerven bloß.

Ein paar »in die Batterie«, damit er aus seinem Schockzustand aufwachte, konnte ich Trautmann schlecht hauen. Das half vielleicht, machte aber vor der Mannschaft alles noch schlimmer. Was dann? Ich zerbrach mir vergeblich den Kopf.

Es war Kruse, der mich aus dieser Zwickmühle rettete. Er nahm den LI beim Arm und blinzelte mir zu. »Mir scheint, wir brauchen auf den Schreck hin jetzt alle 'nen aufmunternden Schluck! Kommen Sie, Herr Trautmann! Helfen Sie mir mal bei ›Besanschot an!‹, ja?«

Kein schlechter Gedanke, »Besanschot an!« war immer gut. Die Spannung löste sich, über die Gesichter der Männer glitt ein Lächeln. Der Hitlerjunge Quex hatte zwar jetzt endgültig bei der gesamten Besatzung bis in die Steinzeit verschissen, aber die Situation war gerettet.

Vorsichtig fuhr ich das Sehrohr aus und schwenkte es langsam in die Runde. Es war enttäuschend. Keine brennenden Tanker oder gar treibenden Wracks, die nicht sinken wollten, und noch weniger auf der Lauer liegende Korvetten zeichneten sich als Schatten im diffusen Mondlicht ab.

»Nichts!« sagte ich zum I WO. »Klar zum Auftauchen! Brückenwache in den Turm! Boot bleibt klar zum Alarmtauchen! Huber, was erzählen die Fische?«

»Das Geleit läuft in null-neun-null auf seinem Generalkurs weiter, Herr Kaleu. Hört sich aber an, als sei es kein geschlossener Konvoi mehr.«

»Und was heißt das?«

»Der Hauptteil bewegt sich schneller von uns weg. Ein kleinerer Teil ist langsamer.«

»Hmmm, ist langsamer?« brummte ich nachdenklich. »Das kann nur heißen, daß es torpedierte Schiffe sind, die mit verminderter Kraft laufen oder geschleppt werden. Oder sehen Sie das anders?«

»Überhaupt nicht. Nur schade, daß wir nur noch einen Aal haben, sonst könnten wir…«

»Nichts da, Herr Kruse!« unterbrach ich ihn. »Sie wissen genau, weshalb ich den aufheben möchte. Wir laden nur noch unsere Minen im Canal de la Mona ab, dann ist unser Kampfauftrag erfüllt, und wir gehen auf Kurs Heimat. Dabei fällt mir übrigens ein…«

Ich brach ab, denn alles Weitere hatte noch Zeit, bis ich wußte, wie es um den LI stand. Der II WO, unser Quacksalber, hatte sich Trautmanns angenommen und ihn ins Offizierslogis gebracht, nachdem ihm weder die Flasche Bier noch der doppelte *Geele Köm* aus meinem privaten Bestand aus seiner Nervenkrise geholfen hatten.

In meinem Hinterkopf quälte mich außerdem noch immer die Sorge, die Eskorte habe jetzt möglicherweise RADAR. Ich sah Kruse mit einem schiefen Lächeln an. »Hoffenlich pennen unsere Männer am FuMB nicht, wenn wir jetzt auftauchen.«

Kruse grinste wissend zurück. »Das werden sie nicht, Herr Kaleu. Ich hab' die so gründlich vergattert, daß denen jetzt die Muffe eins zu hunderttausend geht.«

»Na, dann wollen wir mal sehen, wo Hagen und Wildenow abgeblieben sind! Auftauchen!«

Entweder war meine Sorge unbegründet und das Geleit hatte kein RADAR, oder wir waren schon aus der Reichweite seiner Geräte heraus. Jedenfalls fiel mir ein Stein vom Herzen, als die Alarmmeldungen vom FuMB ausblieben. Auch das GHG trug dazu bei, es hatte den ablaufenden Konvoi fest im Griff und lieferte entsprechend gleichbleibende Meldungen.

»So, Männer, nun sperrt mal schön die Augen auf!« munterte ich erleichtert den Ausguck auf. »Wer von euch die beiden anderen Boote zuerst ausmacht, dem spendiere ich nach Ablösung 'ne Buddel Bier.«

Das war ein Ansporn, der wirkte. Der Moses, wie wir unseren jüngsten Matrosengefreiten noch immer nannten, obwohl er es gar nicht mehr war, entdeckte das im Mondlicht auftauchende U-Boot zuerst. Es war Wildenow, und der nahm sofort Kurs auf uns.

»Mann, bin ich froh, dich zu sehen, Arne!« schrie er durch die Flüstertüte zu uns herüber. »Ich war echt in Sorge, ich sei zu spät gekommen!«

»Dann warst du das, der uns den Zerstörer vom Hals geschafft hat? Vielen herzlichen Dank, Kuddel! Dann haste bei mir noch was gut.« Er hieß eigentlich ganz anders, aber Kuddel war sein Spitzname in unserer Offiziers-Crew. »War ja 'n gewaltiger Donnerschlag! Dafür gebe ich in Brest einen aus!«

Er lachte. »Eine Dublette, Arne, meine beiden letzten Aale. Ich hab' mir gedacht, doppelt hält besser. Bin damit aber jetzt völlig blank! Und du?«

»Wir haben nur noch einen Aal, und den heben wir für die Heimreise auf. Die drei anderen habe ich nicht mal knallen gehört, so hat mich der Zerstörer eingedeckt. Wo bleibt Hagen?«

»Keine Ahnung. Der wird doch hoffentlich nicht etwa...?«

»Mal den Teufel nicht an die Wand! Der ist vielleicht nur ein bißchen vorsichtiger als wir und braucht etwas länger, bis er sicher ist, daß da nicht irgendwo ein Tommy in der Dunkelheit auf ihn lauert.«

Ein Optimismus, an den ich selbst nicht so recht glaubte. Der Feind hatte ihn und Wildenow genauso wie uns gejagt. Wildenow war dank seiner Erfahrung entkommen und hatte sogar uns noch aus der Klemme helfen können. Wie aber sah es mit Hagens Erfahrungen aus?

Ich wußte von ihm, nur, daß er sich noch keinen großen Namen gemacht hatte. Er war Oberleutnant, konnte also als Kommandant nur wenige Erfahrungen gesammelt haben. Dagegen sprach auch die Zahl seiner Versenkungen bei diesem Fronteinsatz, jeweils zwei Torpedos für ein Schiff. Das war typisch für einen jungen Kommandanten, der sich seiner Sache noch nicht allzu sicher war und daher lieber auf Nummer Sicher ging. Je länger ich über ihn nachdachte und die Zeit verstrich, desto mulmiger wurde mir zumute.

»Man muß ja nicht gleich an das Schlimmste denken, I WO, aber der Hagen hat offenbar ernste Probleme.«

»Sieht ganz danach aus, Herr Kaleu. Das wäre ja noch das kleinere Übel.« Er richtete sein Glas auf U 114. »Kaleu Wildenow macht sich die gleichen Sorgen. Der tigert ebenfalls ungeduldig von der einen Seite seiner Brücke auf die andere und sucht das Wasser nach U 500 ab.«

»Ist das ein Wunder?« Ich ließ mein Glas sinken. »Auch mir kräuseln sich langsam die Haare.«

Es gab dafür noch einen anderen Grund. Bis zum Canal de la Mona, wo Hagen und ich Minen in die Durchfahrt zum Atlantik legen sollten, waren es rund zweihundertsechzehn Seemeilen. Dafür brauchten wir mit Höchstfahrt zwölf Stunden, und mehr als die halbe Nacht war schon vorbei.

Am Tage konnten wir die Durchfahrt zwischen Haïti und Puerto Rico nur getaucht passieren, dem stand jedoch die geringe Tiefe entgegen. Wir hätten nicht die geringste Chance gegen den lahmsten U-Bootjäger. Das wußte auch Kruse.

Wildenow schor mit seinem Boot noch dichter an uns heran.

»Was meinst du, Arne? Meine Horcher haben inzwischen Ohren wie Rhabarberblätter und hören doch nichts. Müssen wir ihn abschreiben?«

»Ich fürchte. Geben wir ihm noch eine Stunde. Den Canal de la Mona können wir ohnehin nur bei Nacht passieren. Also haben wir Zeit.«

Ich blickte zum Himmel. Hagen mußte sich beeilen. Der Mond bekam einen Hof. Nicht mehr lange, dann würde er in der Wolkenschicht verschwinden, und es würde stockdunkel werden. Hagen brauchte die Stunde jedoch nicht. Keine zehn Minuten später schäumte unweit von uns das Meer auf. Wie ein Korken brach U 500 durch die Oberfläche und kam in dem Schwell dümpelnd auf ebenen Kiel.

»Na, der hat's ja echt spannend gemacht.« Man merkte Kruses Stimme die Erleichterung an. »Uns so auf die Folter zu spannen.«

»Nur keinen Neid, I WO! Der hat sich vermutlich

mit irgendwelchen nackten Meerjungfrauen da unten die Zeit vertrieben.« Besonders witzig klang das nicht, aber ich machte ja damit auch bloß meiner Freude darüber Luft, ihn endlich auftauchen zu sehen. »Mal hören, was ihn aufgehalten hat. Bringen Sie uns etwas näher ran!«

»Was war los, Herr Hagen?« schrie ich hinüber. »Wir haben uns Sorgen gemacht!«

»Die hatten wir auch, Herr Kaleu! Die haben uns ganz gewaltig in der Mangel gehabt. Jede Menge Kurzschlüsse, Wassereinbrüche, Ausfall der Backbord-E-Maschine und noch mehr so'n Scheiß. Das hat Zeit gekostet. Wir sind noch dabei, den Eimer wieder auf Vordermann zu bringen. Und Sie?«

»Alles klar! Haben Sie noch Torpedos?«

Er hatte noch vier Aale. Hatte sechs verschossen, aber nur vier Treffer beobachten können; dann hatten ihn zwei Korvetten beim Wickel gehabt.

»Das waren nicht die simplen Heinis der Eskorte, das waren zwei der Verstärkung. Die hatten Erfahrung oder waren besser geschult. Die sind nicht mal auf den Bold hereingefallen. Das konnte Zufall gewesen sein, aber man weiß ja nie. Und nun?«

Das war schnell geklärt. Jeder konnte sich den Tag so einteilen, wie er wollte. Dann wollten wir uns am Abend vor der Isla de Mona treffen, um gemeinsam in den Atlantik hinauszulaufen und den Rückmarsch nach Brest anzutreten.

»Bis heute abend! Mast- und Schotbruch!« rief ich den beiden zu.

Dann trennten wir uns. Schnell verschwanden die beiden anderen Boote in dem diffusen Licht.

»Ich gehe runter, I WO. Mal sehen, was unser

Quacksalber mit dem LI angestellt hat.« Ich gähnte. »Und dann haue ich mich ein bißchen aufs Ohr.«

Der II WO stand am Kartentisch und trank einen Mittelwächter.

»Das trifft sich gut, Herr Kaleu. Ich wäre sonst zu Ihnen auf die Brücke gekommen, um zu berichten.«

Ich goß mir ebenfalls eine Muck Kaffee ein. »Kommen Sie, Herr Werda, gehen wir in meine Kammer.«

Das war besser, denn hier in der Zentrale hatten wir Zuhörer. Es ging um den LI, und da brauchten wir ja nun wirklich kein Publikum. Außerdem war ich todmüde und sehnte mich nach einem weichen Sitzplatz.

Ich ließ mich auf die Backskiste fallen. »Nehmen Sie Platz, II WO. Wie geht's dem Trautmann?«

»Beschissen, wenn ich das mal so flapsig ausdrücken darf. Der kann sich an nichts erinnern. Ihm ist schlecht, und er hat eine deftige Beule am Hinterkopf. Ist anscheinend gegen das Stahlschott geschleudert worden. Seine Mütze hat ihn wohl vor einer Platzwunde bewahrt. Ich bin zwar kein Arzt, aber all das deutet auf eine saftige Gehirnerschütterung hin. Doch die ist es nicht allein, Herr Kaleu. Der Mann ist mit den Nerven völlig fertig.«

»Und was heißt das?«

»Wären wir an Land, müßte der LI in fachärztliche Behandlung. Der ist ein flatterndes Nervenbündel. Entweder ist er durch und durch ein Feigling, oder er schleppt eine Erinnerung mit sich herum, die ihm zusetzt, sobald es kritisch wird. Tut mir leid, aber der gehört in die Psychiatrie, wo man ihn von dieser Angstpsychose befreit.«

»Lieber Himmel, Angstpsychose – so ernst? Das klingt ja nach Klappsmühle!«

Werda lachte verhalten auf. »Vielleicht habe ich mich zu kraß ausgedrückt, ich bin eben Laie. Aber es paßt alles zusammen, Herr Kaleu. Dieser übertriebene Stolz auf seinen Klempnerladen, mit dem er seine Macken auszugleichen versucht, und all die anderen Vorfälle. Ein Glück, daß wir schon auf der Heimreise sind. Ich glaub' nämlich nicht, daß wir von ihm noch viel haben werden.«

Zugegeben, der II WO war kein Arzt, aber was er sagte, das hatte Hand und Fuß.

»Sie meinen, so lange habe er an der Gehirnerschütterung zu knabbern?«

»An der weniger als an der seelischen Erschütterung. Der rastet unter Garantie wieder aus, wenn 's dicke kommt. Wir haben ja die Biskaya noch vor uns.« Werda trank seine Muck aus. »Zunächst ist er jedenfalls weg vom Fenster. Er muß seine Gehirnerschütterung ausliegen. Dagegen gibt's nämlich keine Pillen.«

»Ausliegen ist gut.« Ich strich mir über meinen sprießenden Bart und lächelte. »Keine Rede von der Angstpsychose, klar? Für die Besatzung ist die Gehirnerschütterung die offizielle Erklärung für sein seltsames Versagen in der Zentrale. Er hat schon genug Porzellan zerschlagen, II WO. In Brest sorge ich dafür, daß er sang- und klanglos verschwindet.«

Werda nickte. »Wird für uns alle die beste Lösung sein. Vielleicht ist dann auch unser alter LI, Oberleutnant Lietz, von seiner Bäderreise mit dem Hilfskreuzer zurück?«

»Ich hoffe es. So, und jetzt haue ich mich aufs Ohr.«

Unsere Operationen in der Karibik hatten die alliierten Dienststellen gehörig aufgeschreckt. Noch kannten sie die Zahl der U-Boote nicht, die vor ihren wichtigen Nachschubbasen operierten. Sie hielten sie vermutlich für viel größer und sammelten deshalb die Transporter in den Häfen, um sie in geschützten Konvois auf die Reise zu schicken.

Anders war es nämlich nicht zu erklären, daß die wenigen Pötte, vor denen wir im Laufe des Tages ab und an von der Wasseroberfläche verschwinden mußten, neutralen Nationen angehörten. Und noch etwas war anders als vor Antigua. Es gab plötzlich Flugzeuge in der Luft, je näher wir dem Canal de la Mona kamen.

Wir machten uns nicht die Mühe, sie zu identifizieren, sondern verschwanden sofort in der Tiefe. Ob militärische oder zivile Maschinen, das war letztlich egal. Alle Radiostationen, die Kruse abhörte, warnten geradezu hysterisch vor deutschen U-Booten und forderten die Hörer auf, Beobachtungen sofort den Behörden zu melden.

»Und keine Verlautbarungen über versenkte Schiffe, I WO?«

»Nicht die Bohne. Nur ganz allgemeines Wischiwaschi über Angriffe auf alliierte Transporter, keine Zahlen.« Er sah auf seine Notizen, die er mitgeschrieben hatte. »Hier ist erstmals eine Nachricht über Sprengstoffanschläge auf Antigua. Die Behörden bitten die Bevölkerung um Mithilfe, weil sie vor einem Rätsel stehen. Die beiden Toten sind Weiße. Nur gut, daß wir aus der Kleidung und den Wäschestücken alle verräterischen Hinweise entfernt haben.«

Und daß der Fähnrich Teichmann ihnen die Erkennungsmarken abgenommen hat, denn an die hatte keiner von uns gedacht, fügte ich in Gedanken hinzu. Ich schluckte jede Bemerkung dazu herunter, weil die beiden Obermaschinisten vor meinem Kabuff erschienen und Männchen bauten.

»Kommen Sie rein«, ich machte eine einladende Handbewegung, »und setzen Sie sich zu uns. Es hat sich sicher rumgesprochen, daß der LI eine schwere Gehirnerschütterung erlitten hat und für längere Zeit ausfällt. Chief, Sie übernehmen ab sofort seine Funktionen, bis er wieder auf den Beinen ist. Ihre Funktionen als Chief übernimmt bis dahin Obermaschinist Leonhardt. Alles klar? Gut! Wir werden im Mittelatlantik aufgetankt, denke ich. Dazu brauche ich Ihre genauen Angaben über unseren Treibölvorrat und die Berechnung des Verbrauchs bei zwölf Knoten und bei achtzehn Knoten. Bei beiden kalkulieren Sie ein Polster ein, falls wir irgendwelche Haken schlagen müssen oder die Milchkuh sich verspätet, klar?«

»Alles klar, Herr Kaleu!« sagte der neugebackene Chief. »Ab wann und zu wann sollen die Berechnungen stehen?«

Sieh an, dachte ich, der Mann ist clever. »Sobald wir den Canal de la Mona passiert haben, weit genug von Land abstehen und ungefährdet funken können. Das wird morgen früh vor Dämmerungsbeginn sein. Nehmen Sie das Ende der Hundewache als Grundlage für Ihre Berechnungen, dann kommt das hin. Noch Fragen?«

Um Mitternacht legten Hagen und wir an der schmalsten Stelle des Canal de la Mona ungehindert unsere Grundminen, bevor wir die Durchfahrt in den Atlantik aufgetaucht passierten. Das Wetter war uns günstig, es regnete, und die Sicht war denkbar schlecht. Trotzdem rechneten wir jeden Augenblick mit dem Auftauchen irgendwelcher Bewacher.

Doch die blieben aus. Die Schraubengeräusche, die unser Horchgerät auffing, gehörten durchweg Frachtern, die abgeblendet aus dem Atlantik kamen und die Karibik ansteuerten. Wir mußten bei der schlechten Sicht höllisch aufpassen, daß wir mit ihnen nicht kollidierten.

RADAR-Kontakte von Land, die uns ein paarmal streiften, blieben ohne Folgen. Niemand rechnete offenbar damit, daß sich aufgetauchte U-Boote in so einer stockschwarzen Nacht zwischen den Frachtern durchzumogeln wagten. Vermutlich gingen wir wieder einmal als Fischerboote durch.

Alles ging glatt, bis Hagen in der Morgendämmerung der Teufel ritt. Er mußte unbedingt noch seine beiden letzten Torpedos anbringen. Der Pott, der von Osten aufkam, lief nördlich der Antillen auf der Atlantikroute nach Westen, lag tief im Wasser und hatte gut 12 000 BRT. Ein Amerikaner, der auf seine 16 Knoten vertraute oder noch nichts von den deutschen U-Booten gehört hatte.

Er sah ja auch keine, denn wir waren sofort getaucht. Er lief Hagen in einem so idealen Winkel vor die Flinte, daß der alle guten Vorsätze vergaß und dem Ami eine Dublette als Morgengruß entgegenschickte. Beide Torpedos gingen gleichzeitig hoch, einer direkt unter der Brücke, der andere unter dem Maschinenraum. Zwei Treffer, die jedem anderen Schiff das Kreuz gebrochen und es innerhalb weniger Minuten zu den Fischen geschickt hätten.

Dieser Ami tat Hagen nicht den Gefallen. Mochte der Teufel wissen, was der geladen hatte. Der schwamm auf ebenem Kiel, obwohl seine Maschinen standen und sich der Atlantik ungehindert durch die Lecks in sein Inneres ergoß. Die hektische Betriebsamkeit auf seinem Oberdeck wich schnell diszipliniertem Vorgehen. Die Besatzung brachte die Boote aus, fierte sie jedoch zu meiner Überraschung nicht zu Wasser.

»Zwei Treffer wie aus dem Bilderbuch, und der Kerl schwimmt! Der funkt, I WO, und wartet auf Hilfe!« Ich ließ den Spargel in den Schacht gleiten. »Ab dafür! Beide Maschinen voll voraus!«

Keine Stunde später war oben die Hölle los. Huber hatte so viele Schraubengeräusche in seinem Zauberkasten, daß ich neugierig wurde und vorsichtig das Periskop ausfuhr. Ich zog es blitzschnell wieder ein.

»Flugzeuge und Korvetten! Ab in die Tiefe! Auf sechzig Meter einpendeln. Wenn die von uns auch nur einen Hemdzipfel sehen, werden wir die nicht mehr los! Und wir müssen irgendwann rauf, damit uns die Flottille rechtzeitig die Milchkuh schickt.«

Zwei Flugzeuge hatte ich bei dem kurzen Blick ausmachen können. Flugzeuge mit Sternmotor im Tiefflug, ein Flugzeugtyp, den ich nicht kannte. Mit ihrem dicken Sternmotor sahen sie gefährlich wie angreifende Hornissen auf der Suche nach Beute aus. Ich hielt sie für amerikanische Jagdflugzeuge.

Das mit den Korvetten, gestand ich mir ein, war natürlich übertrieben. Ich hatte gar nicht die Zeit gehabt, die drei Kriegsschiffe, die im Regendunst den torpedierten Frachter umkreisten, als Korvetten zu identifizieren. Es konnten ebensogut wieder solche nachträglich aufgetakelten Kanonenboote sein. Aber was spielte das schon für eine Rolle, für uns waren die genauso gefährlich wie Korvetten.

Sie schwärmten nämlich nach der Seite aus, von der aus der Frachter torpediert worden war, und begannen die Suche nach dem verdammten deutschen U-Boot. Ich sah das zwar nicht, aber Hubers Gehör war in dieser Beziehung unübertroffen.

»Suchstreifen, Herr Kaleu.« Er grinste. »Suchstreifen auf der falschen Seite. Die ahnen nicht, daß wir an dem Pott schon vorbei sind und hinaus in den freien Atlantik laufen.«

Ich sah ihn mißtrauisch an. Seit feststand, daß es nach Hause ging, herrschte nämlich bei uns an Bord so eine übermütige Stimmung wie am 1. April. Selbst ich mußte aufpassen, daß man mich nicht vorzeitig in den *April schickte.*

»Nun hören Sie aber mal auf, Huber! Ich höre das ja ganz gern, wenn's stimmt. Aber das ist jetzt wohl doch Seemannsgarn. Wie wollen Sie das denn heraushören, Mann?«

»Mit den Ohren des Fachmanns!« warf er sich selbstgefällig in die Brust und feixte. »Die drei sind übrigens bald nicht mehr allein. Da kommt auch ein Schlepper auf. Wollen Sie selber mal hören, Herr Kaleu?«

Er reichte mir den zweiten Hörer. Zunächst hörte ich wie üblich nur ein wüstes Gemisch rotierender Schrauben, von dem sich ein dumpfes, behäbiges Rumpeln abhob. Ein Schlepper für den torpedierten Pott? Ob ich's glauben wollte oder nicht, dem Rumpeln nach konnte es nur ein Schlepper sein, der mit Kohlefeuerung fuhr. Mein lieber Mann, die Puertoricaner waren aber verdammt flink drauf.

»Gut, Huber, den Schlepper nehme ich Ihnen ab, denn den höre ich auch raus. Aber wie wollen Sie denn…« Ich stockte. Das helle Sirren der Schrauben wurde plötzlich gedämpfter, um wenig später wieder anzuschwellen. Mir ging ein Licht auf. »Meinen Sie das, Huber, dieses Abschwellen?«

»Genau! Die kommen immer wieder in den Schatten des Frachters, der deckt sie gegen unser hochempfindliches GHG ab. Mit den alten Geräten konnte man den feinen Unterschied nicht heraushören, die neuen sind eben um Klassen besser.«

Ich gab ihm den Hörer zurück. »Sie haben mich überzeugt, Huber. Bleiben Sie dran, damit es keine Überraschung gibt, wenn die Tommies oder Amis zwei und zwei zusammenzählen. Schade, daß wir das GHG nicht gegen Flugzeuge einsetzen können.«

»Wenn die tief genug fliegen, müßte das eigentlich auch gehen. Man müßte die Mikrophone nur nach oben richten, den Rest besorgt das Wasser.«

Das klang einleuchtend, denn das Wasser übertrug ja auch die dumpfen Abschüsse der Schiffsartillerie.

Ich klopfte ihm anerkennend auf die Schulter. »Keine schlechte Idee! Warum machen Sie nicht einfach mal 'ne Eingabe, die unsere Ingenieure auf Trab bringt? Bis dahin – wachsam bleiben, Huber.«

Er blieb wachsam, obwohl wir uns längst in Sicherheit wähnten. So entging seinem feinen Gehör nicht, daß die Korvetten oder Kanonenboote plötzlich die Suche zur Landseite hin aufgaben und sich mit aufheulenden Schrauben auf die Fährte unserer drei Boote setzten. Rasend schnell kamen sie näher.

Es war ein Schock für uns alle. Mit einem Schlag

rutschte die übermütige Stimmung in den tiefsten Keller. Gleich hatten wir sie auf dem Hals.

Ratlos schaute ich auf die Tiefenmesser. »Sechzig Meter! Womit haben wir uns verraten? Unser Schatten im Wasser? Nee, doch nicht bei diesem Wetter!«

Kruse rätselte genauso herum. »Eine Ölspur, Herr Kaleu? Dann müssen die Flugzeuge sie entdeckt haben.«

Eine Ölspur, die typische Folge intensiver Wasserbombenangriffe. Ein Leck in einem der Treibölbunker, so fein, daß wir den Ölverlust nicht merkten. Aber die Flugzeuge hatten die Ölspur entdeckt. Das konnte der Grund sein.

»Alarmtauchen! Runter auf hundertsechzig Meter!« Flucht in die Tiefe war die einzige Möglichkeit, die uns blieb. »Chief, peilen Sie die Ölbunker! Ich will selbst den geringsten Ölverlust wissen!«

Wir behielten unsere Geschwindigkeit bei. Unsere Verfolger machten mit ihren Schrauben solchen Lärm, daß sie unsere E-Maschinen garantiert nicht hörten. Auf Schleichfahrt konnten wir später umkuppeln. Ihr ASDIC war viel gefährlicher.

Alle Augen hingen an den Tiefenmessern. Erschreckend langsam schor das Boot in die Tiefe, so erschien es jedenfalls allen, ehe die Anzeige über die hundert Meter hinweg glitt.

»Huber, was macht diese Saubande hinter uns?« Ich wurde kribbelig. Warum machte der Kerl seine Meldungen nicht öfter?

»Schraubengeräusche sind von eins-acht-null nach zwo-null-fünf ausgewandert, Herr Kaleu! Wandern weiter aus. Die laufen auf Angriffspositionen. Aber nur keine Aufregung, das gilt nicht uns.«

Ich brauchte einen Augenblick, bis mir die volle Bedeutung seiner Worte aufging. »Was sagen Sie da, Huber? Das gilt nicht uns? Ja, wem denn sonst, Himmel, Arsch und Zwirn?«

Die donnernde Wasserbombenlage nahm ihm die Antwort ab. Etwa fünf, sechs Seemeilen von uns entfernt detonierte in schneller Folge eine ganze Serie von ihnen. Ich sah auf die Karte, in die der Obersteuermann die ungefähre Position der beiden anderen Boote eingetragen hatte.

»Der Hagen, I WO. Der Angriff gilt dem Hagen. Womit hat der sich verraten?«

»Vielleicht hat der 'ne Ölspur gelegt? Der hatte doch vergangene Nacht nach eigenen Angaben 'ne ganze Menge Schwierigkeiten. Vielleicht war darunter auch ein Leck, das sie nicht entdeckt haben?«

»Wenn er tief genug ist, steigt das Öl so langsam auf, daß er ihnen entkommen kann, hoffe ich.«

»Das setzt voraus, daß seine Horcher die Angreifer rechtzeitig gehört haben, Herr Kaleu, und er das drohende Verhängnis früh genug erkannt hat.«

»Boot pendelt sich auf hundertsechzig Meter ein!« meldete der Tiefenrudergänger Schröder.

»Das reicht! Beide E-Maschinen auf Schleichfahrt umkuppeln!« Ich nagte an meiner Unterlippe, suchte nach einem Ausweg. »Drei gegen einen. Da können wir ihm mit unserem einzelnen Torpedo nicht mal zu Hilfe kommen. Schicken wir einen von ihnen damit zur Hölle, bleiben immer noch zwei von ihnen, die uns der Reihe nach zur Sau machen können. «

Das Bombardement verstummte. »Sie drehen auf dem Teller und suchen die See nach Wrackteilen und Ölflecken ab.«

Zäh verstrich die Zeit. Wir waren zum bloßen Zuhören verdammt. Obwohl es mich juckte, wagte ich es wegen der Flugzeuge nicht, auf Sehrohrtiefe anblasen zu lassen und den Spargel auszufahren. Aber nicht nur deshalb. In unserer Tiefe waren wir vor ihrem ASDIC sicher. Je größer der Ortungswinkel, desto geringer wurde dessen Reichweite. Sie mußten uns schon gewaltig dicht auf den Pelz rücken, um uns hier unten zu erreichen.

Bullernd setzte der Wabo-Angriff wieder ein, überliefen die Jäger die Stelle, wo sie ihr Opfer vermuteten, drehten und setzten nach einer Pause zum nächsten Anlauf an. So ging es über eine Stunde, und mit dieser verstreichenden Zeit wuchs unsere Zuversicht, daß Hagen ihren Bomben entkommen war. Sonst hätten seine Verfolger längst Schluß gemacht.

Ich hörte auf, die Wasserbombenlagen zu zählen, die immer weiter hinter uns zurückblieben. »Blutige Anfänger, wissen nicht, wann sie verloren haben. Aber jede Wasserbombe weniger…« Ich horchte auf. Das Geballer war verstummt. »Geben sie auf?«

Sie machten es spannend, ließen uns warten.

Huber war der erste von uns, der es hörte: »Die Jagdgruppe nimmt Fahrt auf! Läuft in eins-neun-zwo ab! Entfernung zunehmend!«

»Gott sei Dank! Es ist hoffentlich vorbei. Alarm aufgehoben! Auf vierzig Meter anblasen! Beide E-Maschinen Umdrehungen für vier Knoten.«

Erst eine Stunde später ließ ich das Boot auf Sehrohrtiefe einpendeln und fuhr den Spargel vorsichtig aus. Die Korvetten oder worum es sich handelte, waren im Regendunst verschwunden. Die Entfernung zwischen ihnen und uns hatte so zugenommen, daß wir sie nicht mehr zu fürchten brauchten. Aber ich traute dem Frieden doch noch nicht. Deshalb wechselte ich zum Luftzielsehrohr und schwenkte es in die Runde.

Auch hier nichts! Die Wolken hingen so tief herunter, daß uns nur ein ganz tieffliegendes Flugzeug entdecken konnte. Dagegen aber hatten wir ein ganz probates Mittel.

»Klar zum Auftauchen! Brückenwache und Geschützbedienungen in den Turm!« Ich nahm mein Ölzeug vom Haken. »Es regnet noch immer. Auftauchen!«

Kaum kam der Turm frei, stürmten die Männer nach oben. Dennoch war Fähnrich Brückner fixer als alle anderen, er sah das Boot zuerst: »Aufgetauchtes U-Boot in drei-zwo-null! Entfernung etwa eine Seemeile!«

Ich fuhr in die angegebene Richtung herum. Eines unserer IXC-Boote! Aber der dichte Regen machte es mir unmöglich, es zu identifizieren. Auf seiner Brücke und an Deck herrschte die gleiche Hektik wie bei uns. Die Männer besetzten ihre Stationen und bemannten die Geschütze.

»Auch eben erst aufgetaucht!« sagte der II WO. »Wer mag es sein, Herr Kaleu?«

»Ich möchte wetten, es ist Wildenow. Wir lagen schon auf der ULD immer auf der gleichen Welle. – Signalmaat, blinken Sie das Boot an: *K an K, hier U eins-eins-zwo. Wo haben Sie die ganze Zeit gesteckt?*«

Die Antwort kam postwendend und war typisch für Wildenow. »*K an K: Na, wo wohl? Wir haben Neptuns Töchter geschwängert. Du nicht, Arne?*«

Ich lachte. »Hab' ich's nicht gesagt? Die Wette hätte

ich glatt gewonnen. Signalmaat, antworten Sie: *K an K, hatte keine Zeit dazu, du Lustmolch! Alles in Ordnung bei dir, Kuddel?*«

»*Alles bestens! Schon Kontakt mit der Flottille?*« U 114 ging mit der Fahrt herunter und legte Ruder, um näher an uns heranzuscheren. »*Wo bleibt der...*«

»Auftauchendes U-Boot in zwo-zwo-fünf!« kam ihm der Ausguck dazwischen. »Entfernung etwa zwei Seemeilen!«

Auch dort an Bord die gleiche Hektik.

Eine Klappbuchs blitzte von der Brücke zu uns herüber: »*K an K: U fünf-null-null aus dem Tal der Toten zurück. Alles in Ordnung!*«

»Der Hagen, II WO«, sagte ich erleichtert. »Signalmaat, Blinkspruch an beide Boote: *Bitte zur Besprechung heranschließen!*«

Ich hatte nicht die Absicht, hier lange herumzulungern. Wir standen noch nicht weit genug von der Küste ab. Die Flugzeuge stiegen unter Garantie sofort wieder auf, um nach uns zu suchen, sobald der Regen nachließ und sich die Sicht besserte. Drei aufgetauchte Boote dicht beieinander, für jedes Flugzeug ein gefundenes Fressen. Wir hatten also keine Zeit zu verschenken.

Ich machte es deshalb kurz und bündig: »Einer für alle, damit die Tommies oder Amis nicht mitkriegen, daß ihnen drei U-Boote durch die Lappen zu gehen versuchen, klar? Ich funke heute abend die Flottille wegen der Milchkuh an, wenn wir weit genug von Land ab sind. Bis dahin ab dafür durch die Mitte mit achtzehn Knoten! Haltet die U-Bootwelle für die Antwort offen. Keine Bestätigung, die besorge ich. Einverstanden?«

Die beiden Kommandanten erhoben keine Einwände.

Aber ich hatte noch etwas auf dem Herzen: »Nur noch 'ne Frage, Herr Hagen. Wie hat man Sie entdeckt? Eine Ölspur?«

»I wo, purer Zufall! Diese Scheißflugzeuge haben mein Sehrohr ausgemacht. Habe gar nicht mitgekriegt, daß es sie gab, und daher überhaupt nicht mit ihnen gerechnet.«

»So was kommt von so was«, brummte der II WO. »So bestraft der Himmel Neugierige.«

Ich sah mich durch Hagens Antwort bestätigt: Doch noch kein alter Hase, dachte ich, der muß noch eine ganze Menge lernen, sonst geht das irgendwann mal ganz gemein in die Hose. Wildenow schüttelte mißbilligend sein Haupt, dem gingen anscheinend die gleichen Gedanken durch den Kopf.

»Schraubengeräusche und Schreckbomben aus eins-acht-null!« erinnerte mich der BÜ an unsere Gegner. »Suchkreise. Entfernung gleichbleibend.«

Es war nicht schwer zu erraten, was sich achteraus abspielte. Unsere Verfolger gaben nicht auf. Jetzt suchten sie wieder das Seegebiet um Hagens Opfer ab. Immer das gleiche, sie warfen Schreckbomben in der Hoffnung, ihn damit aufzuscheuchen.

»Als dann, nächster Treffpunkt die Milchkuh!« machte ich es deshalb kurz und hob die Hand grüßend an die Mütze. »Gute Fahrt und Mast- und Schotbruch!«

Die beiden grüßten zurück. Hagens Boot schor ab und ging sofort auf achtzehn Knoten. Wildenow hatte es nicht so eilig, ich wußte auch, warum. Kuddel war genauso abergläubisch wie ich.

Manche Leute besaßen nun einmal die höchst zweifelhafte Begabung, alle möglichen Komplikationen heraufzubeschwören. Zu denen schien Hagen zu gehören. Wir konnten uns ja im Auge behalten, aber immer mit genügend Abstand und freiem Wasser zwischen einander.

Wir kamen gut voran. Der Regen hatte zwar aufgehört, aber die Wolken hingen noch immer tief herab, und die Sicht hatte sich nur wenig gebessert. Es ging nach Hause, darum waren wir darüber gar nicht böse. So konnte es bleiben. Dann brauchten wir die Flugzeuge nicht zu fürchten.

Wie schon bei unserer Heimkehr von der Ostküste der USA im Dezember war auch jetzt die See wieder wie leergefegt. Das war kein Wunder. Wir liefen abseits der üblichen Schiffahrtsrouten. Wer nach Europa und Afrika wollte oder umgekehrt, der wählte seinem Ziel entsprechend lieber einen nördlicheren oder südlicheren Kurs. Beide waren wegen der Erdkrümmung kürzer, sparten Zeit und damit auch Treibstoff. Darum fingen unser GHG und das FuMB keine Kontakte auf.

Als wir spätabends den Funkspruch an die Flottille absetzten, eine knappe codierte Buchstabengruppe, lagen hundertachtzig Seemeilen zwischen uns und Hagens Opfer. Wir fühlten uns sicher. Entsprechend fröhlich ging es wieder bei uns zu.

Vergessen waren die überstandenen Gefahren. Es gab nur ein Thema, der Urlaub an Land. Die Vorfreude griff wie eine ansteckende Krankheit um sich, die keinen verschonte. Auch mich nicht, nur gingen meine Gedanken in eine ganz andere Richtung.

Während ich in der Zentrale mit den beiden Obermaschinisten ihre Berechnungen durchging, vorher hatte ich keine Zeit dazu gefunden, bekam ich wieder einmal eine Kostprobe, wie sich die meisten den ersten Tag an Land vorstellten.

Zeidler, der Torpedomaat, war der große Wortführer. »Wir? Wir Maate begießen uns erst mal ordentlich die Nase. Det bißchen ›Besanschot an!‹ hier is' doch wat für 'n hohlen Zahn und nischt gegen meinen Männerdurscht! Und dann, Leute, dann geht's in den Puff! Den Nutten bügeln wir die Falten aus dem Bauch, det denen die Seele jauchzt!«

»Du Optimist!« stichelte der Zentralemaat. »Mit dem vielen Hängolin im Bauch? Wird 'ne schöne Lachnummer werden!«

Ich grinste in mich hinein. Die Mär vom Soda im Essen, dem sogenannten Hängolin, geisterte seit Generationen durch die gesamte Marine. Sie war nicht auszurotten. Obwohl unser Smutje das Essen unter den Augen der Mannschaft zubereitete, hielt sich hartnäckig das Gerücht, er mische befehlsgemäß heimlich Soda ins Essen. Soda schwächte angeblich die Potenz, daher der Name Hängolin, und verhinderte so auf See den berüchtigten Samenkoller.

Zeidler maß den Zentralemaat mit einem mitleidigen Blick. Seine Hand fuhr in die Hosentasche und holte ein Päckchen hervor. »Von wegen Lachnummer! Bei dir vielleicht, aber nicht bei mir, du Weich-Ei! Kennste det hier? Natürlich nich'! Det is' OKASA, verstehste? Da kriegste so 'n Hammer trotz Hängolin!« Als Demonstration reckte er den angewinkelten rechten Unterarm mit geballter Faust in die Luft. »Davor stehen die Nutten voller Ehrfurcht stramm, du Hänfling!«

Die Männer in der Zentrale grinsten, solche Wortgefechte hoben die Stimmung. Selbst der II WO, der zu uns an den Kartentisch trat, unterdrückte nur mit Mühe ein Lächeln.

»Du meine Fresse, sind wir schon wieder soweit? Uns trennen offenbar nur noch Sekunden von der tiefschürfenden deutschen Dichtkunst, als da sind die Verse um Frau Wirtins berühmtberüchtigtes Gasthaus an der Lahn, das gepfefferte Marine-ABC und der gute, alte Bonifazius Kiesewetter.«

»Da sei Gott vor!« Beschwörend hob ich die Hände, als schickte ich ein Stoßgebet zum Himmel, und wußte doch, es war zu spät. »Nicht schon wieder!«

Einmal an diesem Punkt angekommen, war die Flutwelle nicht mehr aufzuhalten. Zeidlers OKASA wirkte wie der Zündfunke, der den Damm sprengte, denn dieses Wort stand für das »O« in den sexuellen Ferkeleien des Marine-ABCs.

»Na schön«, sagte ich ergeben und nahm Greinert den Funkspruch ab, den der durch das Mannloch reichte. »Gehen wir in mein Kabuff. Hier ist der sexuelle Notstand ausgebrochen. Gegen die lautstarken Sauereien kommen wir doch nicht mehr an.«

Der Funkspruch war die Antwort der Flottille, das sah ich auf den ersten Blick, obwohl er noch nicht vollständig entschlüsselt war. Das blieb dem Offiziersschlüssel vorbehalten.

»Jagen Sie das doch mal schnell durch die Maschine, Herr Werda. Ich gehe mit dem LM und dem Chief inzwischen noch die restlichen Berechnungen durch.«

Die beiden hatten an alles gedacht. Sie hatten nicht

nur die Ölbunker gepeilt und den Verbrauch berechnet, sondern auch alle anderen Tanks. So hatten wir auch noch genügend Süßwasser. Es mochte inzwischen zwar schon brackig schmecken, zum Kochen reichte es jedoch allemal.

»Keine Ölverluste durch Lecks, Herr Kaleu«, betonte der Leitende Maschinist Winkler, den ich zum stellvertretenden LI gemacht hatte. »Auch kein Öl in der Bilge.«

»Das ist prima!« lobte ich. »Gute Arbeit!«

Werda kam mit dem entschlüsselten Spruch und zwei Karten zurück. »Kurz und knapp wie üblich. Treffen mit der Milchkuh in fünf Tagen im Planquadrat CE 4, Herr Kaleu.«

Er sagte es mit einer so eigenartigen Betonung, daß ich stutzte. »Planquadrat CE 4? Kommt mir irgendwie bekannt vor. War das nicht…?«

Na klar! Ein Blick auf die Karte mit den Planquadraten brachte die Bestätigung: das Seegebiet, in dem wir Ende Dezember von einem Hilfskreuzer aufgetankt worden waren.

»Die lieben offenbar diesen Treffpunkt, was?«

Der II WO griente. »Wenn's wieder 'n Hilfskreuzer ist, kriegen wir vielleicht unseren alten LI zurück und können Herrn Trautmann in ärztliche Hände übergeben?«

»Die Ölübernahme wäre auch viel leichter, Herr Kaleu«, fügte Winkler hoffnungsvoll hinzu. »Das ist dann nicht so eine wackelige Angelegenheit.«

»Das sind Wunschträume, die wir uns wohl besser aus dem Kopf schlagen.« Ich beugte mich über die Seekarte. »Machen wir lieber Nägel mit Köpfen. In fünf Tagen?«

Ich nahm die Entfernung in den Zirkel. Ein kurzer rechnerischer Überschlag. »Überhaupt kein Problem, mit vierzehn Knoten mehr als bequem zu schaffen. Laufen wir mit achtzehn Knoten ab, haben wir sogar noch ein gesundes Polster, falls uns jemand in die Quere kommt und uns Zeit kostet.«

Ich konnte eben nicht aus meiner Haut. Bis jetzt war alles so gut gelaufen, daß ich um unser Glück zu fürchten begann. Irgendwann wurde uns dafür bestimmt die Rechnung präsentiert. Ehe wir nicht in Brest waren, mußte ich mit allem rechnen.

Der II WO konnte inzwischen wohl meine Gedanken ebensogut wie Kruse lesen, denn er nickte und schmunzelte. »Wie war das doch, Herr Kaleu? Glück hat nur der, der kein Pech hat. Bis jetzt hatten wir doch auf der ganzen Linie Glück.«

»Eben, dabei wird 's hoffentlich auch bleiben.« Ich zeichnete den Kurs in die Seekarte ein und griff zum Bordmikrophon. »An Brücke: Beide Maschinen Umdrehungen für achtzehn Knoten, Kurs null-vier-fünf. Das wär 's dann wohl. Leisten Sie mir noch einen Augenblick Gesellschaft, II WO?«

Der Wink mit dem Zaunpfahl für die beiden Obermaschinisten. Sie standen auf.

»Bitte nehmen Sie die Karten für den Steuermann mit. Ich danke Ihnen, ich bin mit Ihnen sehr zufrieden.«

Ein Lob, das die beiden gern hörten. Es würde sie doppelt anspornen, den LI voll zu ersetzen, zumal sie den besseren Draht zu ihren Männern hatten. Den beiden Wachoffizieren und mir war nicht entgangen, daß sich der Hitlerjunge Quex bei seinen Stokern keiner besonderen Beliebtheit erfreute.

»Ich habe Ihren Worten entnommen, daß Sie den LI gern los sein möchten. Warum? Macht er Sperenzien?«

»Das nicht, Herr Kaleu.« Werda wand sich. »Ich habe in der Praxis meines Vaters viele Gehirnerschütterungen unterschiedlichen Grades mit ihren klassischen Symptomen erlebt. Die zeigt auch der LI, und doch ist bei ihm einiges anders. Schwere Gehirnerschütterungen und Schädelbrüche sind schwer voneinander zu unterscheiden, weil sie die gleichen Grundsymptome aufweisen. Hinzu können beim Bruch Nasen- und/oder Ohrenbluten und das sogenannte Brillensyndrom kommen, das sind Blutergüsse unter den Augen. Diese Symptome fehlen bei ihm, was nicht einmal untypisch ist. Aber hier endet mein Latein. Nur ein Arzt kann seinen Zustand exakt beurteilen. Deshalb möchte ich ihn möglichst schnell in ärztliche Hände geben.«

»Sie verblüffen mich, II WO. An Ihnen ist ja wirklich ein Mediziner verlorengegangen.«

Er lächelte. »Das lassen Sie man meinen Vater bloß nicht hören. Sein einziger Trost ist meine Schwester, die tritt in seine Fußstapfen.«

»Sie sagten, bei dem LI sei einiges anders. Was ist bei unserem Hitlerjungen Quex anders?«

»Diese totale Lethargie, dieses völlige Abschalten. Der starrt gegen die Decke seiner Koje, als erwarte er, daß die jeden Moment auf ihn herabfällt und ihn erdrückt.«

Mir blieb der Mund offen. »Klaustrophobie bei einem, der nicht zum ersten Mal in einem U-Boot steckt? Da bleibt mir glatt die Spucke weg.«

»Der III WO, der mit ihm ja nun das Logis teilt,

meint, das sei es nicht allein. Der LI träumt lautstark, anders gesagt, der phantasiert die ganze Nacht und ist dann kaum in seiner Koje zu halten.«

Da also war die Katze aus dem Sack, derentwegen er sich so gewunden hatte.

»Ich glaube, ich sollte ihn mir jetzt einmal selber ansehen, II WO. Es soll mir nicht darauf ankommen, an die Bestätigung des Funkspruchs einen Notruf anzuhängen. Wir haben ja damit schon Erfahrung. Kommen Sie mit?«

Er nickte, sah auf seine Uhr und griente. »Noch Zeit bis zum Wachwechsel. Und was den III WO anbelangt, so sollte ich ihm wohl dabei gleich die Fäden ziehen. Meinen Sie nicht, Herr Kaleu?«

Der II WO hatte nicht übertrieben. Trautmann lag in seiner Koje auf dem Rücken, stocksteif wie eine Mumie, und starrte die Decke an. Lautlos bewegte er die Lippen und nahm von uns überhaupt keine Notiz. Selbstgespräche, dachte ich, Selbstgespräche, das ist ganz schlimm.

»Hallo, Herr Trautmann!« sagte ich betont aufgeräumt. »Ich muß doch mal nach Ihnen sehen. Wie geht es denn?«

Er drehte seinen Kopf so langsam zu mir herum, als koste ihn diese Bewegung unendlich viel Kraft, und schaute mich aus hohlen Augen an. »Hallo... Herr... Herr Kaleu. Nicht so... gut. Mir brummt der... der... Schädel und mir ist... schlecht.«

Ich erschrak nicht nur über sein Aussehen, sondern vor allen Dingen darüber, daß er alle Worte nur mühsam und stockend über die Lippen brachte. Das war mehr als eine Gehirnerschütterung.

»Kein Wunder, LI, Sie müssen ganz gewaltig mit dem Kopf gegen das Schott geknallt sein. Aber lassen Sie man, das geht vorbei. In zehn Tagen sind wir in Brest, bis dahin geht es Ihnen bestimmt besser.«

»Brest?« Seine Zunge räufelte sich an dem Wort regelrecht auf. »Was wollen wir denn da? Ich denke... wir sollen in der Ka... der Ka... der Karibik...« Er bewegte die Lippen, aber seine Stimme versiegte.

»Das ist vorbei, Herr Trautmann. Jetzt geht es nach Hause.«

»Nach Hause...«, wiederholte er, drehte den Kopf und stierte wieder nach oben. »Nach Hause...«

Ich stand an seiner Koje und wußte nicht, was ich noch sagen sollte. Aber er erwartete wohl auch gar nichts. Ich schien für ihn nicht mehr vorhanden zu sein.

Ich drehte mich zu der anderen Koje um, in der Franke lag. »Und wie sieht's mit Ihnen aus, III WO? Sie machen doch einen ganz kreglen Eindruck.«

»Bin ich auch, Herr Kaleu. Wenn ich erst die Fäden los bin...«

»Das können Sie gleich haben!« Der II WO krempelte sich theatralisch die Ärmel auf. »Hose runter, und rum auf den Bauch!«

Franke kam der Aufforderung sofort nach.

Der II WO grinste mich spitzbübisch an. »Sie werden staunen, wie gut das verheilt ist, Herr Kaleu. Achtung, Herr Franke, es ziept, wenn ich das Wundpflaster abziehe.«

Mit einem Ruck riß er den Wundverband ab. »Na, was sagen Sie, ist das nicht präch...« Er stockte. »Nanu, wo sind denn die Fäden geblieben? Weg, ratzekahl weg! Na so was?«

Dieses Schlitzohr! Es war eine bühnenreife Vorstellung.

Ich vergaß den LI und unterdrückte nur mit Mühe das Lachen. »Tatsächlich, keine Fäden mehr! Man sollte meinen, Sie hätten überhaupt nicht genäht, Herr Werda, so glatt sieht das aus.«

Franke zerfraß die Neugier. Der kam gar nicht auf den Gedanken, daß er einem Jux aufsaß. »Kann ich das auch mal sehen? Dort der Spiegel...«

»Aber ja, aber ja!« Werda war die Hilfsbereitschaft in Person. Er drehte den Spiegel hin und her. »Ist es recht so?«

»Phantastisch!« Franke war beeindruckt. »So eine tiefe Wunde, und man sieht nur noch einen verschorften Streifen! Toll! Und keine Fäden?«

»Keine!« bestätigte der II WO. »Das war Katzendarm, mit dem ich genäht habe. Den hat ihr Körper vollständig absorbiert. Und Sie haben wirklich nichts davon gemerkt?«

»Nun ja, es hat gejuckt, das war alles«, ging der ihm auf den Leim. »Toll, einfach toll!«

Der II WO holte ein Pflaster aus der Tasche und patschte es ihm auf die schorfige Wunde. »Unser III WO ist ein Katzendarmfresser! Das glaubt mir kein Mensch, wenn ich das erzähle. Sie sind mein Zeuge, Herr Kaleu!«

»Worauf Sie Gift nehmen können, Herr Werda!« spielte ich mit. »Frißt den Katzendarm auf und kriegt dafür auch noch das Verwundetenabzeichen! Nicht zu fassen!«

Franke krabbelte aus seiner Koje und zog seine Hose hoch. »Und wie geht's weiter?«

Werda runzelte gewichtig die Stirn. »Hmmm!

Dienstfähig ab sofort! Aber rummeln Sie nicht so viel auf Ihrem lädierten Arsch herum, sonst platzt die Wunde wieder auf, klar? Sie können nicht unseren ganzen Katzendarm auffressen!« Er sah auf seine Uhr. »Sie können mich in vier Stunden ablösen. Ich muß jetzt auf die Brücke.«

Ich schloß mich ihm schleunigst an, sonst wäre ich geplatzt.

In der Zentrale hielt ich ihn auf. »Ganz schön makaber, Sie Quacksalber. Der eine hat echt ein Ding weg, und den anderen verarschen Sie schamlos.«

Er zog seine Öljacke über und grinste. »So ist nun mal das Leben, Herr Kaleu. Wat dem eenen sin Uhl, is' dem annern sin Nachtigal! Ohne Spaß macht eben der ganze Ernst keine Freude. Finden Sie nicht auch?«

Diese nächtliche Episode räumte mit meinen Sorgen gründlich auf. Ich sah die Aspekte des Heimmarsches nicht mehr so düster. Warum sollte eigentlich unsere Glückssträhne nicht bis Brest anhalten? Was sprach denn nun wirklich dagegen?

Nichts, wie die folgenden Tage bewiesen. Es war wie der Vorgeschmack auf einen ungetrübten Urlaub, eine richtige Bäderreise. Das Regengebiet, das uns vor den suchenden Flugzeugen und Kriegsschiffen geschützt hatte, zog ab. Je weiter wir uns von den Antillen entfernten, desto mehr breitete sich am Tage ein wolkenloser, azurblauer Himmel aus. Bis auf die beiden anderen Boote, die von uns in Sichtweite entfernt durch die ruhige See furchten, blieb die Kimm leergefegt und frei von Flugzeugen.

Nachts dagegen funkelten über uns die Sterne wie

riesige Diamanten vom samtschwarzen Himmelszelt herab, bis ihnen der über der Ostkimm aufsteigende Mond mit seinem fahlen Licht einen Teil ihres märchenhaften Glanzes raubte. Die drei Boote zogen durch die silbrige See ihre Spuren, schnitten im Rhythmus des Atlantiks in die lange Dünung und warfen mit ihren Bugwellen einen Schwall weiß leuchtenden Gischts auf.

Das würde anders werden, sobald wir nachgetankt hatten und weiter nach Norden kamen. Wer konnte, entfloh dem penetranten Mief unter Deck und genoß die warmen Tage und lauen Nächte auf dem Turm. Kruse und mir hatten es besonders diese Nächte angetan. Es war die Zeit, in der wir uns ungestört leise unterhalten konnten.

»Noch immer keine Antwort auf den Notruf, Herr Kaleu?« fragte er, als ich in der letzten Nacht vor dem Treffen mit der Milchkuh auf die Brücke kam.

»Nichts. Seltsam, was? Aber vielleicht sehen die das in Brest gar nicht so tragisch, weil ich den Notruf nicht ausführlich begründet habe. Ich wollte schließlich nicht riskieren, angepeilt zu werden.«

»Oder es hat sie nicht überrascht?« sagte er nachdenklich. »Vielleicht hat es solche Ausfälle schon mal gegeben?«

»Meinen Sie?« fragte ich zweifelnd, obwohl es mir auf einmal gar nicht mehr so unwahrscheinlich erschien, weil ich mich erinnerte. »Hat mich der Wildenow deshalb an jenem Abend in Brest so komisch nach dem Trautmann gefragt? Mensch, das wär' ja 'n Ding! Dann brate ich diesem Bernhardi beim FdU aber kräftig eins über!«

»Vorsicht, Herr Kaleu. In Trautmanns Führungsbuch stand darüber jedenfalls nichts, das hätte mir die Mieze bestimmt gesagt.«

»Konnte sie doch gar nicht, I WO. Oder haben Sie schon mal in einem Führungsbuch etwas über Erkrankungen gelesen? Na, sehen Sie. Wenn überhaupt, dann nur in der Personalakte.«

Trotzdem, ich traute dem Flottillenchef durchaus zu, daß er von den Problemen gewußt, sie mir gegenüber jedoch verschwiegen hatte. »Wir werden sehen.«

»Bin gespannt, wer uns da morgen erwartet.«

»Ich auch.« Ich dachte an die Biskaya. »Haben Sie die Wetterberichte abgehört?«

»Die spanischen und portugiesischen sind gleichlautend. Wir haben bisher großes Glück gehabt. Im Norden des Azorenhochs wimmelt es nur so von atlantischen Tiefdruckgebieten, die das europäische Festland ansteuern.« Er zuckte die Schultern. »Ende Februar, da ist das nun mal nicht anders. Wir bekommen bestimmt einiges davon ab.«

»Für die Biskaya gar nicht schlecht, denke ich. Schränkt die Gefahr von Fliegerangriffen ein.«

»Nun ja«, sagte er gedehnt, »hoffen wir, daß wir nicht gerade in so ein Luftloch zwischen den Tiefs hineingeraten.«

Der Morgen begann mit einer Enttäuschung, die See war leer. Vergeblich suchten wir die Kimm nach einem Versorger ab. Keine Mastspitzen kündigten ihn an, es kräuselte sich dort noch nicht einmal eine dünne Rauchwolke.

»Also nix mit einem Hilfskreuzer, Herr Kaleu«, meinte Werda enttäuscht. »Wär' ja auch zu schön gewesen.«

Ich wußte, was ihm auf der Seele lag. Der LI ließ nicht die geringste Besserung seines maladen Zustandes erkennen, im Gegenteil. Er schien sich sogar zu verschlechtern. Ständig befragte er die Männer, die ihn versorgten, ob denn die Lenzpumpen endlich wieder liefen und das Wasser außenbords pumpten, das er schon unter den Flurplatten gluckern zu hören glaubte.

»Hab' ich nie mit gerechnet, Herr Werda. Die Milchkuh wird aufgehalten worden sein. Unsere britischen Vettern haben nun mal was gegen uns«, versuchte ich witzig zu sein.

Dennoch war ich nicht minder beunruhigt als Hagen und Wildenow. Wenn die Tommies die Milchkuh tatsächlich erwischt haben sollten, saßen wir ganz schön in der Tinte. Und darauf deutete alles hin, als der Tag verstrich und die Dämmerung hereinbrach. Die drei Boote rückten dichter zusammen.

»Was meinst du, Arne? Kommt der Scheißversorger nun, oder kommt er nicht?« schrie Wildenow zu mir herüber. »Mein Treiböl reicht gerade noch, um einen spanischen oder portugiesischen Hafen anzulaufen, dann ist der Ofen aus.«

Das war bei Hagen und mir nicht anders. Darum verstand ich seine Panik nicht und schon gar nicht, daß er die so offen vor unseren Männern zeigte und diese damit aus ihren schönsten Urlaubsträumen riß.

»Nun mach dir man nicht gleich in die Hose, Kuddel! Du weißt doch genau, was in der Biskaya los ist! Was ist da schon ein Tag Verspätung?«

Reiner Zweckoptimismus war das, gestand ich mir ein. Aus Erfahrung wußte ich, daß Versorger normalerweise schon in See standen, noch bevor der Funkspruch bei der Flottille eintraf. Die planten nämlich dort auch im voraus und konnten berechnen, wann uns in etwa das Treiböl ausging. Es sah also tatsächlich nicht rosig aus.

»Hoffen und harren macht manchen zum Narren«, sagte ich leise zu Kruse, der inzwischen die Wache übernommen hatte. »Aber soll man nun gleich die Flinte ins Korn werfen?«

»Dazu ist immer noch Zeit, wenn wir auch morgen noch vergeblich warten, Herr Kaleu.«

Während der Hundewache schüttelte mich einer der Funkgäste wach. Schlaftrunken fuhr ich in meiner Koje hoch.

»Was ist los, Krause? Ein Funkspruch von der Flottille mit einem anderen Treffpunkt?« Der Gedanke lag nahe, weil die Milchkuh ausgeblieben war.

»Nein, Herr Kaleu. Der Greinert hat schon seit einer ganzen Weile Schraubengeräusche in seinem GHG, die schnell näherkommen. Ein Einzelfahrer mit Dieseln, meint er. Sie haben doch befohlen, Sie sofort...«

»Schon gut, ich weiß, was ich befohlen habe.« Ich schwenkte die Beine aus der Koje. »Ein Einzelfahrer mit Dieseln? Purren Sie den Huber, der soll sich das mal anhören. Weiß die Brücke schon Bescheid?«

»Jawohl, Herr Kaleu! Auch Obermaat Huber ist schon gepurrt. Beide Maschinen sind gestoppt.«

»Na bestens! Dann schwirren Sie man ab.«

Huber saß im Horcherschapp und hatte sich das zweite Hörerpaar über die Ohren gestülpt. Wenn einer die Quelle der Geräusche zu identifizieren vermochte, dann war er das.

Ich trat hinter ihn und legte ihm die Hände auf die Schultern. »Schon was herausgefunden, Huber?«

»Der Greinert hat richtig gehört, Herr Kaleu. Ein Einzelfahrer mit Dieseln, der es eilig hat. Dürfte achtzehn Knoten laufen, so schnell, wie sich die Peilung verschiebt.«

»Ein Frachter? Ein Hochseefischer? Und wieso Diesel?«

»Man hört deutlich die Maschinen, die auf Hochtouren laufen. Kein Frachter, kein Fischer, ich tippe eher auf ein aufgetauchtes U-Boot.«

Damit hatte er mich schon auf unserer letzten Feindfahrt verblüfft. Der Mann hatte ein phänomenales Gehör und Gedächtnis für die feinen Unterschiede.

»Ein U-Boot? Entfernung?«

Er zögerte. »Das ist schwer auszumachen, weil der direkt auf uns zuhält.«

Das konnte vieles bedeuten. Ich dachte natürlich zuerst an die Milchkuh, mit der wir verabredet waren. Aber auch die Tommies hatten U-Boote, die mit Dieseln fuhren und nur tauchten, wenn sie mußten. Verdammt, da war Vorsicht geboten! Ich mußte rauf auf die Brücke, vielleicht sah man schon etwas.

Kruse half mir aus dem Turmluk. Warum eigentlich? Wirkte ich schon wie ein alter Tapper? Ich schluckte eine spöttische Bemerkung herunter.

»Danke, I WO. Schon was ausgemacht?«

»Noch nicht. Genau genommen kann es ja eigentlich nur die Milchkuh sein – oder?«

»Ich würde mich darauf nicht unbedingt verlassen. Geben Sie stillen Alarm für die Flak und die Zehn-Komma-fünf.«

Ich spürte, daß er grinste. »Schon passiert, Herr Kaleu. Zuerst 'ne Leuchtgranate der Zehn-Komma-fünf, wenn's sein muß, und dann voll drauf.«

Mir blieb sekundenlang die Luft weg. Waren die Küken jetzt schon klüger als die Henne? Ich biß mir auf die Lippen.

»Wer… hmmm… hat Ihnen denn das eingegeben, I WO?«

»Eingegeben? Ach, das lernt man so, wenn man lange genug als Wachoffizier fährt, Herr Kaleu.«

Der Schlaf hing mir noch an, so daß ich nicht gleich das Lob, die Anerkennung heraushörte. »So, so, das lernt man also. Haben die beiden anderen Boote auf die Schraubengeräusche reagiert.«

»Hagen ist nach Steuerbord und Kaleu Wildenow nach Backbord von uns abgeschoren, als wir den Einzelfahrer ins GHG bekamen. Sie haben ebenfalls ihre Waffen besetzt, denn der fährt abgeblendet, muß also einen Grund dafür haben. Wenn der weiter so Kurs hält, können wir ihn in die Mitte nehmen. Das erschien mir zweckmäßig.«

Alle Achtung, mein I WO mauserte sich! Er hatte mein Gewicht als Führer des Rudels ausgespielt, und die anderen Kommandanten hatten gespurt. Das freute mich.

»Sehr gut, Herr Kruse. Drei gegen einen, hinzu kommt das Überraschungsmoment. Der wird ziemlich blöd aus der Wäsche gucken.«

»Schraubengeräusche peilen jetzt zwo-neun-null!« meldete der BÜ. »Unbekanntes Objekt hat die Fahrt herabgesetzt.«

Wir traten an das Schanzkleid und suchten mit unseren Gläsern die silbrige See ab.

»Warum? Gehört haben kann er uns nicht. Alle drei Boote liegen gestoppt, Herr Kaleu.«

»RADAR hat er auch nicht, sonst hätte unser FuMB reagiert. Er sucht offensichtlich, folglich kann's eigentlich nur die Milchkuh sein. Ob es stimmt, werden wir gleich sehen.« Ich beugte mich über das Schanzkleid. »Geschützführer, Ziel peilt zwo-neun-null! Signalmaat, Sie haben die Peilung gehört. Blinken Sie das Schiff mit dem internationalen Rufzeichen an!«

Der Anruf war kaum heraus, da hatte das Rätselraten ein Ende. Der Einzelfahrer blinkte zurück.

»Kapitänleutnant Schuster mit U 113 wie gewünscht zur Stelle, Herr Kaleu!« meldete der Signalmaat.

Ein hörbares Aufatmen ging durch die Brückenwache. »Signalmaat, blinken Sie zurück: Herzlich willkommen! Wir haben Sie schon sehnlichst erwartet. Bitte scheren Sie näher heran. Und geben Sie an die beiden anderen Boote: Bitte heranschließen!«

Ich griff zur Flüstertüte, denn wir durften die Blinkerei nicht fortführen. U 113 konnte mit seinen lärmenden Maschinen durchaus auch ein hier gegen deutsche Kreuzer und Handelsstörer operierendes britisches U-Boot neugierig gemacht haben.

Die drei Boote kamen meiner Aufforderung sofort nach.

U 113 war ebenfalls ein IXC-Boot, das eigens zu einem Tanker ausgebaut worden war. Es hatte keine Torpedos, dafür war jeder freie Raum zu Tanks umfunktioniert worden, bis zur Halskrause mit Treiböl angefüllt. Sein Kommandant, Manfred (Manne) Schuster, gehörte zur gleichen Offizierscrew wie Wildenow und ich.

Wir verloren keine Zeit. Obwohl es noch dunkel war, gingen wir längsseits und übernahmen die Verbindungsschläuche. Die See war ruhig, so gab es keine Komplikationen. Während das Öl in unsere Bunker sprudelte, unterhielten wir uns von Bord zu Bord mit der Flüstertüte. Schließlich wollten wir wissen, warum sich U 113 verspätet eingefunden hatte.

»Ich hatte die Tommies die ganze Zeit am Hacken und konnte nicht aufdrehen. Seit der Flottenverband mit *Scharnhorst, Gneisenau* und *Prinz Eugen* aus Brest ausgebrochen und sogar durch den Kanal in die Nordsee entwischt ist, spielen die Briten verrückt. Sie setzen jetzt auch Fernaufklärer ein und scheren sich überhaupt nicht um das Wetter. Euch steht also einiges bevor.«

»Als ob das nicht jedes Mal der gleiche Affenzeck ist«, sagte Wildenow geringschätzig. »Wir sind zu dritt. Da wird ihnen die Jagd auf uns nicht leichtfallen. Nun macht mal hinne, Männer! Es wird hell, wir wollen weg, bevor hier ein Fernaufklärer aufkreuzt, Manne.«

Das war leichter gesagt als getan. Die Ölübernahme zog sich bis in den Vormittag hinein, obwohl wir keineswegs voll aufgetankt wurden. Wir nutzten die Zeit, um unsere Taktik für die Rückfahrt abzusprechen.

Wir waren die einzigen, die schon einmal auf dem annähernd gleichen Weg aus der Karibik zurückgekehrt waren. Auf Grund unserer guten Erfahrungen schlug ich vor, den gleichen Kurs zu wählen, der uns schon im Januar unbehelligt bis auf 48 Grad Nord, 6 Grad West gebracht hatte.

»Dort werden wir tauchen, bis wir in den Schutz der deutschen Küstenbatterien kommen. Dann ist es nur noch ein Katzensprung durch das Nadelöhr hindurch nach Brest.« Ich verschwieg allerdings, daß es uns dort erst richtig an den Kragen gegangen war. Warum sollte ich denn die Pferde schon vorher scheu machen?

In den Ohren der anderen Kommandanten klang mein Vorschlag so gut, daß er ohne Diskussion angenommen wurde. Kruse räusperte sich zwar lautstark, schwieg jedoch dazu.

Endlich konnte auch Hagens Boot loswerfen. Noch ein paar gute Wünsche und Abschiedsworte von Boot zu Boot, dann ließen wir die Milchkuh hinter uns zurück und gingen auf Heimatkurs.

Manne Schuster hatte übertrieben. Wir blieben jedenfalls abseits der Schiffsrouten unbehelligt, obwohl wir Tag und Nacht aufgetaucht nach Nordost liefen. Wir fingen zwar ab und an weit entfernte Schraubengeräusche auf, begegneten aber keinem alliierten Jagdverband und mußten auch nicht vor irgendwelchen Flugzeugen in der Tiefe verschwinden.

Die Tage strahlenden Sonnenscheins und der Wärme waren allerdings nur noch eine schöne Erinnerung. Der Atlantik wurde zusehends rauher und rauher, je weiter wir nach Norden kamen. Dicke Pullover und warmes Zeug bekamen plötzlich wieder Hochkonjunktur, denn ein kräftiger, unangenehm kalter Südwest trieb tiefhängende dicke graue Wolken über die See und setzte der Dünung kabbelige Wellenkämme auf.

»Das wird noch ein bißchen dicker werden, wenn man den spanischen und portugiesischen Wetterberichten glauben darf«, unkte Kruse, der nach wie vor die Wetterdaten auswertete. »An der spanischen Biskayaküste gießt es schon in Strömen. Ein Regentief, das unter Verstärkung nach Nordosten ziehen wird. So sieht es jedenfalls gegenwärtig nach der Wetterkarte aus, die wir nach diesen Angaben gezeichnet haben.«

»Kann uns doch nur recht sein, wenn es zutrifft«, brummte ich und knöpfte den Kragen meiner Lederjacke zu. »Kein Flugwetter, keine Luftangriffe. Ruhe vor dem Sturm, das ist doch auch schon etwas.«

Bald wurde die Sicht so schlecht, daß wir auch am Tage wieder Horchpausen einlegen mußten, um nicht ahnungslos einem vor der Biskaya umherstreifenden Tommy in die Fänge zu laufen, der noch nicht mit RADAR ausgerüstet war. Die gab es nämlich noch, wenn auch immer seltener.

Meine Rechnung schien aufzugehen. Unangefochten erreichten wir 48 Grad Nord, 6 Grad West und drehten auf die Durchfahrt nach Brest ein. Wir liefen in eine richtige Waschküche hinein, es roch förmlich nach dem von Kruse angekündigten Regen.

Vergeblich versuchten wir, in dem griesegrauen Tageslicht die Küstenlinie auszumachen, die in einer wabernden Dunstschicht schwamm. Die verbarg nicht nur die Küste, sondern auch die englischen Jagdgruppen aus Zerstörern, Fregatten und Korvetten, die sich außerhalb der Schußweite der deutschen Küstenbatterien herumtrieben, um aus- oder einlaufende U-Boote abzufangen. Sie waren da, das wußten wir, auch wenn bisher nichts ihre Anwesenheit verriet.

Trotzdem blieben wir aufgetaucht, um die Batterien zu schonen. Wir würden ihre ganze Kapazität brauchen, wenn wir uns dem gefährlichen Nadelöhr vor Brest näherten. Zunehmende Nervosität erfaßte die Brückenwache. Jeder Nerv und jeder Muskel waren angespannt, bereit, bei dem geringsten Anzeichen von Gefahr blitzschnell im Bauch des vorgefluteten und tauchklaren Bootes zu verschwinden.

Unruhig tigerte ich auf der Brücke hin und her. Die Sicht war saumäßig, machte die unerwartete Ruhe noch bedrohlicher. Ich zerbrach mir den Kopf, was dahinter stecken mochte. Eine neue Taktik der lauernden Tommies, um uns zu verunsichern oder uns in Sicherheit zu wiegen, bevor sie mit aller Kraft zuschlugen?

Unsere Maschinen liefen auf Hochtouren, brachten uns Seemeile auf Seemeile der kritischen Linie zwischen Pointe de Saint-Mathieu und Camet-sur-Mer näher und näher, die quer über die Bucht von Brest wie eine unsichtbare Grenze verlief. Eine Grenze, die ich fürchten gelernt hatte, obwohl es von dort nur noch rund zehn Seemeilen bis in die Sicherheit der Bucht von Brest waren.

Sollten wir nicht lieber tauchen, bevor wir wieder in den Geschoßhagel und Wasserbombenregen der Tommies gerieten? Ich war sicher, Wildenow und Hagen, die in unserem Kielwasser folgten, stellten sich die gleiche drängende Frage.

Kruse krabbelte aus dem Turmluk und riß mich aus meinem Zwiespalt. »Noch immer keine FuMB- und GHG-Kontakte?«

»Keine, Herr Kaleu.« Sein Blick ging in die Runde, suchte den Sichtkreis wie ein witterndes Reh ab, das die Verfolger hinter sich wußte. »Das ist mehr als ungewöhnlich. Die Funkpeilung hat eben ergeben, daß wir nur noch achtzehn Seemeilen bis zu dieser verdammten Linie haben, wo es bis jetzt jedesmal losgegangen ist. Wenn, dann haben sie unsere Schraubengeräusche längst in ihren Horchgeräten. Was haben die vor?«

»Das frage ich mich schon die ganze Zeit.« Ich schaute zum Himmel und kam zu einem Entschluß. »Der Regen bleibt auch aus. Es wird sogar heller, die Sicht bessert sich. Schluß mit dem Rätselraten! Signalmaat, Blinkspruch an die beiden anderen Boote: Wir tauchen! Auf Tauchstation! Klar zum Alarmtauchen!«

Kruse und die Brückenwache verschwanden im Turmluk. Ich wartete nicht einmal die Bestätigung des Blinkspruchs ab, knallte das Turmluk über mir dicht.

»Alarmtauchen! Auf Sehrohrtiefe einpendeln. Beide E-Maschinen Umdrehungen für vier Knoten.«

Der II WO hielt mich auf, ehe ich das Sehrohr ausfahren konnte. »Ein Funkspruch, Herr Kaleu, gerade noch vor dem Tauchen aufgefangen. Eine Luftwarnung für die Häfen an der französischen Biskayaküste. Ein starker Feindverband, gesichert durch Jäger, fliegt über Saint-Malo in das französische Hinterland ein. Das genaue Ziel ist noch nicht zu erkennen. Die Funküberwachung vermutet aber einen Angriff auf die Stellungen der Küstenbatterien als Entlastung für einen erneuten britischen Raid gegen die Hafenanlagen von Brest.«

»Steht da wirklich Raid statt Überfall?« fragte Kruse ungläubig. »Obwohl Fremdwörter verpönt sind? Mann, dann geschehen ja Zeichen und Wunder!«

»Egal, was da steht, I WO«, fuhr ich dazwischen. »Wenn das zutrifft, fahren wir genau in den dicksten Mist hinein.«

Der II WO verzog skeptisch das Gesicht. »Ich glaube nicht an einen Raid gegen Brest. Was bringt der schon, nachdem der Flottenverband daraus verschwunden ist? Die wollen in einem gemeinsamen Angriff aus der Luft und von See her die Stellungen der Küstenbatterien zerschlagen, um hier draußen besser ihr Unwesen treiben zu können.«

Der Gedanke hatte einiges für sich und konnte die seltsame Zurückhaltung der Tommies erklären. Irgendwo außerhalb der Reichweite der deutschen Funkmeßgeräte sammelten sie ihre Kräfte für den Angriff. Je länger ich darüber nachdachte, desto plausibler erschien es mir. Das kam ja auch zeitlich hin. Nicht mehr lange, dann wurde es oben stockduster.

Ich trat an den Kartentisch und nahm die Entfernung zu dem Nadelöhr, vor dem wir auftauchen mußten, in den Zirkel, wollten wir nicht irgendwo aufbrummen.

»In fünf Stunden etwa bei diesem Schneckentempo. Wenn wir Glück haben, ist der Zauber dann vorbei.« Die beiden Wachoffiziere nickten. »Ich hoffe, die sind so beschäftigt, daß wir uns unbemerkt reinschleichen können. Wir werden sehen.«

Drei Stunden ließen uns die Tommies über ihre Absichten im unklaren, dann fing Huber auf breiter Front einen vielschichtigen Chor von Schraubengeräuschen achteraus auf. Sollten wir uns geirrt haben? War da am Ende doch ein Überfall auf den Hafen von Brest im Gange?

Ich jumpte durch das Mannloch, um mir das im Horcherschapp selbst anzuhören. War es ein Überfall, mußten wir scheues Kaninchen spielen und uns irgendwo verholen. Huber reichte mir bereitwillig den zweiten Kopfhörer.

»Lieber Himmel, Huber, das hört sich ja wie eine Invasionsflotte an.«

»Halb so wild, Herr Kaleu, hört sich wirklich nur so an. Die haben zwar die Kampfgruppen verstärkt, aber für 'ne Invasion reicht das noch lange nicht. Die haben irgendeinen massiven Angriff vor.«

»Ihr Wort in Gottes Ohr.« Ich gab den Hörer ab und kehrte in die Zentrale zurück.

»Man formiert sich achteraus zum Angriff«, sagte ich zum II WO. »Sie scheinen mit Ihrer Einschätzung richtig zu liegen. Wir werden ein paar Kohlen mehr auflegen. Vielleicht rutschen wir noch vor dem Angriff durch. Leitender Maschinist, beide E-Maschinen Umdrehungen für sieben Knoten!«

Ich sollte mich gründlich irren. Der Luftangriff begann genau in dem Augenblick, als ich mich gerade entschlossen hatte, vorzeitig aufzutauchen, um mit »dreimal AK« durch das Nadelöhr zu donnern. Ehe ich den Befehl zum Auftauchen gab, hatte ich noch schnell die dunkle Küste nach irgendwelchen warnenden Anzeichen abgesucht und nichts entdeckt. Kaum kam jedoch der Turm frei und sprangen die Maschinen auf »Dreimal-Äußerste-Kraft« um, bot sich meinen Augen ein gänzlich anderes Bild.

Brennendes Magnesium troff an Fallschirmen vom Himmel, tauchte Küste und See in ein grelles Licht, jede Einzelheit taghell hervorhebend. Jagdbomber und Jäger fegten aus allen Bordwaffen feuernd die Höhen der Küste entlang und belegten die Zugänge zu den Batterien mit Splitterbomben.

Zum Tauchen war es zu spät.

»Fliegeralarm! Geschützbedienungen auf die Gefechtsstationen! Beide Maschinen Halbe Kraft voraus!«

Das Boot verlor Fahrt. Das mußte sein, wollte ich die Männer nicht von Bord waschen lassen, die hinter mir hinunter zu den Geschützen turnten. In das Donnern der Bombenexplosionen und das Knattern der Bordwaffen mischte sich über uns ein bedrohliches tiefes Grummeln, kündigte das Nahen des Bomberpulks an. Das Geräusch kannte ich. Es hatte meine Familie und mich in Hamburg während meines Urlaubs in den Luftschutzbunker gescheucht. Es kam näher und näher.

Der Augenblick der Überraschung war aber vorüber. Die ganze Küste stand plötzlich vom Mündungsfeuer der deutschen Batterien wie in Flammen. Flak belegte die Jagdmaschinen mit Schnellfeuer, erwischte auf Anhieb drei, vier Maschinen, die brennend abschmierten und explodierend auf die See aufschlugen. Sofort ließen die anderen Maschinen von den Höhenstellungen ab und stürzten sich auf die Häuser an der Küstenstraße und an den Hängen.Es konnte nur noch Sekunden dauern, bis sie unser flüchtendes Boot entdeckten.

»Feuer frei für alle Waffen! Drauf, sobald ihr einen richtig vor der Flinte habt!«

Der Angriff kam jedoch von einer ganz anderen Seite. Granaten heulten plötzlich über uns hinweg, schlugen vor uns ein und detonierten mit einem gewaltigen Splitterregen. Ich fuhr herum. Achteraus blitzte Mündungsfeuer auf, schien die ganze Kimm entlang zu reichen. Die deutschen Batterien blieben die Antwort nicht schuldig. Ihre schweren Geschosse orgelten über uns hinweg, daß wir unwillkürlich die Köpfe einzogen.

»Wahrschau!« Kruse riß mich in Deckung hinter das Schanzkleid zurück.

Im Fallen sah ich den Jäger im Tiefflug auf uns einkurven. Aus seinen Flügeln sprühte Feuer. Ein Geschoßhagel hämmerte auf den Druckkörper ein, stanzte Löcher in den Turm und fegte über mich hinweg.

Unbeeindruckt feuerte unsere Flak zurück. Das ganze Boot dröhnte unter den Abschüssen. Oder waren es Einschläge?

Ich rappelte mich auf. »Danke, I WO! Das…«

»Wahrschau! Da kommt der nächste!«

Der Warnruf ging in dem Donnerschlag unter, mit dem der Jagdbomber in der Luft explodierte und seine Trümmer nach allen Seiten verstreute.

Jubel an der Zehn-Komma-fünf: »Volltreffer!«

Doch der Jubel kam zu früh. Von der Explosion aus ihren Halterungen gerissen, torkelten vier Bomben inmitten wirbelnder Flugzeugtrümmer auf uns zu, sanken tiefer und tiefer und schlugen dicht neben der Bordwand auf dem Wasser auf. Aus, das ist das Ende, fuhr es mir durch den Kopf. Doch der erwartete Schlag blieb aus. Sie detonierten nicht!

»Mein Gott, das war knapp!« atmete ich auf. »Das Boot!«

Einen Augenblick verdrängte ich das Kampfgetümmel aus meinem Kopf, blickte nach vorn, suchte in dem unsteten Licht die Boje, die uns den Weg in den Schlauch wies. Gischtsprühend hielt der Bug direkt darauf zu. Gott sei Dank, der Kurs stimmte. Aber das war auch keine rettende Zuflucht. Wir steuerten in ein wahres Inferno hinein.

Bomben regneten auf die Küstenbatterien herab, fielen auch in das Nadelöhr. Granaten schlugen um uns ein. Scheinwerferstrahlen griffen in den Himmel und hielten einen Bomber erbarmungslos in ihrem

Lichtkreuz fest, bis ihm die Flak die Flügel zerschmetterte. Es regnete Flugzeugtrümmer und Granatsplitter. Schon suchten die Scheinwerfer nach dem nächsten Opfer.

Meine Männer mußten unter Deck, wollte ich sie nicht unnötig gefährden. »Feuer einstellen! Bedienungen auf Tauchstation!«

Fluchtartig verließen sie die Geschütze, brachten sich unter Deck in eine fragwürdige Sicherheit. Leuchtgranaten zerbarsten über uns am Himmel, beleuchteten die See taghell.

»Ein Zerstörer achteraus!« schrie mir Kruse ins Ohr. »Er will dem Wildenow ans Leder!«

Erst jetzt sah ich, daß weiter zurück auch Wildenow aufgetaucht war und auf das Nadelöhr zuhielt. Der Zerstörer feuerte jedoch nicht auf ihn, seine Geschütze waren auf die Küste gerichtet.

»Der Hund will ihn rammen! Übernehmen Sie, I WO!« Ich riß dem BÜ das Sprechgerät weg. »Rohr sechs... Achtung! Klar zum Überwasserschuß! Tiefeneinstellung zwei Meter! Klarmeldung! Beeilung!«

Es dauerte ewig.

Ich vergaß alles um mich herum, sah nur die einladende Breitseite des von Backbord heranpreschenden, feuernden Zerstörers, zerbiß mir die Unterlippe und betete laut: »Mach, Zeidler, ich muß ihn kriegen! Bald kreuzt der Hund unser Kielwasser, dann ist es für Wildenow zu spät!«

Doch es wurde nicht zu spät, denn Kruse dachte mit. Sacht korrigierte er den Kurs, führte das Heck in den Winkel nach, den ich auf diese lange Distanz für den direkten Schuß brauchte. Endlich kam Maat Zeidlers erlösende Klarmeldung.

»Rohr sechs… los!«

Ich schrie so laut, daß ich selbst den fürchterlichen Gefechtslärm übertönte, und drückte beide Daumen so fest, daß mir die Nägel ins Fleisch drangen.

»Wir kriegen ihn, Herr Kaleu!« brüllte mir Kruse zuversichtlich ins Ohr. »Der entgeht uns nicht!«

Er entging uns trotz meiner fragwürdigen Zielansprache tatsächlich nicht. Der Aal detonierte genau an seinem Bug und sprengte ein Leck in sein Vorschiff. Die hohe Fahrt, mit der der Zerstörer durch die See jagte, preßte das Wasser mit solcher Gewalt in das Leck hinein, daß es das erste, wenn nicht auch gleich das zweite Querschott mit eindrückte. In voller Fahrt schnitt das Vorschiff bis zu den Aufbauten unter.

Kruse und mich versetzte dieser Anblick für einen Augenblick in eine regelrechte Euphorie. Selbstvergessen führten wir so etwas wie einen Indianertanz auf, schlugen uns gegenseitig auf die Schultern und brüllten unseren Jubel in das Geschützfeuer hinaus. Das Kampfgeschehen holte uns ganz schnell wieder auf die Erde zurück. Wassersäulen stiegen im Licht der Leuchtgranaten geisterhaft rund um den Zerstörer auf. Die Batterien schossen sich auf ihn ein. Granaten detonierten auf seinen Decks. Alsbald entzog ihn Qualm unseren Blicken.

Die Feuerwalze wanderte weiter, drohte Wildenow zu erfassen. Auch um uns kochte plötzlich das Wasser.

»Diese Idioten! Haben die denn keine Augen im Kopf? Signalpistole auf den Turm!«

Sekundenbruchteile später stieg das Erkennungssignal in die granatsplitterhaltige Luft, grüne und rote Leuchtkugeln signalisierten den Küstenbatterien die Anwesenheit eigener U-Boote in diesem Höllenchaos.

Auch über U 114 stiegen sie empor, wenig später folgte U 500 unserem Beispiel. Die Granateinschläge wanderten weiter auf die See hinaus.

Plötzlich verringerte sich der ohrenbetäubende Gefechtslärm, die Bombeneinschläge hörten auf. Verfolgt vom Flakfeuer, flüchteten die Bomber über See. Mein Gehör kehrte zurück. Ich merkte auf einmal, daß mit den Maschinen etwas nicht stimmte. Sie stotterten. Besorgt wandte mich wieder nach vorn. Wir verloren offensichtlich Fahrt. Hatte Kruse die Fahrt zurückgenommen?

»Die erste Boje, Herr Kaleu!« sagte Kruse und korrigierte den Kurs. Geschrei drang aus dem Turmluk zu uns herauf. Irritiert lauschte er. »Was ist denn da unten los?«

»Sieht aus, als würden wir immer langsamer. Warum haben Sie die Fahrt vermindert? Je schneller wir durch sind, um so besser ist es doch! Wer weiß, was noch kommt.«

Ehe er antworten konnte, überschlugen sich die Ereignisse. Im Turmluk erschien ein Kopf.

»Wassereinbruch im Maschinenraum! Das Boot läuft voll! Wir saufen ab! Rette sich, wer kann!«

»Wassereinbruch im Maschinenraum? Verdammt, warum meldet uns das keiner?« brauste ich auf. »Leitender Maschinist auf die Brücke!«

Dem Kopf folgte der ganze Mann, bloß mit einem flatternden Hemd bekleidet. Mit ein paar Schritten war er an der Reling des Wintergartens. »Das Boot sinkt! Rette sich wer kann!«

Trautmann! Ehe ich reagieren konnte, kletterte er über die Reling. Er sprang nicht, ließ sich einfach nur fallen. Dumpf schlug der Körper auf den Druckkörper auf und klatschte ins Wasser. Entsetzt sahen wir, wie der reglose LI als weißer Fleck an der Bordwand entlang glitt.

»Beide Maschinen stopp! Mann über Bord!«

Mein Befehl kam zu spät. Der Sog der Schrauben packte den Körper und zog ihn in Sekundenschnelle in den Strudel hinein. Als die Schrauben endlich standen, war er längst unter Wasser verschwunden und vermutlich bis zur Unkenntlichkeit zerhackt worden.

»Großer Gott, der Trautmann!« entfuhr es Kruse fassungslos.

»Da kommt jeder Bergungsversuch zu spät.«

Der II WO krabbelte aus dem Turmluk. Suchend ging sein Blick herum. »Wo ist er? Er war völlig von Sinnen. Hat den Smut' niedergeschlagen und war im Nu die Leiter hoch.«

Ich fand meine Fassung wieder. »Er ist über Bord gesprungen, II WO. Haben wir tatsächlich Wassereinbruch unter Deck?«

»Nicht die Bohne, Herr Kaleu! Das hat er phantasiert. Das heißt, die Steuerbordmaschine macht Mätzchen, sie stottert.«

»Sie stottert? Trotzdem: Kleine Fahrt achteraus! Zwei Mann mit Signallampe aufs Achterdeck! Es wird zwar nichts bringen, aber versuchen müssen wir es wenigstens.«

Zwei Mann der Brückenwache turnten auf das Deck hinunter und eilten nach achtern. Erst jetzt wurde ich gewahr, daß sämtlicher Kampflärm verstummt war.

»BÜ, hier haben Sie Ihre Quatschkiste zurück. Wo bleibt Obermaschinist Winkler?«

»Hier, Herr Kaleu!« kam es aus dem Turmluk. Der LM kroch heraus. »Wir haben die Steuerbordmaschine stoppen müssen, sie hat ausgesetzt. Vermutlich ist Wasser in den Treiböltank geraten, ein Leck durch den Beschuß möglicherweise.«

»Dann schalten Sie auf die E-Maschinen um, LM, und suchen Sie nach der Ursache. Wir können hier nicht ewig bleiben.«

Die Männer kamen über das Achterdeck zurück. »Keine Spur von Oberleutnant Trautmann, Herr Kaleu. Aber wir ziehen 'ne Ölspur nach!«

»Also doch ein Treffer! Herr Werda, sammeln Sie die Schadensmeldungen. Ich will wissen, was unten los ist!« Der II WO sauste die Leiter hinunter. »Also dann, Herr Kruse, Kurs Brest! Beide E-Maschinen voll voraus! Humpeln wir nach Hause! Der Eimer wird uns ja nicht unter dem Arsch absaufen.«

Er soff nicht ab, sondern trug uns sicher mit sieben Knoten in die Brester Bucht. Der Himmel über der Stadt und dem Hafengelände glühte, als wir das Nadelöhr verließen und den Kriegshafen ansteuerten. Zahlreiche Gebäude in der Nähe des Hafens und im Hafen selbst standen in Flammen. Der Fliegerangriff hatte also nicht nur den Küstenbatterien gegolten.

Ich war trotzdem erleichtert. Das Glück war uns wieder einmal treu geblieben. Der Tod Trautmanns war bedauerlich, aber zu verschmerzen. Das klang hart und mitleidlos, Kruse hatte es jedoch auf den entscheidenden Nenner gebracht.

»Traurig, aber besser für uns alle! Wer weiß, was der Hitlerjunge Quex an Land über uns erzählt hätte, um seine Macken zu bemänteln. Abhören von Feindsendern, das klingt für so manchen Heimatkrieger schon fast wie Vaterlandsverrat. Frontsoldat hin, Frontsoldat her, es gibt genug unter denen, die uns dafür trotzdem ohne Hemmungen 'nen Bonbon ans Hemde kleben würden. Darauf kann ich gern verzichten, denn das Hemde ist mir näher als der Rock, kapiert?«

Ihm wiedersprach keiner. Wir waren mit unseren Gedanken schon halb an Land. Die genaue Anzahl der Schäden am Boot würden wir erst bei Tageslicht registrieren können. Über einen vergossen wir jedoch schon jetzt keine Tränen, über den Schaden an der Steuerbordmaschine. Die war hin und mußte ersetzt oder gründlich überholt werden. Das bedeutete Werftliegezeit und die wiederum Urlaub.

»Dann bringen Sie uns man rein, II WO.« Ich trank vorsichtig einen Schluck von dem glühend heißen starken Kaffee, um munter zu bleiben. »Bin gespannt, wie Hagen und Wildenow über die Runden gekommen sind.«

»Ich auch, Herr Kaleu! Signalmaat, melden Sie uns bei der Signalstation an. Bitten Sie um einen Liegeplatz im Bunker wegen der schweren Schäden. Kriegsflagge und Siegeswimpel setzen, Herr Kaleu?«

»Na klar, wenn schon, denn schon! Schließlich kommen wir von Feindfahrt zurück, auch wenn wir den ›Großen Bahnhof‹ erst am Vormittag bekommen. Wir brauchen unser Licht nicht unter den Scheffel zu stellen.«

Das brauchten wir wahrlich nicht. Zehn weiße Wimpel stiegen alsbald am Sehrohr empor, sie symbolisierten die versenkten Schiffe. Darunter wehten drei gelbe für die Schiffe aus, die wir torpediert hatten, deren Versenkung wir aber nicht nachweisen konnten. Das war Werdas Vorschlag gewesen, denn Klappern gehörte nun einmal auch bei der Marine zum Handwerk.

Wir hatten den »Großen Bahnhof« hinter uns. Das war die übliche Zeremonie nach der Rückkehr eines Bootes von Feindfahrt. Die auf dem Kai angetretenen Besatzungen der Boote wurden von den Kommandanten dem Flottillenchef offiziell zurückgemeldet. Eine an sich überflüssige Prozedur, aber das militärische Reglement wollte es nun einmal so.

Diesmal hatte sich dazu sogar Fregattenkapitän Roloff mit ein paar uns unbekannten Offizieren aus dem Stab des FdU eingefunden. Er schüttelte mir mit einem besonders warmen Lächeln die Hand und nahm mich zur Seite.

»Gratuliere zum Erfolg Ihres Rudels, Herr Thomsen! Ich hab' die Siegeswimpel mal gezählt, alle Achtung! Bin gespannt auf Ihren Bericht. Vorab verraten Sie mir aber bitte mal, was die gelben Wimpel bedeuten.«

»Torpediert, aber die Versenkung konnte nicht beobachtet werden oder der Pott wurde nur beschädigt, Herr Kapitän.«

»Hmmm«, er nickte beifällig. »Eine originelle Idee. Wer ist denn darauf gekommen?«

»Mein II WO. Ist mehr 'ne Verlegenheitslösung. Wir wußten nicht recht, wie wir sonst hätten damit angeben sollen, ohne zu lügen.«

Er schmunzelte. »Pfiffig, der Mann. Na, wir sehen uns ja heute abend bei Ihrem Flottillenchef.«

Damit war der militärische Teil unserer Heimkehr beendet. Ihm folgte der übliche bürokratische Papierkrieg. Während ich mit den Werftingenieuren die Reparatur der Schäden durchsprach, die uns eine ziemlich lange Werftliegezeit und somit Urlaubsaussichten bescherten, regelte Kruse die Abgabe der Munition an den Arsenalprahm. Er arbeitete die Berichtbögen der einzelnen Ressorts durch, die sich auf meiner Back häuften, um sie mit mir und den anderen Offizieren zu besprechen.

Das nahm mir viel Arbeit ab. Sie zog sich dennoch bis in den Abend hinein. Zwischendurch hatte ich immer wieder vergeblich versucht, Anke, meine Frau, in Blankenese zu erreichen, die auf die erlösende Nachricht von meiner glücklichen Heimkehr wartete. Meist brach die Leitung schon in Frankreich zusammen, oder in Deutschland waren die Fernleitungen besetzt. Ich kam nur einmal durch, und da nahm niemand ab. Sie war also nicht zu Hause.

»Schluß jetzt, meine Herren, genug für heute.« Ich raffte den Papierkram zusammen. »Machen wir uns auf den Weg zu unserem verehrten Flottillenchef und begießen uns auf seine Kosten kräftig die Nase. Ich denke, wir haben guten Grund dazu.«

»Mit oder ohne Fähnriche?« fragte der II WO.

»Selbstverständlich mit, Herr Werda. Die sind doch schließlich Wachoffiziersschüler, also müssen die so etwas auch mal mitmachen – oder?«

Es wurde ein Abend, an dem das Büffet vor erlesenen Speisen brach und der Champagner wieder einmal in Strömen floß. Unser Flottillenchef, Korvettenkapitän Bernhardi, sprach zwar irgendwann mit jedem von uns, wieselte jedoch in der Hauptsache um die Stabsoffiziere des FdU herum.

»Laß ihn doch, Arne. Der ist und bleibt ein Radfahrer«, spottete Wildenow und kippte den Champagner unvorsichtigerweise wie Wasser hinunter. »Der will mal Admiral werden, da ist ihm jedes Trittbrett recht.

Hab' lange nicht mehr so gut gegessen, und nun saufen wir die ganze Bande hier unter den Tisch.«

Das war ein sehr optimistischer Vorsatz, am Ende war es nur umgekehrt, man soff ihn unter den Tisch. Dazu gehörte allerdings nicht viel, wir vertrugen ja alle nichts. Kuddel saß irgendwann in einem der bequemen Sessel in der Diele und schnarchte.

Roloff dagegen schleppte mich in eines der Zimmer ab und ließ sich in groben Zügen berichten. »Weiß Ihre Frau, daß Sie heil und gesund zurück sind, Herr Thomsen? Nein? Na, dann wollen wir dem doch gleich mal abhelfen. Geben Sie mir die Nummer.« Er nahm den Hörer ab und verlangte auf der Dienstleitung ein Blitzgespräch nach Deutschland. »Sehen Sie, so einfach ist das. Hier, Ihre Frau muß gleich dran sein. Ich werde uns inzwischen 'ne neue Flasche holen. Ach, noch etwas: Für Sie springen ja ein paar Tage mehr Urlaub heraus. Wann und warum, das müssen wir noch genauer absprechen, aber sagen können Sie ihr das ruhig schon.«

Es klappte, wurde aber wirklich nur ein Blitzgespräch. Ankes Freudenschrei war so laut, daß mir bald das Trommelfell platzte. »Du lebst, Liebling! Ich bin überglücklich! Bei uns ist alles in Ordnung, die Kinder und alles. Nur meine Eltern, weißt du...«

Sie schnatterte so drauflos, daß ich sie unterbrechen mußte. »Paß auf, mein Schatz, ich spreche über eine Dienstleitung und weiß nicht, wie lange die offen ist. Ich bekomme in ein paar Tagen Urlaub, hat mir Roloff gesagt, weiß aber noch nicht, wann. Ich ruf' dich sofort an, wenn ich es weiß. Dann kannst du mir alles ausführlich erzählen. Was ist mit deinen Eltern?«

Sie zögerte so seltsam, daß ich stutzte. »Ach, es ist besser, wir sprechen darüber, wen du hier...«

Ich kam nicht mehr dazu, sie zu fragen. Eine Frauenstimme schaltete sich ein: »Bitte beenden Sie das Gespräch. Die Leitung wird gebraucht.«

So war das immer. Es reichte gerade noch für ein paar liebe Worte, dann war die Leitung tot. Aber Anke wußte wenigstens, daß ich lebte.

Roloff kam zurück und ließ den Korken knallen. »Na, hat's gereicht?«

»Ja, sie läßt Sie herzlich grüßen und würde Sie gerne mal persönlich kennenlernen, Herr Kapitän.«

»Oh, das kann Sie ganz schnell haben.« Er schenkte uns ein.

»Wie darf ich das verstehen? Kommen Sie demnächst nach Hamburg?«

»Nach Berlin, mein Lieber, und Sie täten gut daran, sich einen neuen Kolbenring für Ihre Uniform zu besorgen. Prost!«

»Prosit!« Ich nippte bloß an meinem Glas, denn ich wollte einen klaren Kopf behalten. Saufen konnte ich nachher mit meinen Offizieren, und es sah aus, als bekäme ich noch einen guten Grund mehr dafür. »Heißt das...«

»Es heißt, daß Sie mit mir nach Berlin fahren und dem Löwen und seinem Stab am Tirpitzufer persönlich über Ihren Einsatz in der Karibik berichten werden. Er plant eine größere Operation, Sie und Ihr Rudel sind die Vorreiter dafür gewesen.« Er machte eine Pause, um seine Worte wirken zu lassen. »Und um die Katze vollends aus dem Sack zu lassen, Sie sollen bei dieser Gelegenheit unter anderem zum Korvettenkapitän befördert werden. Ist das was?«

Mir verschlug es die Sprache. Dem *Löwen*, so nannten wir den Befehlshaber der U-Boote, Admiral Dönitz, sollte ich berichten, und vorzeitig befördert werden sollte ich auch! Roloff sah mich von der Seite an. Mein überraschtes Gesicht bereitete ihm wieder einmal ein diebisches Vergnügen.

»Ich sehe, Sie sind vollkommen überwältigt. Wie lange werden Sie brauchen, um hier in Brest alles zu regeln?«

»Zwei Tage, Herr Kapitän.«

»Das paßt. Hat Ihnen mein Arrangement in Aachen seinerzeit gefallen?« Er feixte. »Gut? Dann darf ich Ihnen in Berlin das Hotel *Esplanade* vorschlagen. Ein angenehmes Haus, ich wohne dort immer, wenn ich in Berlin bin. Wär' das auch was für Sie und Ihre Gattin? Ich könnte das regeln.«

Die Anspielung auf Aachen war typisch Roloff. Dort hatte bei meiner Ankunft alles so ausgesehen, als habe er für mich die Übernachtung in einem Edelpuff für Offiziere »arrangiert«. In meinem Zimmer lag nämlich schon eine Frau in meinem Bett. Und wer war es gewesen, als ich die Bettdecke wegzog und die Dame rausschmeißen wollte? Meine Frau! Roloff liebte solche Überraschungen.

»Aber ja, Herr Kapitän! Anke und ich in Berlin! Das mit den Kindern läßt sich regeln. Meine Schwiegereltern werden vor Freude bis an die Decke springen, denn die sind in die beiden regelrecht vernarrt.«

»Dann ist ja alles klar. Also in drei Tagen. Die genauen Termine sprechen wir noch ab.«

An diesem Abend waren meine Offiziere und ich diejenigen, die Bernhardis Champagnervorrat am hemmungslosesten plünderten.

Es war wie vor zwei Monaten, nur brachte mich diesmal der frischgebackene und mit dem Deutschen Kreuz ausgezeichnete Kapitänleutnant Kruse zum Bahnhof und half mir mit meinem Gepäck in das für Fregattenkapitän Roloff reservierte Abteil. Und auch der kam wieder wenig später mit einem Obermaat angedackelt, der ihm seinen Koffer und einen schweren, mit einem Tuch abgedeckten Henkelkorb nachschleppte.

»Sie sind zu beneiden, Herr… Hmm!… Thomsen.« Kruse tat sich noch immer mit der Anrede schwer, obwohl wir schon seit zwei Tagen gleichrangig waren. »Ich wette, das ist garantiert ein Freßkorb mit allerlei Leckereien und mehr als nur einer Flasche Wein. Mir wäre jetzt allerdings 'n Bier lieber.«

Ich mußte lächeln, denn bei dem Wort Wein rieb sich Kruse seinen brummenden Kopf. Eine Folge der ausgedehnten Feiern im Offizierskasino, denn auch der II WO war zum Oberleutnant befördert und mit dem Deutschen Kreuz ausgezeichnet worden.

»Die Wette gewinnen Sie glatt. Roloff ist ein Genießer und die Reise nach Berlin lang. So wird es eine recht angenehme Fahrt werden«, gab ich leise zurück, denn Roloff hatte Ohren wie ein Luchs.

Über die Lautsprecher kam die Aufforderung zum Einsteigen und Türenschließen.

Kruse schüttelte mir die Hand, als sei es ein Abschied fürs Leben. »Alles Gute, Herr Kaleu! Unbekannterweise auch herzliche Grüße an Ihre Gattin. Und schönen Urlaub!«

Ich schmunzelte. »Danke, Herr Kapitänleutnant Kruse, Ihnen auch. Wenn Sie in Ihrem Urlaub in die Nähe von Hamburg kommen, sollten Sie bei uns anklopfen, damit aus unbekannterweise endlich bekannterweise wird. Mast- und Schotbruch!«

Der Zug ruckte an. Kruse blieb winkend zurück. Ich schloß das Gangfenster und trat ins Abteil.

Roloff hatte unseren Abschied lächelnd verfolgt. »Sie sind Freunde, ja?«

»Man kann es so nennen, Herr Kapitän.« Ich ließ mich ihm gegenüber auf die Polsterbank fallen. »Er gehörte damals als blutjunger Leutnant zu den Männern, die mit mir die *Flying Lady* gekapert haben. Hat sich zu einem sehr fähigen Offizier entwickelt, der längst ein eigenes Boot haben sollte. Obwohl...«

»Obwohl...?« hakte er nach, weil ich verstummte.

»Obwohl er mir dann als I WO sehr fehlen wird. Aber so ist das nun mal. Man soll sich nicht gegenseitig am Fortkommen hindern.«

Es wurde eine sehr kurzweilige und interessante Fahrt. Roloff war Reserveoffizier, ein Handelsschiffskapitän auf Großer Fahrt, der die größten Pötte gefahren hatte. Unsere Bekanntschaft rührte aus den ersten Monaten des Krieges her, da war er noch der Kapitän eines Luxusliners gewesen, den ich vor Norwegen stoppte. Ich bat ihn damals, die von uns überwältigte Besatzung der britischen U-Bootfalle *Flying Lady* nach Deutschland als Kriegsgefangene mitzunehmen, was er dann auch tat.

Seitdem hatte ich bei ihm einen Stein im Brett, denn er hatte den Anlaß unserer ersten Begegnung keineswegs vergessen. Es hatte ihm imponiert, das ließ er mich bei vielen Gelegenheiten spüren, seit wir uns im vergangenen Jahr in Brest wiedersahen. Er war inzwischen Korvettenkapitän im Stabe des FdU (West) geworden und spielte dort offensichtlich die »Erste Geige«, denn unser Flottillenchef kuschte vor ihm.

Roloff hatte die ganze Welt befahren, und das bot genügend Gesprächsstoff bis Berlin. Irgendwann landeten wir auch wieder bei meinem Bericht über die Feindfahrt, die gerade hinter mir lag.

»Ich kenne ja nun inzwischen Ihre gerade Art, Herr Thomsen, und da bin ich über Ihre – sagen wir mal – so ein bißchen vagen Aussagen über diesen Trautmann gestolpert. Der ist also über Bord gegangen. Wie ist das passiert?«

Ich zögerte. »Ganz ehrlich gesagt, diese Frage habe ich befürchtet, Herr Kapitän. Wie es passiert ist? Der ist über Bord gesprungen, als es Bomben und Granaten regnete. Er glaubte, das Boot saufe ab. Es war nicht die Gehirnerschütterung, die ihm das vorgegaukelt hat, das war eine Art Angstpsychose. Wir haben ja gar nicht geahnt, daß der so labil ist.«

»Ja, hat Ihnen denn der Bernhardi nicht gesagt, daß der schon einen ganzen Rattenschwanz an Behandlungen hinter sich hatte, ehe er bei Ihnen landete?« Er schüttelte den Kopf. »Unverantwortlich! Sie kennen die kleinen U-Boote, diese Nasenquetschen, die uns der Versailler Vertrag nur erlaubt hat? Der Trautmann ist als Fähnrich mit einem dieser alten Einbäume abgesoffen und mußte in fünfzehn Meter Tiefe aussteigen. Da rührte das her.«

»Ja, aber warum hat man denn dann diesen armen Hund überhaupt noch einmal auf ein U-Boot gesteckt?«

»Hat man ja gar nicht, Herr Thomsen. Der ist auf Vorpostenbooten gefahren und hat sich dort bewährt. Zwischendurch hat er immer wieder einen Rappel gekriegt und sich erneut zur U-Bootwaffe gemeldet. Das ist dann prompt wieder in die Hose gegangen. Wollte sich unbedingt als strammer Nationalsozialist erweisen, das soll's ja geben.«

Er sagte das mit einer seltsamen Betonung und sah mich dabei so eigenartig an, als wolle er mich damit provozieren. Den Blick kannte ich auch von anderen Offizieren, wenn das Gespräch auf die HJ oder die NSDAP kam.

»Jetzt geht mir ein Licht auf, Herr Kapitän. Deshalb war er auf diesen HJ-Klimbim so stolz. Das hat ihm übrigens den Spitznamen Hitlerjunge Quex eingetragen.« Jetzt schüttelte ich den Kopf. »Aber trotzdem.«

Roloff lachte laut auf. »HJ-Klimbim und Hitlerjunge Quex ist gut! Aber Sie wissen ja auch, wie das heute ist. Er kannte aus seiner HJ-Zeit 'ne Menge Leute und fand so immer wieder Fürsprecher. Das bei Ihnen war also im wahrsten Sinne des Wortes seine letzte Station.« Er hielt mir sein leeres Weinglas hin, damit ich es nachfüllen konnte. »Und nun sollten wir wohl das Thema wechseln. Ihre Gattin erwartet Sie schon im Hotel?«

Ich grinste. »Dachten Sie wieder an Aachen? Diesmal nicht, Herr Kapitän. Sie kommt mit dem Zug um dreizehn Uhr aus Hamburg, da kann ich sie vom Bahnhof abholen.«

Der Zug aus Hamburg war überpünktlich. So kam ich fast zu spät, da ich mich mit den Berliner Verkehrsverhältnissen noch nicht so genau auskannte. Das sollte sich zwar im Verlauf der nächsten Tage ändern, zunächst aber stand meine Anke mit ihrem Handkoffer ziemlich verloren an der Sperre und sah sich beunruhigt nach mir um.

Ich verlor keine Zeit mit unnötigen Entschuldigungen. Sie sah so hinreißend aus, daß ich sie wortlos in die Arme schloß und küßte. Nach Atem ringend schob sie mich irgendwann sanft zurück.

»Schluß jetzt! Oder willst du mich hier vor all den Leuten umbringen? Zu spät kommen und dann hier auch noch den feurigen Liebhaber spielen, was? Das hab' ich ja gern!«

Ich lachte laut auf. Das war meine Anke, wie sie leibte und lebte. Ihre freudigen Augen straften ihre Worte Lügen. Ich nahm den Koffer und hakte sie unter.

»Umbringen? Dann nur aus Liebe! Darum räsonniere nicht, Weib! Komm, freu dich lieber über uns und diesen herrlichen Frühlingstag! Hab' ich extra für dich bestellt!«

Wir stiegen die Stufen zur S-Bahn empor.

»Ich denk', du bist dienstlich hier? Wie soll ich mich da über diesen herrlichen Frühlingstag freuen? Wo schleppst du mich eigentlich hin?«

»Ins Hotel natürlich, wohin sonst? Wie und wann es dienstlich für mich wird, erfahre ich erst heute abend. Roloff möchte dich persönlich kennenlernen, er hat uns zum Abendessen eingeladen. Bis dahin will er den Termin klären.« Ich drückte zärtlich ihren Arm. »Du siehst übrigens bezaubernd aus, gar nicht wie eine zweifache Mutter. Wie geht es überhaupt unseren beiden Banditen?«

Ein Schatten flog über ihr hübsches Gesicht. Ich achtete nicht weiter darauf, weil unsere S-Bahn kam. Wir stiegen ein.

»Das sage ich dir, wenn ich telefoniert habe, Arne. Ich bin ja heute morgen schon ziemlich früh aus dem Haus.«

Sie telefonierte vom Zimmer aus, während ich unsere Koffer auspackte und den Inhalt im Schrank verstaute. Darum hörte ich nur mit halbem Ohr hin, trotzdem stutzte ich. Friederike? Warum Friederike und nicht ihre Mutter?

Irgend etwas stimmte nicht. Hatte sie sich mit ihren Eltern verkracht? Unwillkürlich schüttelte ich den Kopf. Unwahrscheinlich. Sie hatte ein so gutes Verhältnis zu ihren Eltern, daß es schon eines ganz schweren Zerwürfnisses bedurfte, wenn das der Grund sein sollte. Und dann gab es da ja auch noch die Enkel, die kitteten so etwas ganz schnell wieder und schafften es aus der Welt.

»Du hast mit Fritzi gesprochen?« fragte ich, als sie auflegte. »Warum? Sind deine Eltern erkrankt? Was Ernstes?«

»Was Ernstes schon, aber nicht erkrankt.« Sie ließ sich in einen der Sessel fallen. »Meine Eltern sitzen.«

»Sie sitzen?« sagte ich ungehalten, denn ich hielt das für einen Scherz. »Was soll denn das heißen?«

»Das soll heißen, daß sie sich nicht um die Kinder kümmern können, weil man sie eingesperrt hat. Die Kinder sind jetzt bei Fritzi. So einfach ist das.«

Sie schlug die Hände vor das Gesicht und schluchzte. Mit ein paar Schritten war ich bei ihr und zog sie hoch, um sie in die Arme zu nehmen.

»Mit solchen Dingen macht man heutzutage keine Scherze! Was ist los, Mädchen? Warum hat man sie eingesperrt?«

Sie hob ihr tränenfeuchtes Gesicht. »Man hat sie angezeigt, weil sie angeblich BBC gehört haben. Ja, ja, ich weiß, mein Vater hat BBC gehört, aber doch nicht an einem solchen Abend!«

Ich führte sie zur Couch und setzte mich neben sie. »Nicht an einem solchen Abend? Was heißt denn das nun wieder?«

Sie wischte sich die Tränen aus dem Gesicht. »Vater ist zum Dekan seiner Fakultät ernannt worden. Aus diesem Anlaß hatte er am Samstag abend alle seine Kollegen zu einem fröhlichen Umtrunk eingeladen. Sonntag früh holte die Gestapo ihn und Mutter aus dem Bett und beschlagnahmte das Radio. Seitdem sitzen sie.«

Ich war wie vor den Kopf geschlagen, denn ich dachte an die Worte Trautmanns und die Wagen mit den Richtantennen, die solche Leute wie meinen Schwiegervater einzupeilen versuchten.

»Verdammt, warum hat er denn den Empfänger nicht verstellt, bevor er ins Bett gegangen ist?«

»Warum sollte er? Der stand doch gar nicht auf BBC! Das ist es ja! Sie haben das Radio den ganzen Abend mit Hintergrundmusik laufen lassen. Als die letzten Gäste aus dem Haus waren, sind sie sofort ins Bett gegangen. Nichts da mit BBC.«

»Und warum haben die dann das Radio beschlagnahmt?«

»Weil es auf BBC eingestellt war.«

Mir hing offenbar noch immer die lange Fahrt von Paris nach Berlin an, bis der Groschen fiel. »Moment mal, sie haben Musik gehört, obwohl BBC eingestellt war? Das ging doch gar nicht!«

»Eben!« Sie schniefte. »Das ist ja das Rätsel, denn

der anonyme Anrufer hat behauptet, er habe laut und deutlich das Pausenzeichen der BBC gehört.«

Also kein Wagen mit Antennen. Mir fiel ein Stein vom Herzen.

»Wie will man denn das beweisen? Sie haben doch Gäste gehabt, also sind Zeugen vorhanden. Gegen deren Aussagen nutzt doch so ein anonymer Anruf gar nichts.«

»Die haben ja auch alle für meine Eltern ausgesagt. Das hat aber nichts genutzt. Die Beamten haben gar nicht erst gesagt, was sie wollten, sondern haben sich sofort auf das Radio gestürzt, und das war auf die Station der BBC eingestellt. Das war Beweis genug. Ihrer Meinung nach haben meine Eltern noch BBC gehört, nachdem die Gäste das Haus verlassen hatten.«

In meinem Kopf überschlugen sich die Gedanken. Mein Schwiegervater war ein vorsichtiger Mann, dem unterliefen solche Fehler nicht. Auch nicht, wenn Alkohol getrunken wurde. Der trank nämlich nur Apfelschorle, wie er das labberige Zeug nannte. Also gab es nur eins: Der Denunziant hatte das Radio verstellt, mußte unter den Gästen gewesen sein.

»Du sagtest, er habe alle Kollegen eingeladen. Auch seine abgewiesenen Mitbewerber?« Sie nickte stumm. »Wann sind die letzten Gäste gegangen? Und wann kam die Gestapo?«

»Um zwei Uhr. Die Gestapo kam um vier.«

Da hatte ich es. Meine Schwiegereltern wohnten in einer Villa, hatten also keine direkten Nachbarn. Das Radio hätte somit lautstark brüllen müssen, um den nächsten Nachbarn zwischen zwei und vier Uhr aus dem Schlaf zu holen. Für die hirnverbrannten Idioten von der Gestapo war das natürlich kein entlastendes

Argument, sie hatten ja das Radio, und BBC war ein Feindsender.

»Wir werden uns einen Anwalt nehmen, sobald wir hier wegkommen. Ich habe dann einundzwanzig Tage Zeit, mich um diese Angelegenheit zu kümmern. Ein guter Anwalt zerreißt doch die Gestapo in der Luft.«

Ich glaubte zwar selbst nicht so recht daran, denn die Gestapo saß am längeren Hebel. Wen die in den Krallen hatte, den ließ sie so schnell nicht wieder los. Für Anke waren meine zuversichtlichen Worte aber zumindest ein Trost.

»Kennst du die Namen der abgewiesenen Mitbewerber?«

»Du fragst wie Ole. Den habe ich in meiner Not angerufen, du warst ja noch auf See. Natürlich kenne ich die! Es sind ja nur zwei, der Voß und der Kleinke. Die anderen waren alle für Vater.« Sie sah mich verunsichert an. »Du meinst…«

»Ich überlege noch. Komm, Mädchen, versauen wir uns nicht den schönen Tag. Sehen wir uns Berlin an, das macht den Kopf frei.«

Roloff war ein Kavalier der alten Schule. Er küßte Anke formvollendet die Hand, als ich ihn vorstellte.

»Freut mich außerordentlich, gnädige Frau, Sie nun auch persönlich kennenzulernen. Bisher haben wir uns ja nur telefonisch unterhalten.«

Anke lächelte, obwohl ihr nach Lächeln gar nicht zumute war. »Sie denken an Aachen, Herr Kapitän? War eine blendende Idee, für die ich mich noch nachträglich sehr herzlich bedanke. Mein Mann war anfangs gar nicht davon beglückt, der wollte mich doch glatt rausschmeißen. Weiß der Teufel, wofür der mich gehalten hat.«

Roloff lachte laut auf. »Das hat er mir auf unserer Fahrt nach Berlin sehr deutlich gesagt. Ich möchte es in Ihrer Gegenwart lieber nicht wiederholen, obwohl ich herzlich darüber gelacht habe. Gehen wir an die Bar? Ein Aperitif vor dem Essen kann nicht schaden.«

Die Bar des *Esplanade* war gut bestückt. Als wir gewählt hatten, hob Roloff sein Glas und trank uns zu.

»Auf einen schönen Abend. Ich hab' übrigens eine gute Nachricht für Sie, Herr Thomsen. Der Löwe ist im Augenblick zur Berichterstattung auf dem Obersalzberg, dadurch verschiebt sich Ihr Termin um drei Tage. Ich nehme an, Sie werden darüber nicht böse sein. Berlin hat ja auch einiges zu bieten.«

»Drei Tage?« wiederholte Anke enttäuscht.

Roloff fiel aus allen Wolken. »Wie denn, Sie freuen sich nicht über diesen Aufschub für Ihren Mann, gnädige Frau? Ach so, Sie dachten an seine Beförderung zum Korvettenkapitän, ja? Die steht selbstverständlich, und ich verrate kein Geheimnis, Ihr Mann bekommt auch das Eichenlaub zu seinem Ritterkreuz. Vier Tage zusätzlicher Urlaub – wo liegt also das Problem?«

»Auf privater Ebene, Herr Kapitän. Nein, nein!« Ich schüttelte den Kopf, damit er nicht auf falsche Gedanken kam. »Anke hat sich keinen neuen Scheich angelacht, während ich für Führer, Volk und Vaterland auf See war. Ein Familienproblem.«

Ich schilderte ihm unsere Situation und äußerte auch meinen Verdacht. »Mein Schwiegervater würde überhaupt nicht auf die Idee kommen, BBC zu hören. Der steht absolut loyal zum Regime!«

»Vorsicht, Herr Thomsen, Regime ist in diesem Zusammenhang ein verdächtiges Wort.« Roloff kniff ein Auge zu, um nicht mißverstanden zu werden. »Die ganze Sache stinkt doch. Anonym und mitten in der Nacht! Das sieht nach einem Racheakt aus. Kann ich die Namen und Adressen der abgewiesenen Mitbewerber haben?«

»Ich hab' leider nur die Namen, Herr Kapitän«, sagte Anke entschuldigend. »Die Professoren Voß und Kleinke.«

»Macht nichts, das kriegen wir ganz schnell raus.« Er trank seinen Cognac aus. »Sagt Ihnen der Name Canaris etwas, Herr Thomsen?«

»Admiral Canaris, Herr Kapitän? Der Abwehrchef?«

»Genau der! Ein Klassenbruder von mir. Wir stehen noch immer in freundschaftlicher Verbindung. Der kann Ihnen bestimmt helfen.« Er stand auf. »Wir sollten uns das Essen dadurch nicht verderben lassen. Ich kümmere mich anschließend um Ihr Problem. Darf ich bitten, gnädige Frau?«

Berlin hatte tatsächlich einiges zu bieten, wir hatten nur nichts davon. Was immer wir auch unternahmen, das Problem hing uns wie ein Mühlstein um den Hals. Wir kamen davon einfach nicht los. Roloff wohnte zwar mit uns im gleichen Hotel, wir bekamen ihn jedoch an den Folgetagen nur einmal zu Gesicht. Da verließ er gerade mit einer hübschen Frau das Hotel.

»Nein, bei allem, was recht ist, das können wir nicht machen«, protestierte ich, als mich Anke dazu anstiften wollte, ihn aufzuhalten. »Das ist doch peinlich!«

Am Abend desselben Tages war er es, der uns aufhielt, als wir müde und abgespannt aus Potsdam zurückkamen, wo wir Schloß Sanssouci besichtigt hatten. Er war wieder in der Begleitung dieser hübschen Frau und wollte offensichtlich in die Bar.

»Das trifft sich ja gut! Darf ich bekannt machen… Herr Kapitänleutnant Thomsen und Frau Gemahlin… meine jüngste Schwester Gerlinde.« Er lächelte, weil er unsere Gedanken erraten hatte. »Haben Sie schon zu Hause bei Ihren Eltern angerufen, gnädige Frau? Nein? Dann sollten Sie es aber schleunigst tun.«

Anke starrte ihn einen Augenblick völlig überrumpelt an, dann stürzte sie zur Rezeption, um zu telefonieren.

»Es wird ein bißchen dauern. Gehen wir inzwischen in die Bar, Herr Thomsen?«

»Gern, Herr Kapitän. Wie es aussieht, ist jetzt gleich eine Flasche Champagner fällig. Darf ich Ihr Fräulein Schwester und Sie dazu herzlich einladen?«

»Aber immer, mein lieber Thomsen!« Er wandte sich an seine Schwester. »Ich habe den Thomsens ein bißchen behilflich sein können. Das heißt, eigentlich war es wieder einmal Wilhelm, der seine Spürhunde auf die Fährte gesetzt hat, die mir Kaleu Thomsen genannt hat. Hat Wilhelm ein höllisches Vergnügen bereitet, den Brüdern von der Gestapo wischt er ja immer gern eins aus.«

Das war also tatsächlich seine Schwester, denn sie nickte. Somit kannte sie Admiral Wilhelm Canaris. Ich orderte den Champagner, ließ ihn jedoch noch nicht öffnen. Der Korken sollte erst knallen, wenn Anke zurück an die Bar kam.

»Und wer ist es gewesen, Herr Kapitän?«

»Professor Kleinke. Der kippte gleich um, als ihm die Abwehr auf die Füße trat. Das sind ja ganz harte

Hunde, mit allen Wassern gewaschen. Jetzt sitzt er und schwitzt. Die Gestapo nimmt ihm den anonymen Anruf schwer übel. Irreführung einer Behörde. Er kennt außerdem das Pausenzeichen und die Frequenz der BBC. Für die Gestapo ist das so gut wie ein Geständnis, daß er selbst Feindsender hört oder gehört hat. Sie wird ihm dafür echt eins überbraten. Aber da kommt ja Ihre reizende Gattin zurück. Jetzt könnten wir doch eigentlich – oder?«

Ich machte dem Barkeeper ein Zeichen. Der Korken knallte genau in dem Augenblick, als Anke spontan Roloff um den Hals fiel und ihm je einen saftigen Schmatz auf die rechte und die linke Wange drückte.

»Ich weiß gar nicht, was ich sagen soll, Herr Kapitän. Vielen herzlichen Dank!«

»Aber ich weiß es.« Roloff hielt sie lachend am Arm fest. »Weitermachen, Frau Thomsen, bitte weitermachen!«

Glossar

Aal	Torpedo
AK	Äußerste (Maschinen-)Kraft
ASDIC	Ortungsgerät (Sonar), deutsche Version: USG , S-Gerät
Bach	Meer
Back	1. vorderer Teil des Oberdecks 2. Tisch an Bord, davon abgeleitet: Backskiste = Sitztruhe am Tisch Backen und Banken = Aufruf zum Essen Backschafter = Essenholer aufbacken = auftischen
BdU	Befehlshaber der U-Boote
BdW	Bootsmaat der Wache
belegen	1. Leine festmachen 2. Befehl oder Meldung widerrufen
Besanschot an!	Schnaps- oder Bierausgabe
Besteck	Schiffsortbestimmung
Bilge	unterster Teil des Schiffsinneren
Bold	Hilfsmittel, um ASDIC-Ortung irrezuführen = Kalziumhydrit wird ausgestoßen, erzeugt sich schnell ausbreitende Gasblasen, die den Ortungsstrahl reflektieren und ein U-Boot vortäuschen, wo keines mehr ist.
Brücke	hier: Turmplattform des U-Bootes

Bucht	Schlaufe im Tau, Seilschlinge
BÜ	Befehlsübermittlung(-sgerät), auch: Befehlsübermittler (Posten)
Charly	Spottname für brit. Aufklärer
Chief	Leitender Maschinist
Crew	1. Mannschaft (engl.) 2. Offiziersjahrgang
Deckoffiziere	Feldwebel, Oberfeldwebel, Fähnriche
Dickschiff	Kreuzer, Schlachtschiff
dwars	querab
Einbaum	Spottname für die kleinen U-Boote laut Versailler Vertrag
E.S.	Erkennungs-Signal
Etmal	in 24 Std. zurückgelegte Strecke, von Mittag zu Mittag gemessen
FdU	Führer der U-Boote (z.B. West = im Westen)
Feger	U-Jäger vor oder im Geleit
Feudel	Scheuerlappen
Feuerlee	dem Beschuß abgekehrte Seite
Freund Hein	der Tod
FuMB	Funkmeßbeobachtungsgerät, erkennt RADAR-Ortung
FuMO	Funkmeßortungsgerät = deutsches RADAR
Geisterecho	entsteht durch unterschiedlich dichte Salzwasserschichten, die den Ortungsstrahl (ASDIC) vom Objekt ablenken
Gestapo	**Ge**heime **Sta**ats**po**lizei, jagte sogenannte Verräter, Staatsfeinde etc.
GHG	**G**ruppen-**H**orch-**G**erät

HJ	**H**itler-**J**ugend
Hundewache	Wache von 0°°Uhr bis 4°°Uhr
Hundemarke	scherzhaft für Erkennungsmarke
I WO [II WO/III WO]	1.(2./3.) Wachoffizier
K an K!	Kommandant an Kommandant, Anruf
Kimm	Horizont
Kinken	Seilschlinge, auch: gefährliche Lage
Klappbuchs	Signal-/Morselampe
Klempnerladen	Spottname für Orden und Ehrenzeichen
Knoten	hier: Schiffsgeschwindigkeit in Seemeilen
Kolbenringe	goldene Ärmelstreifen = Offiziersrangabzeichen
krängen	Schiff legt sich auf die Seite
Krätzchen	auch »Schiffchen«: schirmlose Mütze
Kriegswache	Bereitschaftswache auf den Gefechtsstationen
Läufer	Bote
Legerwall	Land auf der Leeseite eines Seglers, schränkt Manövrierfähigkeit ein
lenzen	1. auspumpen (Lenzpumpe) 2. vor dem Wind lenzen = kreuzen 3. einen Lenz schieben = faulenzen
LI	**L**eitender **I**ngenieur, techn. Offizier
LM	**L**eitender **M**aschinist, Chief Feldwebelrang
Männchen bauen	militärische Haltung annehmen

Mahalla	großer Schiffsverband
Maling	Anstrich
Marketenderware	Sonderzuteilung von Genuß-/ Lebensmitteln bei oder nach Fronteinsatz
M-Bock/M-Boot	Minensucher
Menage	Bordverpflegung allgemein
Meridian	Mittagslinie = Längenkreis vom Nord- zum Südpol, über dem die Sonne um 12 Uhr MOZ ihren höchsten Punkt erreicht (kulminiert), wichtig für die astronomische Standortbestimmung am Tage (=Mittags- oder Meridianbreite), die sich aus dem Höhenwinkel der Sonne (Kulminations-punkt) über dem Horizont und der Uhrzeit (12 Uhr MOZ) errechnen läßt
MGZ (GMT)	**M**ittlere **G**reenwich **Z**eit = auf den 0° Meridian bezogene Zeit (**G**reenwich **M**ean **T**ime), für alle astronomischen Standortbestimmungen maßgebend, da sich die nautischen Tafeln etc. darauf beziehen
Miefrolle	Hängematte
Mittelwächter	Imbiß/Getränk für die Wache ab 0°°Uhr
Mixer	Mechaniker, z.B. Torpedomixer
MKS	**M**arine**k**riegs**s**chule
MOZ	**M**ittlere **O**rts **Z**eit = auf den jeweiligen Meridian (= Ort) bezogene Zeit

Muck	hohe Kaffeetasse aus Keramik, ›Kaffeepott‹
Nummer Eins	Kriegsmarine = Seemännische Nr.1 = Oberbootsmann, der für den gesamten seemännischen Bereich an Bord verantwortlich ist, Smadding. Royal Navy = Erster Offizier (First Lieutenant - Number One)
Nock	äußerster Teil der Brücke, einer Rah etc
O-Messe	Offiziersmesse
OF-Raum	(Ober-)Feldwebelraum
Päckchen	1. Bordkleidung, z.B. Lederpäckchen 2. Boote liegen Bord an Bord
Papenberg	Anzeige für Sehrohrtiefensteuerung
peilen	sichten, messen
Peilung	Kompaßpeilung: Winkel zwischen 0° (Nord) und dem Objekt, z.B. Boje, Landmarke etc. Schiffspeilung: Winkel zwischen Schiffslängsachse (Bug = 0°) und Objekt
Pfeifen und Lunten aus!	»Zapfenstreich« bei der Marine, oft Zusatz: Geister auf Station!
pönen	anstreichen, bemalen
purren	wecken
Rapport	zur Bestrafung vorführen
rescue ship	Rettungsschiff im Geleit
Schapp	kleiner Raum, auch Fach, Schrank
Schott	Tür, Tor

Schotten	wasserdichte Abteilungen im Schiff (s.u. Verschlußzustand)
Schwell	Welle ohne Brecher
Spargel	Periskop, Sehrohr
Spring	vordere/achtere leichte Trosse zum Kai
Stelling	auch Gangway, Steg vom Schiff zum Kai
Stoker	Heizer, allgemein: Maschinenpersonal
Stoppelhopser	Spottname für Angehörige der Landstreitkräfte
Tampen	Leine, Seil, Tau
Tanks peilen	Verbrauch feststellen
Tein	Stoff im Tee ähnlich Koffein
torfen	schlafen
trimmen	hier: die Gewichtsverteilung im getauchten U-Boot entsprechend ausgleichen, damit es auf ebenen Kiel kommt
ULD	U-Bootlehrdivision (= U-Bootschule)
USG (S-Gerät)	Unterwassersuchgerät, Sonar = deutsches ASDIC
V-Boot	Verkehrsboot (Motorboot, Barkasse)
verholen	1. Schiff an einen anderen Platz verlegen 2. sich verdrücken
Verschlußzustand	Schließen der wasserdichten Türen (=Schotten) im Schiff bei Gefahr
VP-Boot	Vorpostenboot
Wabos	Wasserbomben
Wache	Besatzung ist in Steuer- und Back-

	bordwache eingeteilt, wechseln alle vier Stunden. Ausnahme: von 12 bis 16 Uhr Wechsel im Zwei-Stunden-Rhythmus
wahrer Standort	astronomisch oder durch Peilung bestimmter, tatsächlicher Standort
gegißter Standort	gekoppelter, nicht genauer Standort
Wahrschau	Warnruf, bedeutet: Achtung, aufgepaßt!
wahrschauen	warnen, aber auch: wecken, melden, herbeirufen
Werftgrandie(s)	Werftarbeiter
Wintergarten	hinterer (offener) Teil des U-Bootturms, dient als Geschützplattform für die Flak
Wuling (Wooling)	Durcheinander (insbes. von Tauwerk)
Zentrale	Kommandoraum des U-Bootes, geschützt durch Kugelschott, letzte Zuflucht bei Havarien etc.
zwo (zwozehn)	zwei (zwölf), um Verwechslungen mit drei (oder elf) auszuschließen.

»Der Autor kennt die gnadenlose Hetzjagd auf Leben und Tod unter Wasser aus eigenem Erleben.«
Eberhard Bergmann, Berliner Morgenpost

Mar.30